未来网络架构与设计
4WARD 项目

Architecture and Design for the Future Internet
4WARD Project

编者

【葡萄牙】Luis M. Correia

【瑞典】Henrik Abramowicz

【瑞典】Martin Johnsson

【德国】Klaus Wünstel

译者

计宏亮　安　达　郝英好　赵　楠　线珊珊

电子工业出版社

Publishing House of Electronics Industry

北京·BEIJING

内 容 简 介

本书从技术和非技术角度对未来网络和未来互联网进行了研究，主要介绍 4WARD（未来互联网架构与设计）项目的一些研究成果。4WARD 是欧洲第七框架计划内的一个综合项目，采取创新性方式方法来研究未来互联网问题。今天的网络架构压制创新，特别是限制了应用层面的创新，因此急需在结构上进行改变。由于目前没有哪种设备可以设计、优化和兼容新的网络，因此必须对那种对许多应用而言并不完美、互联网自身不能支撑创新的架构进行融合。4WARD 利用移动和无线技术，采用激进的架构方式突破了这种瓶颈。本书的主题包括：提升能力，设计具有兼容性且互补性的网络架构体系；通过组网资源的电信级虚拟化实现通用平台上多个网络的共存；通过网络自我管理增强网络的公用性；利用多元化提高网络的鲁棒性和效能；通过一种全新的信息中心范式来代替旧有的主机中心方法，提高应用支撑能力。这些解决方案涵盖了整个技术领域，包括光线骨干网到无线网和传感器网络。

Translation from the English language edition:
Architecture and Design for the Future Internet
Edited By Luis M. Correia, Henrik Abramowicz, Martin Johnsson, Klaus Wünstel
Copyright ©Springer Science + Business Media B.V. 2011
Springer is a part of Springer Science+Business Media
All Rights Reserved

本书简体中文专有翻译出版权由 Springer Science + Business Media 授予电子工业出版社。专有出版权受法律保护。

版权贸易合同登记号　图字：01-2016-4621

图书在版编目（CIP）数据

未来网络架构与设计：4WARD 项目/（葡）路易斯·M.克里亚（Luis M. Correia）等编；
计宏亮等译. —北京：电子工业出版社，2017.3
书名原文: Architecture and Design for the Future Internet
ISBN 978-7-121-30995-3

Ⅰ. ①未…　Ⅱ. ①路…　②计…　Ⅲ. ①互联网络－架构－研究②互联网络－网站－设计

Ⅳ. ①TP393.4

中国版本图书馆 CIP 数据核字（2017）第 038163 号

策划编辑：李　洁
责任编辑：谭丽莎
印　　刷：三河市鑫金马印装有限公司
装　　订：三河市鑫金马印装有限公司
出版发行：电子工业出版社
　　　　　北京市海淀区万寿路 173 信箱　邮编　100036
开　　本：720×1 000　1/16　印张：18.5　字数：394 千字
版　　次：2017 年 3 月第 1 版
印　　次：2017 年 3 月第 1 次印刷
定　　价：85.00 元

凡所购买电子工业出版社图书有缺损问题，请向购买书店调换。若书店售缺，请与本社发行部联系，联系及邮购电话：（010）88254888，88258888。

质量投诉请发邮件至 zlts@phei.com.cn，盗版侵权举报请发邮件至 dbqq@phei.com.cn。
本书咨询联系方式：lijie@phei.com.cn。

序言 / Foreword

我们直到最近才知道，计算和资源共享的发展方向即将"大逆转"，因为其重心正随着技术和服务架构的改变而改变，从而使应用程序迁移到云环境中。这种从 Web 2.0 到 Web 3.0 的转移使服务互联网达到了前所未有的范围和规模。我们现在正在进入一个由信息通信技术（ICT）驱动并基于服务互联网的新的创新发展阶段。通过所谓的"移动无线网络"，人们将越来越容易访问服务互联网。如今，无线技术的应用程序已成为欧盟经济体内经济价值的主要驱动力。这些价值据估计达到了 2500 亿欧元或 GDP 的 2%～3%，而且这些数字还在上升。未来 5 年，预计将近 70 亿用户或整个地球的人口会使用移动电话，其中绝大多数移动电话为智能手机。

这是一种前所未有的发展态势，其发展速率已经超过了电视甚至纸笔等技术。这不仅体现在普及率和使用率上，还体现在市场占有速度上。我们应当预料到会有一批新的应用程序出现，并可能彻底改变我们的生活方式和工作方式。这方面的例子不胜枚举：供应链中的工商业应用程序，为移动工作者提供的移动服务，通过将重要信息交到现场急救员手中从而挽救生命的远程环境监测系统或防灾安全系统，以及卫生和教育服务。

在这个重塑的世界中，新的联盟将会形成，新的利益相关者会出现，新的互动模式会惠及商务活动，新的商业模式会激增。互联网本身将不再是将计算机和服务器简单连接的"网络之网"，而是成为将各种"事物"连接起来的互联网：数十亿人使用的通信设备、汽车、各种机器、家用电器、电表、窗户、灯等。围绕这种新型互联网，将会诞生一种由基于网络服务与应用程序构成的新经济体。

这个新型互联网蕴含着两种重要意义。首先，这个由"会思考的东西"组成的新型互联网会创造一种感知网络，让人类对我们生活的这个世界的认知实现一次飞跃。这个互联网适宜于各种新用途，如能源效率、卫生与福利服务、高效运输等。如果在这方面做得好，那么我们的生活质量和可持续性会大为改善，这不只是因为服务，不只是因为作为"早起的鸟儿"所具有的竞争优势，还因为欧洲的"开放与民主"价值观将决定着互联网的表现形式。

其次，我们必须解放单一欧洲市场的经济潜力——这种潜力现在还被禁锢在碎片化的各国市场中。尤其重要的是，我们现在必须通过刺激在高价值商品及服务方面与真实市场需求相适应的稳健而可持续的业务增长，使实体经济增强。随着不可避免的结构变化在当前的不确定时期中出现，从未来世界中寻找发展机遇显得很重要。当然，集聚在未来网络架构会议上的工业团体和研究团体是有能力塑造未来的。我们所需要的只是克服市场碎片化的雄心，以及通过为创新型产品及服务创建单一开放市场及努力实现创新和变革使我们的实力增强的意愿。

在创造可使欧洲从新兴商机中受益的条件时，我们必须确保"未来网络"仍然是开放的。当前互联网的主要经济特性是它为新服务的创新和发展创建了一个从未如此开放的平台。我们必须确保以开放标准并最终以开源软件作为我们行动的核心，从而保持这种开放特性。虽然全世界有很多公司的财务健康仍基于专有模式和"把关人"业务模式，但我们前方的世界需要的是能通过其经济基础为消费者或企业提供更大自由度的那些模式。

随着"未来网络"在我们面前展开，基础设施要求更智能、更环保。这不仅是个重大挑战，还是个大好机会，因为它将使互联网的范围延伸到新的应用领域和工业部门。的确，现在到了在已有成果的基础上超前一步的时候了。我们必须将我们的"未来网络"技术研发与社会价值高的应用领域（如卫生、城市交通、能源网或智能城市）紧密结合。这样就能够针对我们当前面临的众多社会挑战提早做出"互联网响应"。

为定义未来的互联网，目前世界上已出现了多个区域性计划。日本和韩国公布了宏大的"u-日本"和"u-韩国"计划。中国正通过雄心勃勃的综合产业政策为这个领域提供支持。在美国，"全球网络创新环境"（GENI）计划及设施正在引发关于互联网未来前景的争论。这些计划并非都把解决互联网发展问题作为其核心目标的一部分，但肯定与定义"未来网络"时显然需要考虑的技术与社会经济情境［"Ubiquity（泛在性）"软件、连接装置］有关。

从欧盟的角度来看，在这些不同计划的基础上创造条件以使与定义、测试和验证工作有关的所有参与方形成更密切的互补合作关系是一件有益的事情。多边伙伴关系的其中一个主要目标应当是出台全球标准。的确，标准是实现互操作性和开放性的一个关键因素，而互操作性和开放性是促成互联网成功的两大基本特性。事实上，不断增加的参与方多重性及不同部门的合并已导致标准制定过程变得越来越复杂。围绕知识产权组合及开放度、透明度和可访问度进行的辩论足以说明这一点。

因此，在新技术上的提早合作及国际伙伴关系是促成关键参与方在标准上达成更广泛共识并提早达成一致意见的关键，同时也是纾解后续知识产权争端的前提。

我们要注意的一个要点是由互联网创建的新经济，除掀起商业革命外，还带来了可创造巨大环境效益的独一无二的机遇——尤其是在基础设施层面上做出正确技术选择时。除减少由商业消耗的能源及材料用量及提高总体生产力外，新互联网还有望彻底改变经济增长与环境之间的关系。

在上述背景下，我很高兴能与您分享我对欧盟研发项目"4WARD"成果的满意心情。您正要阅读的这本书详述了该项目对开发"未来网络"的坚实科技基础所做出的大量独特贡献。其中关键性的贡献与新架构框架有关。移动性、多宿主性和安全性已成为新架构框架的固有组成部分，而不是附加的方案，因此可以让各种网络发展成为一个网络间彼此协作、互为补充同时各网络各自达到其各项要求（如移动性、服务质量、安全性、恢复力、无线传输和能量意识等要求）的网络体系。另外，4WARD很好地解决了虚拟化如何让网络服务供应商有机会推出新的架构、协定和服务并共享通用实体基础设施的问题。网络管理已经与虚拟化紧密耦合。在这种情况下，4WARD通过提倡一种使管理职能嵌入装置中的方法，开辟了新的领域。4WARD还比其他网络更前进了一步，即认识到了从以节点为中心的时代向以信息为中心的时代转变所带来的模式变化。

我们要恭贺4WARD的合作伙伴和科研人员所做的工作。他们还完善地阐述了欧洲的承诺和创造力将如何撬动未来——这一点也可喜可贺。

Joao Schwarz da Silva 博士
欧盟委员会 DG-INFSO 前主管

前言 / Preface

当前的互联网已在商业上取得巨大成功，而且在作为学术研究网络投入使用之后便广泛普及，成为普通人日常生活中的网络。如今的互联网起源于 20 世纪 70 年代，它本质上简单，对新应用程序开放，而且是为固定网络设计的。不过，一方面互联网正不断受到基于无线电和光纤等新传输技术的挑战，另一方面的挑战则来自于日益依赖叠层网络来弥补核心互联网架构不足之处的新应用程序和新类型媒体。尤其值得一提的是，移动网络的更大成功让人们更加质疑当前的互联网，因为互联网在移动性支持、互操作性、配置和管理及（在不可靠的世界里）易受攻击性方面达到了高度复杂的状态。

4WARD 项目始于 2008 年 1 月，终止于 2010 年 6 月，其任务是研究"未来网络的架构和设计"。本项目采用了"从头开始"（革命性）的研究方法，意思是在研究中不受当前互联网的约束。但这并不意味着本项目赞成采用全新部署。相反，在关于如何将研究成果应用于当前互联网方面，我们看到本项目采用了"迁移"法。

本项目在"欧盟第七框架计划"下，从欧盟那里获得了部分资助，并由 33 个合作伙伴组成。项目中有 120 多名工作人员，为此我们不可能列出所有对本项目及其成果做出贡献的人员。但我们要感谢他们做出的有价值的贡献。除此之外，我们要感谢项目经理苏萨（Paulo de Sousa）博士给予的帮助和支持，以及与我们之间的良好合作。我们还要感谢丹尼尔·塞巴斯蒂奥［Daniel Sebastiao，里斯本高等理工学院（IST）］为编辑工作付出的努力。

本书描述了本项目的显著成果，不仅阐述了技术成果，还探讨了社会经济问题。

编者

免责条款 / Disclaimer

参与者 / Contributors

Henrik Abramowicz 瑞典爱立信研究院（Ericsson Research，Stockholm，Sweden）

Pedro Aranda Gutiérrez 西班牙电信（Telefonica I+D，Madrid，Spain）

Thorsten Biermann 德国帕德博恩大学（University of Paderborn，Paderborn，Germany）

Anna Maria Biraghi 意大利电信集团（Telecom Italia，Turin，Italy）

Roland Bless 德国卡尔斯鲁厄理工学院（Karlsruhe Institute of Technology，Karlsruhe，Germany）

Jorge Carapinha 葡萄牙电信（PT Inovação，Aveiro，Portugal）

Luis M. Correia 葡萄牙里斯本技术大学（IST/IT—Technical University of Lisbon，Lisbon，Portugal）

Daniel Gillblad 瑞典计算机科学研究所（SICS—Swedish Institute of Computer Science，Stockholm，Sweden）

Alberto Gonzalez Prieto 瑞典皇家理工学院（KTH—Royal Institute of Technology，Stockholm，Sweden）

Martin Johnsson 瑞典爱立信研究院（Ericsson Research，Stockholm，Sweden）

Holger Karl 德国帕德博恩大学（University of Paderborn，Paderborn，Germany）

Denis Martin 德国卡尔斯鲁厄理工学院（Karlsruhe Institute of Technology，Karlsruhe，Germany）

Septimiu Nechifor 罗马尼亚布拉索夫西门子公司（Siemens，Brasov，Romania）

Susana Perez Sanchez 西班牙自动化技术研究所（Tecnalia-Robotiker，Zamudio (Vizcaya)，Spain）

Jukka Salo 芬兰诺基亚西门子网络公司（Nokia Siemens Networks，Espoo，Finland）

Göran Schultz 芬兰爱立信研究院（Ericsson Research，Jorvas，Finland）

HagenWoesner 德国柏林理工大学和 EICT 公司（Technical University of Berlin & EICT，Berlin，Germany）

Klaus Wünstel 德国阿尔卡特朗讯贝尔实验室（Alcatel Lucent Bell Labs，Stuttgart，Germany）

Martina Zitterbart 德国卡尔斯鲁厄理工学院（Karlsruhe Institute of Technology，Karlsruhe，Germany）

其他贡献者 / Other Contributors

Alexander Landau, Anders Eriksson, Andrei Bogdan Rus, Anghel Botos, Asanga Udugama, Avi Miron, Bengt Ahlgren, Björn Grönvall, Bogdan Tarnauca, Börje Ohlman, Carmelita Gorg, Chris Foley, Christian Dannewitz, Christian Tschudin, Christoph Werle, Daniel Horne, Daniel Sebastião, Djamal Zeghlache, Dominique Dudowski, Eric Renault, Fabian Wolff, Fabrice Guillemin, Fetahi Wuhib, Gabriel Lazar, Georgeta Boanea, Gerhard Hasslinger, Giorgio Nunzi, Gorka Hernando Garcia, Ian Marsh, Jim Roberts, João Gonçalves, Jovan Goli´c, Jukka Mäkelä, Karl Palmskog, Kostas Pentikousis, Lars Voelker, Laurent Mathy, Leonard Pitzu, Liang Zhao, M. Ángeles Callejo Rodríguez, Mads Dam, Marco Marchisio, Marcus Brunner, Mario Kind, Matteo D'Ambrosio, Melinda Barabas, Michael Kleis, Miguel Ponce de Leon, Mohammed Achemlal, Olli Mämmelä, Ove Strandberg, Panagiotis Papadimitriou, Patrick Phelan, Rebecca Steinert, René Rembarz, Reuven Cohen, Rolf Stadler, Rui Aguiar, Sabine Randriamasy, Teemu Rautio, Thomas Monath, Thomas-Rolf Banniza, Vinicio Vercellone, Virgil Dobrota, Yasir Zaki, Zakaria Khan, Zsolt Polgar, Zsuzsanna Kiss

缩略词语表 / List of Acronyms

3G Third Generation

3GPP 第三代合作伙伴项目（3rd Generation Partnership Project）

4G 第四代通信（Fourth Generation）

AAA 管理、授权与认证（Administration，Authorization，and Authentication）

ACK 知识（Acknowledgment）

AdHC 临时社区（Ad-Hoc Communities）

AHDR 临时灾后恢复（Ad-Hoc Disaster Recovery）

AM 无锚移动性（Anchorless Mobility）

AN 登录节点（Access Node）

AODV 临时按需向量（Ad-Hoc On-Demand Vector）

AP 登录点（Access Point）

API 应用编程接口（Application Programming Interface）

ARP 地址解析协议（Address Resolution Protocol）

ARQ 自动重发请求（Automatic Repeat Request）

AS 自主系统（Autonomous System）

ASN 自主系统编号（Autonomous System Number）

BE 尽力服务（Best Effort）

BER 误码率（Bit Error Rate）

BEREC 欧洲电子通信监管机构（Body of European Regulators）

BFD 双向转发检测（Bidirectional Forwarding Detection）

BGP 边界网关协议（Border Gateway Protocol）

BIOS 基本输入输出系统（Basic Input/Output System）

BLER 误块率（Block Error Rate）

BO 位级对象（Bit-level Objects）

BU 绑定更新（Binding Update）

CA 信道分配（Channel Assignment）

CAIDA 互联网数据分析合作协会（Cooperative Association for Internet Data Analysis）

CAPEX 资本性支出（Capital Expenditure）

CBA 基于组件的体系架构（Component Based Architecture）

CBR 恒定比特率（Constant Bit Rate）

CBSE 基于组件的软件工程（Component Based Software Engineering）

CCFW 合作与编码框架（Cooperation and Coding Framework）

CCN 内容中心网络（Content Centric Networks）

CEP 连接的端点（Connected End Points）

CF 合作/编码设施 Cooperation/Coding Facility

CFL 合作/编码设施层（CF Layer）

CLQ 跨层 QoS（Cross-Layer QoS）

CMT 多路径并行传输（Concurrent Multipath Transfer）

CN 通信节点（Correspondent Node）

Co-AD 内容自适应（Content Adaptation）

CPU 中央处理器（Central Processing Unit）

CRC 循环冗余检查（Cyclic Redundancy Check）

CSMA 载波监听多路访问（Carrier Sense Multiple Access）

CSMA/CD 载波监听多路访问/冲突检测（Carrier Sense Multiple Access/Collision Detection）

CT 隔间（Compartment）

CTR 隔间记录（Compartment Record）

DA 偏差广告（Deviation Advertisement）

DBA 动态带宽分配（Dynamic Bandwidth Allocation）

DCF 色散补偿光纤（Dispersion Compensating Fiber）

DDOS 分布式拒绝服务（Distributed Denial of Service）

DF 数字喷泉（Digital Fountain）

DGE 动态增益均衡器（Dynamic Gain Equalizers）

DHCP 动态主机配置协议（Dynamic Host Configuration Protocol）

DHT 分布式哈希表（Distributed Hash Table）

DIF 分布式 IP 设备（Distributed IP Facility）

DL 下行链路（Downlink）

DMA 动态移动锚定（Dynamic Mobility Anchoring）

DMV2 数据多媒体语音、视频（Data-Multimedia-Voice-Video）

DNC 确定性网络编码（Deterministic Network Coding）

DNS 域名系统（Domain Name System）

DONA 面向数据的网络体系架构（Data Oriented Network Architecture）

DOS 拒绝服务（Denial of Service）

DSL 领域特定语言（Domain Specific Language）或数字用户线路（Digital Subscriber Line）

DTN 时延容忍网络（Delay/Disruption Tolerant Network）

E2E 端到端（End-to-End）

EC 欧盟委员会（European Commission）

ECN 显式拥塞指示（Explicit Congestion Notification）

EFCP 差错和流量控制协议（Error and Flow Control Protocol）

EGP 外部网关协议（Exterior Gateway Protocol）

EMT 医疗急救小组（Emergency Medical Team）

EP 端点（End Point）

EPON 以太网无源光网络（Ethernet Passive Optical Network）

ERC 急救应急指挥（Emergency Response Command）

ERG 欧盟监管机构（European Regulators Group）

ETT 预期传输时间（Expected Transmission Time）

ETX 预期传输跳数（Expected Transmission Count）

FARA 转发指令一关联一约会体系结构（Forward Directive，Association，and Rendezvous Architecture）

FB 功能模块（Functional Block）

FCAPS 错误、配置、计账、性能和安全（Fault，Configuration，Accounting，Performance，and Security）

FDP 转发决策过程（Forwarding Decision Process）

FEC 前向纠错（Forward Error Correction）

FER 误帧率（Frame Error Rate）

FI 未来网络（Future Internet）

FIA 未来网络架构（Future Internet Architectures）

FIB 转发信息库（Forwarding Information Base）

FIFO 先进先出原理（First-In First-Out discipline）

FIM 数据流拦截模块（Flow Interception Module）

FIND 未来网路设计项目（The future Internet design）

FL 折叠链路（Folding Link）

Fl-EP 数据流端点（Flow Endpoint）

Fl-RO 数据流路由（Flow Routing）

FN 折叠节点（Folding Node）

FNE Forwarding NE

FO 固定网络运营商（Fixed Operator）

ForCES 转发件与控制件分离（Forwarding/Control Element Separation）

FP7 第七框架计划（Framework Programme 7）

FPNE Flow Processing NE

FQ 公平排队（Fair Queuing）

FRR 快速重路由（Fast Reroute）

FSA 数据流状态公告（Flow State Advertisement）

FTP 文件传输协议（File Transfer Protocol）

FTTH 光纤入户（Fiber to the Home）

GAP 通用汇聚协议（Generic Aggregation Protocol）

GEF 图形编辑框架（Graphical Editing Framework）

GENI 全球网络创新环境（Global Environment for Network Innovation）

GF 伽罗华域、有限域（Galois Field）

GGAP 闲聊-通用聚合协议（Gossip-Generic Aggregation Protocol）

GMOPR Grid MOPR

GMP 全球管理点（Global Management Point）

GMPLS 通用多协议标签交换（Generalized Multi-Protocol Label Switching）

GMPR 通用路径主记录（Generic Path Master Record）

GP 通用路径（Generic Path）

GPMR 通用路径管理记录（Generic Path Management Record）

GPRS 通用分组无线服务（General Packet Radio Service）

GPS 全球定位系统（Global Positioning System）

GRDF 通用资源描述框架（Generic Resource Description Framework）

GRX GPRS 漫游交换（GPRS Roaming Exchange）

GRX GSM 漫游交换（GSM Roaming Exchange）

GSM 全球移动通信系统（Global System for Mobile Communications）

GSMA 全球移动通信系统协会（GSM Association）

GS-Node 治理层节点（Governance Stratum Node）

GUI 图形用户界面（Graphical User Interface）

HA 本地代理（Home Agent）

HEN 异构试验网络（Heterogeneous Experimental Network）

HIP 主机标志协议（Host Identity Protocol）Host Identity Protocol

HTTP 超级文本传输协议（Hypertext Transfer Protocol）

iAWARE 扰感知路由度量（Interference Aware routing metric）

ICANN 互联网名称与数字地址分配机构（Internet Corporation for Assigned Names and Numbers）

ICN 信息中心网络（Information-Centric Network）

ICVNet 互联虚拟网络（Interconnecting Virtual Network）

ID 标识符（Identifier）

IDR 域间路由（Inter Domain Routing）

IETF 互联网工程任务组（Internet Engineering Task Force）

IGP 内部网关协议（Interior Gateway Protocol）

ILA 干扰负载感知路由度量（Interference-Load Aware routing metric）

ILC 层间通信（Inter Layer Communication）

ILR 层间路由（Inter Layer Routing）

ILS 信息查询服务（Information Lookup Service）

INI 信息网络接口（Information Network Interface）

INM 网内管理（In-Network Management）

InP 基础设施供应商（Infrastructure Provider）

IO 信息对象（Information Object）

IOLS 信息对象查询服务（Information Object Lookup Service）

IP 互联网协议（Internet Protocol）

IPC 进程间通信（Inter-Process Communication）

IPTV 网络电视（Internet Protocol Television）

IPv6 互联网协议第 6 版（Internet Protocol version 6）

IPX IP 数据包交换（IP packet eXchange）

ISP 互联网服务供应商（Internet Service Provider）

IT 信息技术（Information Technologies）

ITU 国际电联（International Telecommunication Union）

IXP 互联网交换点（Internet Exchange Point）

JSIM JavaSim 卡（JavaSim）

KS-Node 知识层节点（Knowledge Stratum Node）

LAN 局域网（Local Area Network）

LLC 迟定位器建设（Late Locator Construction）

LLID 逻辑链路 ID（Logical Link ID）

LQO 链路质量排序（Link Quality Ordering）

LQODV 基于链路质量排序的举例矢量（Link Quality Ordering-based Distance Vector）

LSA 链路状态公告（Link State Advertisement）

LSP 标签交换路径（Label Switched Path）

LSR 标签交换路由器（Label Switch Router）

LT 卢比变换（Luby Transform）

LTE 长期演进（Long Term Evolution）

MAC 介质访问控制（Media Access Control）

MANET 移动自组网络（Mobile Ad Hoc Network）

MAP 无线接入点（Mesh Access Point）

MBMS 多媒体广播多播业务（Multimedia Broadcast/Multicast Service）

MC 管理能力（Management Capabilities）

MDHT 多分布式哈希表（Multiple Distributed Hash Table）

MED 多出口区分（Multi-Exit Discriminator）

MEE-GP 多宿主端到端通用路径（Multihomed End-to-End GP）

MEEM 多宿主端到端移动性（Multihomed End-to-End Mobility）

MIC 干扰和信道切换路由度量（Metric of Interference and Channel-switching）

MIH 媒体独立切换（Media Independent Handover）

MILP 混合整数线性规划（Mixed Integer Linear Program）

MIP 移动 IP（Mobile IP）

MMS 多媒体信息系统（Multimedia Messaging System）

MN 移动节点（Mobile Node）

MNE 调节性网络实体（Mediating NE）

Mo-AH 移动性锚点（Mobility Anchor）

MOPR 都目标多路径路由（Multi-Objective MPR）

MP 调节点（Mediation Point）

MP2MP 多点对多点（Multipoint-To-Multi-Point）

MP2P 多点对点（Multipoint-To-Point）

MP-BGP 多协议 BGP（Multi-Protocol BGP）

MPC 多方计算（Multi-Party Computation）

MPLS 多协议标签交换（Multiprotocol Label Switching）

MPR 多径路由（Multi-Path Routing）

MPR-CT 多径路由隔间（MPR Compartment）

MPR-GP 多径路由通用路径（MPR GP）

MPR-ME 多径路由主实体（MPR Master Entity）

MR 主记录（Master Record）

MS-Node 机器层节点（Machine Stratum Node）

MTU 最大传送单元（Maximum Transfer Unit）

NACK 负面确认（Negative Acknowledgment）

NAT 网络地址转换（Network Address Translation）

NATO! 不是毕其功于一役（Not all at once）

NC 网络编码（Network Coding）

NDL 网络描述语言（Network Description Language）

NE 网络实体（Networking Entity）

NED 网络描述语言（NEtwork Description language）

NetInf 信息网络（Network of Information）

NGN 新一代网络（New Generation Network）

NHLFE 下一跳标签转发项（Next Hop Label Forwarding Entry）

Ni-IO 信息网络信息对象（NetInf Information Object）

Ni-MG 信息网络管理员（NetInfo Manager）

NIN 信息网络节点（NetInf node）

NLRI 网络层可达信息（Network Layer Reachable Information）

Node CT 节点隔间（Node Compartment）

NR 名称解析（Name Resolution）

NRS 名称解析服务（Name Resolution Service）

NSF 美国国家科学基金会（National Science Foundation）

NSIS 下一步信号（Next Steps in Signalling）

NSLP NSIS 信号层协议（NSIS Signalling Layer Protocol）

NTP 网络时间协议（Network Time Protocol）

NW 网络（Network）

OADM 光分插复用器（Optical Add Drop Multiplexers）

OCS 光电路交换（Optical Circuit Switching）

OD 起讫点（Origin Destination）

OFDM 正交频分复用技术（Orthogonal Frequency Division Multiplex）

OLA 光线路放大器（Optical Line Amplifiers）

OLT 光线路终端（Optical Line Terminal）

OM 观测模块（Observation Module）

ONU 光网络单元（Optical Network Unit）

OPEX 运营费用（Operational Expenditure）

OS 操作系统（Operating System）

OSGi 开放服务网关协议（Open Services Gateway initiative）

OSI-SM 开放系统互联—系统管理（Open Systems Interconnection—System Management）

OSPF 开放最短路由优先协议（Open Shortest Path First）

OSPF-TE 开放最短路由优先协议——流量工程扩展（Open Shortest Path First—Traffic Engineering Extensions）

OSS 开源软件（Open-Source Software）

OTN 光传输网络（Optical Transport Network）

OWL 网络本体语言（Web Ontology Language）

OXC 光交叉连接（Optical Cross-Connect）

P2MP 点对多点（Point-to-Multipoint）

P2P 对等网络（Peer to Peer）

Pa-EP 路径端点（Path Endpoint）

Pa-RO 路径路由（Path Routing）

PC 个人计算机（Personal Computer）

PCE 路径计算单元（Path Computation Element）

(P)CN 拥塞与拥塞前告知（Congestion and Pre-Congestion Notification）

PDU 协议数据单元（Protocol Data Unit）

PER 误包率（Packet Error Rate）

PHY 物理层（Physical Layer）

PIM-DM 协议无关组播——密集模式（Protocol Independent Multicast—Dense Mode）

PIM-SM 协议无关组播——稀疏模式（Protocol Independent Multicast—Sparse Mode）

PMD 偏振模色散（Polarization Mode Dispersion）

PMS 个人移动想定（Personal Mobile Scenario）

PN 供应网络（Provisioning Network）

PnP 即插即用（Plug-and-Play）

PNP 物理网络供应商（Physical Network Provider）

Po-EN 策略引擎（Policy Engine）

PON 无源光网络（Passive Optical Network）

PPP 点对点（Point-to-Point）

PSR 数据包成功率（Packet Success Rate）

PSTN 公共交换电话网络（Public Switched Telephone Network）

QoE 体验质量（Quality of Experience）

QoS 服务质量（Quality of Service）

R&D 研发（Research and Development）

RA 资源公告（Resource Advertisement）

RAID 廉价磁盘冗余阵列（Redundant Array of Inexpensive Disks）

RDF 资源描述框架（Resource Description Framework）

RDL 资源描述语言（Resource Description Language）

RDP 路由决策进程（Routing Decision Process）

RESCT 解析隔间（Resolution Compartment）

RFC 请求注解（Request For Comments）

RFID 射频识别（Radiofrequency Identification）

RI 路由指导（Routing Instruction）

RIB 路由信息库（Routing Information Base）

R-MAC 无线介质访问控制（Radio Medium Access Control）

RNC 随机网络编码（Random Network Coding）

RNE 路由网络实体（Routing NE）

RNG 随机数生成器（Random Number Generator）

RO 路由对象（Routing Object）

ROADM 可重构光分插复用器（Reconfigurable Optical Add-Drop Multiplexer）

RSVP 资源预留协议（Resource Reservation Protocol）

RSVP-TE 资源预留协议——流量工程（Resource Reservation Protocol—Traffic Engineering）

RTT 往返时延（Round-Trip Time）

RUI 路由更新的时间间隔（Routing Update Interval）

SA 服务代理（Service Agent）

SAP 服务接入点（Service Access Point）

SATO 服务感知传输叠层（Service-Aware Transport Overlay）

SCTP 流控制传输协议（Stream Control Transmission Protocol）

SDH 同步数字体系（Synchronous Digital Hierarchy）

SE 自我管理实体（Self-managing Entities）

SGP 服务网管点或层网关点（Service Gateway Point，或 Stratum Gateway Point）

SHIM6 IPv6 的中介网站的特点（Site Multihoming by IPv6 Intermediation）

SIM 客户识别模块（Subscriber Identity Module）

SINR 信号干扰和噪声比（Signal to Interference and Noise Ratio）

SIP 会话发起协议（Session Initiation Protocol）

SLA 服务等级协议（Service Level Agreement）

Sl-MA 服务等级协议管理员（Service Level Agreement Manager）

SNMP 简单网络管理协议（Simple Network Management Protocol）

SNR 信噪比（Signal to Noise Ratio）

SOA 面向服务架构（Service Oriented Architecture）

SOCP 二阶锥规划（Second Order Conic Program）

SON 面向服务网络（Service Oriented Networks）

SONET 同步光纤网（Synchronous Optical Network）

SP 服务供应商（Service Provider）

SQF 最短队列第一原则（Shortest Queue First discipline）

SRDF 语义资源描述框架（Semantic Resource Description Framework）

SRMF 语义资源管理框架（Semantic Resource Management Framework）

sRTT 平滑往返时间（smoothed Round-Trip Time）

SSDP 简单服务发现协议（Simple Service Discovery Protocol）

SSP 服务层点/层服务点（Service Stratum Point，or Stratum Service Point）

SVN 版本控制（SubVersioN）

SW 软件（Software）

Tagg-GP 运输总量通用路径（Transport aggregate GP）

TCG 可信计算组织（Trusted Computing Group）

TCP 传输控制协议（Transmission Control Protocol）

TDM 时分多路复用（Time Division Multiplex）

TDMA 时分多址接入（Time Division Multiple Access）

TE 流量工程（Traffic Engineering）

TENE 流量工程组网实体（Traffic Engineering NE）

TGP 传输通用路径（Transport GP）

TIC 时间间隔计数器（Time Interval Counter）

TLS 传输层安全（Transport Layer Security）

TM 转换模块（Transformation Module）

TMN 通信管理网络（Telecommunications Management Network）

TO 超时（Time-out）

To-DB 拓扑数据库（Topology Database）

Tr-MO 流量监控（Traffic Monitoring）

TTL 存活时间（Time to Live）

TTM 快速上市（Time To Market）

TV 电视（Television）

UA 用户代理（User Agent）

UDP 用户数据报协议（User Datagram Protocol）

UIP 托管协议（Unmanaged Internet Protocol）

UL 上传（Uplink）

UML 统一建模语言（Unified Modelling Language）

UMTS 通用移动通信系统（Universal Mobile Telecommunications System）

UPnP 通用即插即用（Universal Plug and Play）

URL 统一资源地址符（Uniform Resource Locator）

VBR 可变比特率（Variable Bit Rate）

Vi-Node 虚拟节点（Virtual Node）

VLAN 虚拟局域网（Virtual Local Area Network）

VLC 多平台视频播放器（VLC media player）

VNet 虚拟网络（Virtual network）

VNM 虚拟网络管理（VNet Management）

VNO 虚拟网络运营商（VNet Operator）

VNP 虚拟网络供应商（VNet Provider）

VoD 视频点播（Video on Demand）

VoIP IP 语音（Voice over IP）

VPN 虚拟专网（Virtual Private Network）

WAN 广域网（Wide Area Network）

WAP 无线接入点（Wireless Access Point）

WCETT 加权累积期望传输时间（Weighted Cumulative ETT）

WDM 波分复用（Wavelength Division Multiplexing）

WFQ 加权公平排队原则（Weighted Fair Queuing discipline）

WiFi 无线局域网（Wireless Fidelity）

WiMAX 微波接入全球互操作性（Worldwide Interoperability for Microwave Access）

WLAN 无线局域网（Wireless Local Area Network）

W-LLC 无线链路层控制（Wireless Link Layer Control）

WMAN 无线大城市区域网络（Wireless Metropolitan Area Networks）

WMN 无线网状网络（Wireless Mesh Network）

WMOPR Wireless MOPR

WMVF 无线介质虚拟化框架（Wireless Medium Virtualization Framework）

WP 工作包（Work Package）

xDSL 数字用户线路（Digital Subscriber Line）

XML 可扩展标记语言（eXtensible Markup Language）

目录 / Contents

第 1 章
简介

Luis M. Correia，Henrik Abramowicz，Martin Johnsson，Klaus Wünstel[1]

摘要：本章首先对目前互联网网络、核心架构和其演进模型中存在的问题进行了分析。当前互联网架构主要按照分层模型（layered model）设计，其缺陷已经开始显现，如对服务质量（QoS）、无缝隙移动、安全漏洞和地址枯竭等方面均不能形成有效支撑。包括垃圾信息、分布式停止服务、钓鱼软件等不受欢迎的通信充斥网络，已经成为互联网面临的最大问题。商业模式的转变也在影响着网络的发展，其他问题还包括隐私和可信度。另外，本章不仅对 4WARD 项目进行了简要描述，同时对欧洲、美国和日本的研发活动也进行了介绍，最后是对全书内容的总体性叙述。

1.1 当前互联网存在的问题概述

目前有关"未来网络"的讨论已经炙手可热，一方面是由于对当前互联网无力解决影响现在和未来服务一些重要问题的担忧；另一方面是受美国、欧洲和亚洲部分"全新设计"研究项目的驱动。

现行互联网架构的问题已经由来已久，但却一直没有找到令人满意的解决方案。下面罗列了一些目前与互联网有关的问题，这些只是一些典型问题，并不是所有问题的穷举。

现行互联网开发之初是利用基于铜质线缆传输技术，对数量有限的一些可信节点

---

1 L.M. Correia（通信），葡萄牙里斯本科技学院（IST/IT—Technical University of Lisbon），E-mail：luis.correia@lx.it.pt。

H. Abramowicz · M. Johnsson，瑞典斯德哥尔摩爱立信研究院（Ericsson Research）。

K. Wünstel，德国阿尔卡特-朗讯公司（Alcatel–Lucent）。

进行互联，实现文件传输和信息交换等分布式应用，这一点必须牢记。为此，初期的互联网架构相当简单，但对新的应用保持开放状态。这一架构的发展演进取得了巨大成功——也就是我们今天看到的互联网。虽然目前尚不清楚这种演进方式是否为最佳解决方案、是否能够应对目前主流的光纤和无线传输技术、实时多媒体和文件共享应用，以及面对一个不可信任的世界。另外，互联网最初的协议和规则都特别简单，经过几十年的发展变化，目前其互操作性、配置和管理等复杂程度与当初已经不可同日而语。

1.1.1　互联网核心架构和演进模型已不再适用

现行互联网的前身是 20 世纪 60 年代末的阿帕网（Arpanet），它当时作为连接 4 所大学网络的网络，是各个主机之间的固定式网络，既没有移动也没有无线连接。但是今天，防火墙、网络地址、端口转换器、会话边界控制器等在不同层上对不同的 IP 网络实现了解耦。所有终端节点作为信息消费者和生产者的能力持续减弱，而对于移动节点而言，这种能力就不存在。IPv6 无法实现对互联网必要的整体架构重建，但要使互联网成为未来人类依赖的通用网络，就必须进行整体架构重建。而更为悲观的是，单单一种网络解决方案无法覆盖并满足未来组网的各方面需求，这一点毋庸置疑。

目前互联网的规模尚未达到极限，但是功能不断增加，即总体互联网系统适应新功能需求的能力几乎达到了僵化状态。我们现在已经进入一个重大发展周期的关键节点，因此必须做出重大变革。4WARD 项目认为，这次网络革命将是一个漫长的进程，因此采取了一种 clean slate（从头设计一个全新的互联网，或称革命式）研究方法。希望我们的研究努力在下一个十年对工业产生重大影响。

1.1.2　互联网骨化状态

目前通信系统发展主要基于分层模型（如互联网、OSI、3GPP）。但实践证明，在这种开放互联网环境下很难实现网络升级改造［如 IPv6、IPSec、移动 IP 或多点广播（multicast）］。互联网的快速增长使其架构上的缺陷愈加明显，如对服务质量（QoS）、无缝隙移动、安全漏洞、地址枯竭等支撑能力明显不足。尽管针对这些问题已经提出了一些解决方案，但是这些方案只是尽力对那些架构上的漏洞做出一些修补工作而已，而且相互之间没有协调配合、针对各自问题单独提出解决方案，因此这些方案自身又带来新的问题。

通过这种方式开发的系统非常复杂，同样的功能在不同的协议和分层中反复出现。零打细敲地就问题而谈问题，只能解决协议栈（protocol stack）中的一部分问题，实际上却对整个通信系统其他部分的运行和功能造成了伤害。这些行为表明，在开放互联网环境下实现网络升级改造［如 IPv6、IPSec、MobileIP 或多点广播（multicast）］非常困难。

1.1.3　不受欢迎的流量浪涌，包括但不限于垃圾邮件

当前互联网中最大的一个问题就是各种各样的不受欢迎通信，如垃圾邮件、分布式拒绝服务（DDoS）、钓鱼软件等。我们每天都收到大量的垃圾邮件信息，幸运的是我们每天收到的仅仅是一小部分，而如果不幸的话，每天就是几百封。对大型互联网服务商来说，分布式拒绝服务是每天都会遇到的头疼问题，更不要说那些大型网站和内容供应商了。就我们所知，钓鱼软件不仅越来越普遍，而且更加狡猾、复杂。

这些不受欢迎通信出现的深层次原因可以归结为经济原因。当前互联网的主要特点是全面、分布式信息传送系统，接收者要承担不受欢迎通信的主要成本。这是目前网络架构的一个直接（尽管无意如此）后果。我们现在创造的系统是对所有潜在的接受者进行明确直接的记名，因此信息发送者可以按照他们的意愿将数据发送给网络中的任何接收者。正因如此，由于一般都采用固定付费合同，因此发送更多的数据包成本几乎为零（有一个容量极限）。因此，那些不受欢迎通信的信息发送者在发送信息前根本没有顾虑或顾虑很小。多发送几个数据包，可获取合法或非法利益，但是成本很低，根本无须克制。因此，哪怕那些垃圾信息的回应率非常微小，但发送非法广告的诱惑却非常大。基于分布式拒绝服务（DDoS）的敲诈成功率很低，但很多人仍然喜欢利用这种攻击手段。

总之，造成当前这种不受欢迎通信问题的主要因素包括：

- 架构方法，数据接收者都有一个明确的名字，潜在发送者不经接收者同意就可以向任何接收者发送数据包；
- 商业结构，发送更多数据包或信息（一般而言上限非常高）的边际成本几乎为零；
- 对参与互联网非法行为的活动，缺乏有效惩罚的法律、国际条约，特别是执法机构；
- 从根本上讲，可以通过身份与位置分离的办法构建架构，这样发送者在发送任何数据之前都需要征得接收者的同意，但这些信号信息的发送根本就不受费率限制。

1.1.4　配置和管理的复杂性

网络规模越来越大、更呈异质性、更加动态化。最终用户希望可以在各种装置和设备上都可以获取服务。在一个网络操作员的域上将会同时存在多种设备、多种类型

的网络。随着网络和服务的变化，安全威胁也会发生变化。改变商业模型就要求网络中的各个要素能够强化本地登录控制，如从不同的管理域登录重要资源时要保持配置的完整性。

传统上基于运营商-注册用户的商业模型正在被其他商业模型取代，如用户-网络模型。新兴的用户-用户模型对运营商来说更是一种挑战：用户生成内容的 Web 2.0 服务只存在于服务平面。典型的如最终用户服务就是一种综合数据—多点广播—语音—视频（DMV2）的服务。在这种模式中，用户获取其他用户的内容，收入基本来自于广告。全部或部分管理外包于一个或多个外包供应商是另一种通用的商业关系，这需要采取措施对服务传递的可靠性进行跟踪。这一商业创新的后果就是，传统运营商的技术网络运营工作被以商业为中心的服务管理所取代。这样，根据最终用户的期待提供服务就显得特别重要，而低级别网络变得无关紧要。

运营商作为所有者承担服务使能设备的全部成本。目前不同卖方（运营商）管理表现（方式）均大不相同。他们对商业决策和工作的轻重缓急不负责任，这就使哪怕是启动一个很小的服务或提供质量保证都是耗时的工作。由于这种管理在很大程度上依靠人工，因此还不成规模。

从经营运营角度看，专门化设计现行网络要素、网络管理工具和管理系统对于追求商业价值的服务供应商而言成本太高了。网络要素工具化包含了大量的性能指标、事件、告警和配置参数，这对网络要素运营管理系统开发者和运营人员来说都是很大的挑战。

1.1.5 隐私和可信度缺乏

隐私和可信度的目标是防止发生不良事件。一方面可以通过对信息流增加技术限制，另一方面可以明确鼓励预期行为。

隐私是一个复杂问题，对此至少有三种观点。在奥威尔（Orwellian）看来，这是一个有关言论自由和政府控制的问题。充分的隐私系统保证我们在合理的界限内（如不是明显的违法行为）可以自由地思考并表达我们的思想，即便这些思想不为社会所接受，或者敌视政府体制。在卡夫卡（Kafkaesque）看来，隐私的重点是保证公民的自主性，让他们不必担心莫须有的获罪或讨厌的法律/其他行动。第三，隐私的经济意义在于对有益于社会的差别定价和有害于社会的价格歧视之间进行区分权衡。从这三个不同的观点可以看出，未来网络的设计有必要将合理的最基本的隐私作为其内在特征。

隐私的另一面是可信度。没有限制的隐私就会造成各种不负责任的行为，如滥做广告。为此，如果要增强隐私就要提高可信度，但从技术角度来看这是比较矛盾的。要理解这一技术难题，关键是要从不同维度来看通信。最基本的是我们要从四个维度进行区分：通信的内容、通信参与方、位置、通信行为（存在）。如果系统能够将不同的维度进行"隔离"（insolation），每一部分只能获知相关的信息，那么就可以实现高度的隐私。例如，通信服务供应商需要知道通信发生在什么地方、谁在进行通信，但是无法获知通信的内容、其他通信方的身份和地址。

1.1.6　对移动性和多宿主的支持不足

支持有效的移动性需要一定程度的间接性，将移动实体的固定名字与其动态、变化的地址相连接。支持有效的多宿主（multi-homing）（或者支持多点接入/多点呈现）需要类似的间接性，这样唯一的可多点接入实体名字就可以与多个可达地址连接。

在互联网界，传统的方式一般将移动性和多宿主（multi-homing）看作独立的技术问题，根据这一理念形成的主要成果就是移动 IP 协议。从架构上看，这种协议的基础是稳定主机身份（家乡地址）和动态地址（转交地址）再次使用单一名称空间（IP 地址空间）。这一方法确实有效，但是却产生了两个重大缺陷。与此同时，将多宿主看成使用单独解决方案解决的一个独立问题却造成了特征交互问题。

移动 IP 方法将通信会话（TCP 连接连接和应用状态）和家乡地址进行捆绑。如果通过将这种方法和唯一可知的扩展方案相结合来解决大量相关的安全问题，就会形成对家乡地址恒定可达性的依赖，而这种依赖是我们不愿意看到的。换句话说，移动 IP 架构是对家乡地址可用性的一种深层依赖；家乡代理就成了一个新的单一的失败点。

第二，如果将单一命名空间的名字用于多种目的，就会产生大量语义问题。如果使用了移动 IP，那么很难辨别两个 IP 地址是不是指向一个主机（如一个是家乡地址，另一个是转交地址），换言之，其中一个 IP 地址是另一个的别称，或者是一个完全不同节点的身份识别符。这就会对大量应用造成非常令人困惑的问题。

1.2　4WARD 项目简介

4WARD 项目采用 clean slate（从头设计一个全新互联网、革命性）方式来研究未来网络的架构。现有基于 TCP/IP 网络架构发展中的实践性限制暂时可以忽略不计，这样就可以开发一种适用于当前和未来使用的理想性设计，而无须根据 30 年前的架构决策来进行调整，因为那时的目标和限制性条件与今天已经完全不同。按照这种方法设计的架构可以看成当前网络发展的一个目标。换言之，这种设计可以看成一个与现有架构并存、具有互操作性、逐渐增长扩大、逐步取代现有网络功能的发展计划。

4WARD 的战略目标是建设一个可靠、可互操作的网络家族，实现直接、泛在的信息获取，提高欧洲互联网工业的竞争力、改善欧洲人民的生活质量。4WARD 要让网络和互联性应用更快、更容易，实现更加先进、更加可靠的通信服务。

指导 4WARD 项目的原则如下。

原则 1：让 1000 类网络竞相发展

该项目利用一种全新的方法创建多种网络，并让它们能够同时存在：这样每一项任务、每一个设备、每一个用户和每一项技术都有最好的网络与之相适应。4WARD 希望建成一个框架，从而让多种网络同时发展、共同形成一个可以互操作的网络家族，这些网络同时存在、互为补充。

原则 2：让网络管理自己

4WARD 架构中融入了内置型管理组件（实体），作为网络不可或缺的组成部分，这种实体能够以一种成本有效的方式确保其性能，并根据不同的网络规模、配置、网络所有者设定的控制策略形成的外部环境进行自我调整。

原则 3：让网络路径成为主动单元

未来的网络路径视为一种主动性网络组件，不仅可以控制自我，而且还可以提供用户化的通信服务。主动路径不仅具有弹性和失效备援（failover，系统备援能力的一种，当系统中的一项设备失效而无法运作时，另一项设备即可自动接手原失效系统所执行的工作）能力，而且还可以具有移动性，同时使用多种不同的链路序列，对传输数据进行保护和压缩，达到最佳性能。

原则 4：构建信息为中心的网络

用户主要关心的是使用服务、获取信息，对于主机信息的节点或提供服务并没有兴趣。因此，4WARD 架构最看重的是信息对象（及它们的数字化形式）和服务，无须和任何设备绑在一起，因为这些信息对象和服务可以是移动的，可以分布于整个网络。这就是 4WARD 要解决互联网架构中的一个根本缺陷。

未来网络相比现在的网络更加重要，因此 4WARD 对上述原则的应用带来的社会—经济问题和常规问题也进行了探讨。

我们的研究方法将网络架构具体方面的改善、提高所需的创新与符合这些创新的共同总体架构框架进行了完美结合。

这个项目按照架构分为 6 个工作包：其中 3 个有关单一网络架构的创新问题，如通用路径（Generic Path）、网内管理（In-Network Management）和信息网络（Network of Information），一个工作包研究利用虚拟化实现多种组网架构在共同的基础设施上共存的问题，另一个工作包探索互操作架构的设计和研发，最后一个工作包的研究是确保未来所有的研发工作能够对关键的非技术问题进行了充分的考虑。

4WARD 项目是一个综合项目，汇聚了 36 个合作单位，组成了强大的工业引领型联盟，联盟中包括各类运营商、服务供应商、中小企业和研究机构，还包括来自北美和亚洲的合作单位，这些单位在网络架构研究方面经验丰富，在无线和移动通信领域具有深厚的专业功底。项目最初获得预算 2300 万欧元，两年完成，但是为了达到（欧盟第七框架计划 FP7）第五次项目招标（Call 5）的要求，延期半年。

1.3 4WARD 项目在欧洲、欧盟项目和其他地区的地位

1.3.1　欧盟第七框架计划（FP7）

在欧盟第七框架计划（FP7）中有几个项目与未来网络相关，有些也采用了革命性（clean slate）的方式。有些则采用了演进式方式，力求按照现有范式来解决当前互联网中的一些问题。

下面列出了一些与未来网络有关的项目：

- PSIRP 是一个专门项目（STREP），其目标是对"发布-订阅"范式进行研究；
- Trilogy 项目是 BT 公司领导的一个集成项目（IP），目的是在当前的范式下利用边界网管协议（BGP）解决现有问题；
- Sensei 是集成项目（IP），重点研究传感器网络，努力建设开放式服务界面和相应的语义规范，对服务和应用系统提供的文本信息和驱动服务实现统一化读取；
- Onelab2 是集成项目（IP），目的是建设未来网络试验的试验床；
- Moment 是专门项目（STREP），专门研究带宽的测量。

另外，欧洲委员会还非常积极地对未来网络研究活动予以协调，为此成立了一个未来网络大会，以推动这些未来网络项目的发展，对各个域，如内容媒体、安全组网等进行协调。4WARD 项目在未来网络大会上表现突出，扮演了重要角色，因此临时承担了大会和日常会议的组织工作。通过作为协调组织角色，4WARD 项目推动了未来网络项目群的发展。在这个群里，不仅提出了大量架构，还有许多场景想定工作，同时为未来网络大会注入了重要的实质性内容（input）。

1.3.2　美国 FIND（Future Internet Design）项目

2006 年，美国国家科学基金会（NSF）启动了未来网络设计（FIND）项目，目的是对学术研究届开展的各类中小规模"革命性"（clean slate）协议研究提供支持。项目的研究范围包括信任、安全、新兴无线和光学技术、网络经济及各个方面的影响。

2009 年，美国国家科学基金会组织了一个外部专家小组对 FIND 项目进行评审，

详细评估了 30 多个分项目。专家小组对 FIND 项目给予了高度积极评价，认为通过革命性（clean slate）研究方法，可以不受现有网络协议落后的兼容性影响。专家小组认为 FIND 项目在一些重要的研究议题上都取得了新的突破，如命名、寻址、路由、监控、移动性、网络管理、读取和通信技术、传感、内容和媒体传输、网络化应用等方面。专家小组建议国家科学基金会将 FIND 项目继续下去，并且对这个领域的一些努力予以整合，建立相应的工作组进行设计，开发更加全面、综合未来网络架构的原型产品。专家小组还建议，研究要更加关注安全和网络管理。美国国家科学基金会认可了这些结论，并随后成立了一个新的项目，即"未来网络架构"（FIA）（NSF 10-528）计划，准备支持 2～4 个大型项目，研究全面、综合性的未来网络架构。这些项目预期将形成完整的设计、协议验证、在基础设施上进行初期部署等，如 GENI。

1.3.3　美国 GENI 项目

2008 年，美国国家科学基金会启动 GENI 项目——网络创新综合环境（Global Environment for Network Innovation）项目，其目的是为 FIND 和其他计划的未来网络研究开发灵活、大型的网络化基础设施。GENI 在 BBN 技术公司、剑桥、MA 都成立了专门的项目管理办公室（GENI Project Office，GPO），统一受项目经理 Chip Elliott 领导。GENI 采取的研究方面主要基于下列原则：
- 螺旋式研发过程，持续改进、不断反馈；
- 利用美国研究界现有的能力和试验床；
- 联合各类试验床和校园网络组成一个综合 GENI 设施；
- 在研究组织中开展竞争，遴选出重要的 GENI 成员；
- 开放、合作型项目，开源软件、国际化的合作伙伴等。

GENI 目前已经整合为 Spiral 计划。该计划第一期（Spiral I）启动于 2008 年 11 月，2009 年 11 月结束，第二期（Spiral II）启动于 2009 年 12 月，2010 年 12 月结束。Spiral 计划第一阶段的重点是技术评估和通过概念验证原型实现风险缓解。第二阶段工作的重点是对在 8～10 个校园位置上最初联合的"中规模"GENI 原型进行集成，实现统一的试验控制和管理界面。

1.3.4　日本的 AKARI 项目

AKARI 架构设计项目（简称 AKARI 项目）的目标是设计未来网络，预期在 2015 年设计一套网络架构，并根据这个架构生成一套网络设计，从而实现新一代网络。该项目的口号是"黑夜中指向未来的一盏明灯"（AKARI 的日语语义），其总体思路是研究新一代网络架构，找到理想的解决方案，完全不受现有架构的限制，但需要考虑从现有网络向未来网络的过渡迁移，最终打造整体未来网络的顶层设计。此愿景中的未来网络将成为未来社会基础设施的内在组成，要达到这个目标，所有的基础性技术和分支架构均应精心选择、通过集成实现简化设计。

AKARI 项目分为两期实施（每期 5 年）：第一期（2006—2010 年）完成新一代网络设计蓝图；第二期（2011—2015 年）根据设计蓝图开发试验床。在项目启动的那一年，项目完成了概念设计和初始设计原则。第二年（2007 年）开始进行详细设计，并同时对初始设计原则进行修订。然后开始对原型产品进行开发、评估、验证，以检验概念的效用。第一期的第 5 年完成设计框图。

在第 6 年和后续时间里，新一代网络概念将根据原型产品和设计示意图与试验床进行集成，实施演示试验。另外，还要生成网络组件，通过协议工程建成新一代网络建设技术。

1.4 本书内容

本书根据 4WARD 项目编著，主要内容为未来网络的架构和设计，涵盖各个方面。我们不仅提出了系统概况，而且还对社会经济背景因素、未来网络管理进行了分析，同时还在某种程度上探讨了各种技术问题。

第 2 章（**系统概览**）描述了系统模型，定义了未来系统结构和行为及其可再生性。未来系统和网络将更加庞大、更加复杂，该如何利用少部分普通概念来进行建设呢？4WARD 提倡用新方法进行组网。这种新方法是通过对当前互联网的成功要素（核心互联网设计原则和核心 IP 协议）、导致互联网骨化的因素，以及近年来 IP 发展过程中的修补性工作进行分析后得出结果。未来网络必须根据新的架构原则进行开发。

技术的可用性、市场的特点、相关政府政策和管理制度的方向和重点带来的机遇，会对工业和经济部门的发展路径形成巨大影响。过去有一种倾向，即对这些问题单独进行处理，如非技术问题都是在技术研发成功以后才予以解决。但是在全球网络化的社会里，这种方法是不适当的。未来网络的启动和成功将与未来网络生态系统各个领域的行动密切相关。本书第 3 章是有关社会经济方面的内容，主要描写了 4WARD 研究技术和架构创新如何从研发阶段走向实际部署阶段的重要推动力量和影响。

部署新兴的用户化网络架构的关键技术是虚拟化。简要介绍整体网络虚拟化概念之后，该章还介绍了虚拟化的目标、优势、想定及商业方面的内容。接下来不仅介绍了建设和成立虚拟化网络过程的总体情况，包括资源虚拟化，虚拟网络的供给、控制和管理，还更加详细地描述了虚拟化框架问题。介绍完设计过程之后，紧接着就介绍网络架构、新型网络架构的设计。在这个过程中，网络架构也遵从了第 4 章（**网络设计**）的设计模式，这样就可以：

（1）有效整合不同的功能模块，满足最初的要求；

（2）确保不同架构之间的互操作性，同时考虑商业关系、安全和管理等问题。

为确保虚拟网络之间的互操作性，还详细地分析了折叠点（folding points）概念。

命名和寻址是现有网络设计中的一个争论焦点。精确的命名是什么、地址是什么，通过命名解析（name resolution）如何在两者之间建立关系，这些在不同系统和架构中处理方式不同、前后也不一致。4WARD 采取的是一种综合、一致性的方法进行命名和寻址，将灵活性与一致性相结合，利用跨命名解析概念将不同的组件进行整合。第 5 章（**命名与寻址**）对这个概念的基本设计逻辑进行了讨论。同时还给出一些案例，包括非常简单的本地命名/寻址计划、世界范围在一个网络层实现一致性命名和寻址的计划，以及适合数据中心信息网络的非常复杂的命名/寻址结构。所有的这些计划综合成为一个总体的命名和命名解析架构，但是在它们各自的抽象层保持灵活性。

第 6 章是有关安全原则的内容，主要是如何反思基础网络架构影响安全及安全因素影响基础网络架构的问题。4WARD 项目的信息中心方法建设根据是维护信息的安全概念，而不是装纳信息容器的安全。这样，根据所有权和源头读取的控制而形成的安全原则就面临挑战。与此同时，将情报移入网络本身就挑战了那种隐喻假设，即互联网包含中立、无声、基本上合作且值得信任的自主领域。4WARD 仅仅开始解决那些具有具体性质的虚拟、自我配置型实体的动态管理所必要的安全原则。网络设计、通信、路由、查询、隐私、可信性、高速缓存、监控要求的具体安全实施原则大部分都不在讨论范畴之内。4WARD 项目深知，商业和政府控制利益会在很大程度上影响未来网络发展的安全走向，因此也对这一点进行了考量。

未来网络的一个重要挑战是对"域概念"（domain concept）的正确定义和执行。第 7 章分析了互联网、现有移动运营商的互联模型，并介绍了 4WARD 研发的域间概念（inter-domain concept），而且还特别分析了尚待解决的多域服务质量问题。

配置和运行网络化服务的成本和复杂性非常重要，而且还会加大。我们提出了一个管理解决方案——网内管理（INM）。这一方案是建立在去中心化、自我组织和管理过程自主化的基础之上的，其核心思想是网络之外的管理站将管理职能分配给网络自身，支撑未来大型网络的发展，实现对外部事件的自我配置、动态化适应，实现低成本运营。在第 8 章（**网络管理**），我们将对网内管理（INM）的挑战、益处和方法进行讨论。我们还提出了一种架构框架，这种框架适用于网络要素内部不同层次的嵌入。另外，还介绍了按照分布式方式支持实施监控的新算法，以及资源控制的自适应方案。

传统上互联网的信息传输一直遵照端到端的原则。也就是说，假定网络内部对所传输信息的性质并不知晓，这就造成为实现具体服务而出现网络叠层问题。"在网络内"保持状态信息一般视为可扩展性的羁绊。但是，主机和应用程序的移动性、服务质量的保证、合作和编码的新方法，这些都需要在网络内部的具体地点存储一定数量的信息。第 9 章描述了一种数据传输的架构,将技术和管理域(部分)都作为这种共享信息的管理者。不同交流实体、基本功能区块(在互联网不同层中重复出现)之间已经建立了路径。我们还对路由、登录控制和资源管理等特定功能在所有层实体中反复出现问题进行了解释,从而实现实体和路径的面向对象定义。部分和普通路径限制了范围,在这个范围内,状态信息需要保持一致。部分分层和现有 ISO/OSI 模型在根本上不同。该章对不同于传统上两个端点之间的多点传输中的合作应用进行了举例说明。

第 10 章介绍了信息网络的总体愿景,并对基本思想进行了描述,解释了当前正在开发的机制将会对组网形成重大范式变革。在对当前信息存储和检索的主机中心方法不适应形势的相关态势进行回顾之后,我们介绍了一种正在兴起的新型组网范式,即采用**信息为中心的网络架构方法**。我们描绘了未来信息检索的样子,特别强调了用户方面。接下来我们提出了信息网络的架构要求,以及项目中采用的研究指导方法。该章的核心部分是对实施信息网络技术机制的一种简要描述。我们不仅对信息网络的运行进行了描述,给出了具体的例子,并特别强调了性能提高,希望通过信息网络的部署实现具体化。最后,我们探讨了从长远上看信息网络的可能发展方式。该章最后还对主要的信息网络创新和未来工作进行了一个全面性的总结。

在前面各章,我们已经对用来设计和建设网络的概念和技术、网络如何互联和管理、如何连接、如何管理和搜索信息对象等进行了叙述。另外,我们还提出了命名和寻址的安全原则和方案。这些构成了按照新的方法对未来网络组网的基础和工具。为了说明这些方法和现有组网方式相比的优势,以及它们如何可以按照连贯一致的方式应用,第 11 章(**应用案例**),通过一组应用案例解释了可以利用前面各章节所描述的原则和工具实现完整、综合组网的解决方案。这让我们不仅可以设计相应的网络和软件架构,而且还利用应用案例进一步描述了如何应用功能和界面,以及执行具体任务的功能使用与管理。

为了对 4WARD 项目开发的某些理论思想形成支撑,有些思想已经形成了原型产品。在项目实施不同的思想过程中积累的经验具有很高价值,并反过来对这些思想提供了细节性支撑。最终的概念已经成功地进行了测试,而该章对那些已经开发的原型产品进行了一个概况性描述。有些原型已经公开应用了。具体的发布建议在第 12 章(**原型实现**)中进行了描述。

最后一章,第 13 章,是 4WARD 项目的一些结论,并描述了一些迁移方法,以实现最终的研究成果。

第 2 章
系统概览

Martin Johnsson[1]

摘要：本章主要对 4WARD 系统模型进行描述，定义了未来通信系统的结构和行为，以及其可再生性（即如何利用少部分通用概念集来建设更大、更加复杂的未来系统和网络），并提出了该项目的四条建设原则。另外，本章还介绍了系统架构框架，提出了一种一体化基于组件的设计过程。在这个过程中，首先要了解系列技术要求，然后通过定义一个无缝、同步但迭代的过程，推演出一个基于软件的网络架构。本章对架构的支柱进行了详细描述：网内域管理、信息网络、通用路径、物理虚拟化分层。架构框架用到了分层（Strata）、Netlet 和设计库（Design Repository）几个术语。本章最后还讨论了设计过程。

2.1 背景与动因

本节主要描述 4WARD 系统模型。该模型定义了未来通信系统的结构和行为，以及其可再生性（即如何利用少部分通用概念集来建设更大、更加复杂的未来系统和网络）。

通过 4WARD 项目，我们开发了一种新的组网方法，其根据是对互联网成功（核心的互联网设计原则和核心的 IP 协议）和导致目前互联网骨化现象的元素，以及近年来 IP 演进中的修补性工作的分析。

未来网络必须根据如下四条纲领性原则进行组网。

---

1 M. Johnsson（通信），瑞典斯德哥尔摩爱立信研究院（Ericsson Research, Stockholm, Sweden）。

原则 1：让 1000 类网络竞相发展

我们将针对多样化的网络研究一种全新方法：这样每一项任务、每一个设备、每一个用户和每一项技术都有与之相适应最好的网络。和过去那种多样性网络（相异互不兼容的技术相互竞争）不同，我们希望建成一个框架，从而让多种网络同时发展、共同形成一个可以互操作的网络家族，这些网络同时存在、互为补充。

原则 2：让网络管理自己

利用现行技术很难扩展为巨型网络，人工干预固然必要，但是这种干预费用太高、容易出现错误、对变化的网络条件反应缓慢。我们希望管理单元（实体）成为网络自身不可或缺的一部分，一方面确保其性能，另一方面要保证成本合理且效果好，能够根据不同的网络规模、配置和外部条件做出自我调整。

原则 3：让网络路径成为主动单元

我们希望未来的网络路径视为一种主动性网络组件，不仅可以控制自我，而且还可以提供用户化的通信服务。主动路径不仅具有弹性和失效备援（failover，系统备援能力的一种，当系统中的一项设备失效而无法运作时，另一项设备即可自动接手原失效系统所执行的工作）能力，而且还具有移动性，同时使用多种不同的链路序列，对传输数据进行保护和压缩，达到最佳性能。

原则 4：构建信息为中心的网络

用户主要关心的是使用服务、获取信息，对于主机信息的节点或提供服务并没有兴趣。因此，我们希望能够建设一种移动或分布式的信息和服务网络。在这种网络中，用户能够根据名字读取感兴趣的事项，但是对数据位置却可以做到完全屏蔽。

这些原则及我们对现行互联网形势的理解，构成了定义 4WARD 技术需求的主要驱动力量，形成了 4WARD 项目技术工作的基础。通过这些努力最终形成 4WARD 系统模型，这些将在下一章进行描述。

2.2　4WARD 系统模型

图 2.1 是根据上述 4 条原则和 4WARD 技术需求[1]开发的 4WARD 系统模型示意图。该系统模型对设计、建设、部署和管理互操作网络架构进行了必要的定义，提出了技术规范、原则和工作指南。因此，4WARD 系统模型包括一个架构框架、一组架构支柱（Architecture Pillar）。这组架构支柱提供了未来网络预期、要求的众多网络架构中所需的关键技术，当然，这些技术还可以部署并应用于迁移想定（migration scenario）。我们希望利用 4WARD 系统模型在网络设计、管理和操作方面都能获得显著效益，这是现行和未来网络都需要面对的挑战。通过一系列新概念、新技术，我们对架构支柱进行了定义，以应对新兴商业模型和新应用类别。

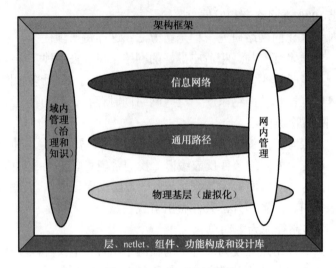

图 2.1　4WARD 系统模型

- 物理和虚拟化基础设施的抽象化和模型，包括所有的传输、处理和存储资源。
- 一种模块化和可扩展连接概念，支持所有模式和拓扑结构的端点连接。
- 一种内容和信息管理的新型开放模型和应用编程界面（API），利用稳定身份的信息对象搜索和检索。
- 管理是网络功能的固有能力。

架构框架提出了一种一体化基于组件的设计过程。这种设计过程定义了一种无缝步进式、具有迭代特征的过程，衍生出一种将技术需求作为输入、基于软件的网络架构。这种设计过程包含了一些不同抽象层上的架构原则和可复用的设计模型，从而可以对各种可互操作的网络架构群进行定义。

这种架构的支柱——网内域管理、信息网络（NetInf）、通用路径（Generic Path）、物理虚拟基层（它们各自最终定义自身的框架或架构）——需要利用架构框架进行定义。

物理基层是任何网络物理资源的抽象化，不管是最小型网络还是最大型网络。抽象化是对跨越域边界的深层资源一并进行虚拟化和管理的关键所在。虚拟化操作最终形成虚拟化网络。在这种网络上，运营商可以随意地展示他们所选的功能、协议等，如通用路径（Generic Path）和信息网络（NetInf）。

通用路径提出了一种普遍化的传输机制，用于在网络中不同实体之间的数据传输。递归通用路径概念可以虚拟模仿任何类型、任何层级的传输，无论是点对点还是多点对多点，甚或是支持物理层面链路上的传输或网络间端到端的传输。通用路径专门用于支持信息对象的传播。

信息网络（NetInf）用于信息对象的识别、管理和传播，它是信息（和服务）管理的一种新型抽象化，这种应用无须考虑信息对象存放在哪里。

　　网内管理（INM）在所有网络功能中均有表现，它不仅提出了设计范式和接口，而且还提出了更加具体的机制，有助于形成不同程度的自我管理能力，既包括与其所管理的功能项"毗邻"的能力，也包括完全、内在自我管理的功能。

　　网内管理（INM）的一个特例就是网内域管理，这种管理不仅包括对域的自我管理，还包括域间的自我管理。知识功能（也称知识层）通过询问网内（如通用路径和信息网络）运行的网络功能发现、汇聚并进而推知网络拓扑的状态、资源和背景状态。治理功能（也称治理层）用来对网络功能进行控制和管理，并通过知识功能询问网络状态来达到治理。治理功能根据策略（由网络管理员提供）及网络状态决定哪些网络功能可以在网络上运行。治理和知识功能对网络、域之间的交联、组成具有工具意义。在这些网络和域中支持动态和高度自主化的生成服务等级协议（SLA）。

　　下面各节将对构成架构基础之基础的概念和技术进行一个总体概述和介绍，这些也是本书第 4～10 章的主要内容。

2.3　架构框架

2.3.1　分层（Strata）、Netlet 和设计库（Design Repository）

架构框架必须提供下列方法：

（1）指导网络架构师分配必要的网络功能；

（2）保证网络架构群内的互操作性。

框架由如图 2.2 所示的组件构成（具体细节见第 4 章）。

- 层建模为一组逻辑节点，这些逻辑节点通过介质进行连接，层内的节点之间通过这个介质进行通信。这个层将分布于节点上的功能集合起来。这些功能通过两个众所周知的接口（也可以分布于其他节点）提供服务到其他层：服务层点（SSP）向位于每一层顶端的其他层和垂直层提供服务。图 2.2 就表示层 Y 通过 SSP_X 使用由 X 层提供的服务。服务网关点（SGP）向其他同类层提供配对关系。

- 层可以自我管理。例如，部署完路由服务层之后，这个层会自动在物理基础设施上自我组织。这种部署会按照逻辑节点规范和层介质进行，同时还会考虑拓扑、能力、节点、资源状态及物理设施中的连接等因素。

- 水平堆积层（如图 2.2 中间所示）和整个网络的数据传输和管理有关。在这个层内部，Netlet 可以看成组网服务的容器。这些容器中包含节点内部的功能和协议。必须利用这些功能和协议来提供服务。由于 Netlet 中包含了协议，所以它成为不同层之间的介质，即在相同的 Netlet 中可能存在分属不同层的功能。图 2.2 显示，在同一节点内部 Netlet 可作为不同层的介质。

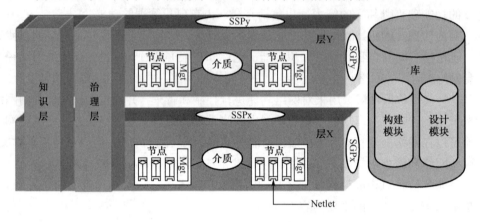

图 2.2　4WARD 架构框架的高级视图

- 垂直方向的两个层分别表示整个网络（即一组水平层）的治理层和知识层。知识层提供并负责维护一个拓扑数据库，同时还负责维护由水平层报告的环境和资源分配状态。治理层利用这些信息及由策略提供的输入，持续验证一个水平层的最佳配置，以满足网络的性能标准。治理层同时还建立并维护其与其他网络的关系和协议。
- 库包含具体组成网络架构功能（用以建设层和 Netlet）的建筑模块集和设计模型，包括最佳实践行为和限制，确保网络架构之间的互操作性。

2.3.2　设计过程

包括互联网在内的现代网络的发展困境在于其无法按照连贯可靠的方式进行扩展、保持一定的可信特性，如更大背景下的安全、服务质量和可靠性等。即便是进行微小的特征变更，在全网进行部署之前也需要付出大量努力来进行标准化、开发和退化测试。对大型固定网络组件基地的升级，对网络运营商和服务供应商来说不仅存在很多技术挑战，也存在很大的金融风险。

4WARD 成功制定了将来开发、测试和部署新型网络设计但不会影响既有网络基础的设计过程。这种设计过程的基础是 4WARD 架构框架和网络虚拟化的最新进展。创新型 4WARD 网络设计过程不仅利用了模块驱动软件工程技术，而且还借用了网络服务设计和构成中的经验，其设计原则为开放服务网关协议（Open Service Gateway Initiative）[2]。

如图 2.3 所示，设计过程由下列阶段组成。

（1）需求分析：这一步骤从商业思想和需求出发，旨在将思想和需求分解为通过设计架构实现的高级功能项。这个阶段的成果主要是层的宏观架构图、主网络架构初稿、进一步架构细化技术需求规范。

（2）抽象服务设计：在这个阶段，技术需求和从技术需求中衍生的高级功能项将按照一般原则和设计模式转化为抽象功能项和组合方法。其成果是在节点层级运行的 Netlet 技术规范、构成网络节点上功能项分布的层。

（3）组件设计阶段的重点是详细规范和用来实现具体功能项的功能模块（Functional Blocks）构成。这包括功能模块（Functional Blocks）接口、特性、需求/先决条件。这个阶段的成果是 Netlet 和软件组成的详细设计，最终构成用于网络虚拟化平台验证演示的"架构蓝图"。

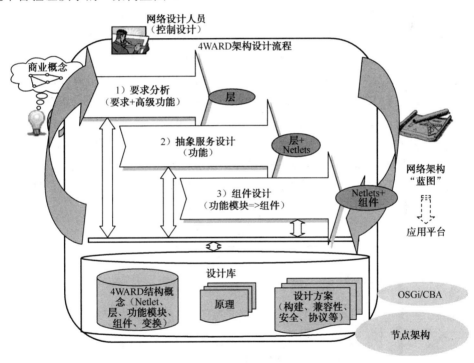

图 2.3　4WARD 设计进程的高级视图

支撑整个设计过程的是一个综合设计环境，这个环境很容易形成一个可追溯的迭代回路，可对前一阶段进行重新设计和改进。为了能够提高架构结构的复用性，对设计架构的专业技能和知识形成积累，我们引入了一个"架构设计库"，在这个设计库中包含了过去设计好的架构结构（抽象层、Netlet、组件、功能模块等），以及由此衍生的演示范例、证实的服务架构设计模式、网络构成、互操作性、安全等。

2.4 网内管理

为了在网络节点内部和节点之间实现分布式管理，网内管理（INM）要明确两个关键架构要素：管理能力（MC）和自我管理实体（SE）。管理能力是管理逻辑的人机界面。自我管理实体（SE）和具体的服务有关，包括服务管理的相关管理能力（MC）。这两个要素是实现自主化行为的核心。

作为网内管理（INM）解决方案和设计组成部分，我们开发了实时监控、异常探测、态势感知和自适应方案。管理能力（MC）的架构要素是这些算法的使能器，而这些算法为解决管理问题提供了最佳机制和模式。设计网络时，它们成为重要的建设模块。上述 4WARD 设计过程包括一个"架构设计库"，里面存储了未来网络架构的设计模型和网络类别建设模块。从管理角度看，为实现网内管理（INM）而设计的算法是这个库的关键组成。在需要的时候，架构可以对库进行部署。

网内管理（INM）的"目标化管理"方式是网络治理和未来网络内部知识生成的固有特征。在 4WARD 架构框架内，治理和知识都可以建模为层。图 2.4 表明管理目标通过治理层向自我管理实体（SE）中顺延，最后形成多种管理能力（MCs），执行当前任务。图中的管理能力（MCs）作为范例可以执行一种监控算法。监控算法的结果从本质上看是未处理数据，这些数据输入知识层作为推理依据形成高层知识。如果修订和微调是必要的，或者在反馈到目标（操作应用于网络）时已在高层显现，那么这种知识又可能反馈用于治理。

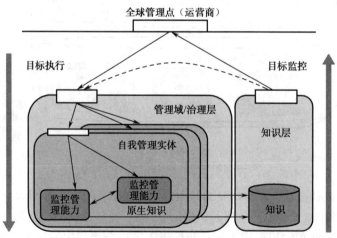

图 2.4　INM 与治理/知识的关系

在实现自我管理、互操作性的未来网络中，这种算法和利用网内管理（INM）提出的目标方法形成的管理是关键推动力量。

2.5 网络虚拟化

目前网络虚拟化的势头良好，已经成为未来组网的关键范式，有可能解决当今互联网中存在的所谓的"部署僵局"，并有利于未来网络范式的开发。网络虚拟化使用的最直观使用案例为以基础设施所有权和虚拟网络运行解耦为基础的想定。

虚拟化生态系统包含三个基本角色：

（1）基础设施供应商［能够通过将物理设施分区为不同的"切片"（slice）而使之虚拟化］；

（2）虚拟网络供应商［通过对底层基础设施的"切片"（slice）进行拼接，提供完整的点对点的 VNet（虚拟网络）］；

（3）运营和管理虚拟网络（VNet）的虚拟网络运营商。

如图 2.5 所示，服务供应商可以在这个虚拟网络（VNet）上运行具体的服务和应用，并提供给最终用户。

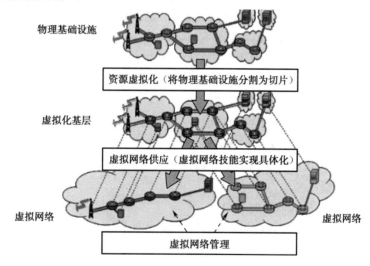

图 2.5　虚拟化的生态环境

这些行为体之间的通信手段及各个界面的定义构成网络虚拟化架构的基石。这需要对正式虚拟网络描述有一个规范，可以实现灵活性、可延性、可扩展性、互操作性和安全性。由于可以定义多种商业想定（包括垂直集成、严格的角色划分），表明它们之间存在不同的信任关系，因此对不同级别的抽象进行定义也是关键性要求。4WARD 资源描述框架提出了一种描述虚拟网络资源和拓扑结构的语言，包括每种案例中可能的限制。另外还定义了一种对象导向的数据模型，包括四个基本类别，描述了具体的网络要素，即节点、链路、接口和路径。

4WARD 网络虚拟架构打破了服务供应商网络中"沉默"核心和特征丰富的边界之间的明确区分。在这个想定中，可扩展性是一个重要挑战，特别是虚拟网络的供应、管理和控制。为此开发了一个可以将虚拟资源扩展绘图和嵌入基础设施的框架和算法，包括发现、配对和捆绑。最初的结果表明，通过共享基础设施大规模进行有效的虚拟网络构建是可行的。

全球可达性和互联是当前互联网的重要特点，毫无疑问，未来也应如此。这就是说，从定义上相互区分和隔离的虚拟网络相互之间实际上还需要通信，不过要受到一定的控制。现在已经开发了一种称为折叠点的虚拟网络之间的通信设施概念，包括基础要素（折叠节点和折叠链），以及利用虚拟网络供应框架的部署机制。

2.6 通用路径

数据传输的新机制面临两个相互矛盾的要求：大规模灵活性 vs 所有传输实体使用统一接口，另外还需要对功能项的有效复用。这一要求只有通过最终系统的新协议得以部分实现，而一般而言，还需要一种在不同层的边缘和核心构建协议的方法。例如，网络管理需要在网络内部确认不同类型的数据流；它们（数据流）能够自我表现（数据率）并遵从公用指令。

为满足这一要求，我们重点关注数据流，并将其路径看成一种核心抽象化概念，与此同时，为各种路径/数据流行为形成一种设计过程。这一过程能够融入新的组网思路；典型范例如网络编码、空间多样化合作或多层路由，这种多层路由既符合最终系统，也适用于网内执行；架构框架支持这种部署。

4WARD 传输架构的起点是发现：

（1）支持复用和灵活性的发展模型；

（2）带有命名和寻址结构的节点（最终系统或路由器）内部一个合适的实施环境，以及一个解析方案；

（3）核心功能和路径所需的 API，尽可能做到通用。

总而言之，这是通用路径架构的核心内容。

对于问题（1），可以通过使用面向对象的方法定义通用路径类别，搭建它们的接口；对于问题（2），可以通过定义一组描述这种路径类型范例的执行环境的结构（即实体、终点、中间点、隔离、勾连关系和路径）予以解决；对于问题（3），可以遴选适合这些路径的行动方法（如加入、铰接和多信息传输）。

这些概念和 OpenFlow 之间有许多共性，但是我们的重心是现实需求，而不是试验性应用；这已经超出了单纯的修改网关表（switching table）的范围。为融合新的组网思路，网络内部的所有相关数据流都具有关键共性，这些数据流还配备了一组公用的 API，用于控制这些数据流。4WARD 的"合作与编码框架"通过针对某一实体来探测开启合作机遇的机会，充分利用这种共性，如网络编码，创建必要的路径案例，建立了一个网络编码蝴蝶（network coding butterfly）。在不同的层或空间均支持移动性——尽管在会话层实现移动性和在 IP 层实现移动性大相径庭，但是它们都通过通用移动性方案来定义共性。因此，通用路径框架利用通用路径架构对移动性过程进行抽象描述，即实体、空间、端口、路径和中间点。要实现这一点，就要诉诸能够满足在各种情况下所考虑的空间要求的具体技术。

沿着这种思路可以开发强大、定制化的路径类型。比较典型的是一个信息网络（后面描述）上的各种路径类型。在这种网络中，文件的下载和地址/高速缓存表更新可以紧密融合，并可以通过访问拓扑信息选择感兴趣、拓扑上相邻的高速缓存。另一个典型的例证是支持网内管理（INM）实体管理信息交互的路径类型，如监控信息的进一步压缩，将导致其进一步远离其数据源。

2.7　信息网络

目前组网方式基本上是在节点之间进行信息交互。读取信息时，比较典型的要求包括可以进行信息检索的主机，常见的形式是统一资源定位符（网页网址，URL）。这种以主机为中心的方法通常是优化信息传输和减少信息读取的障碍。我们推荐的方法是信息中心化架构，即将信息置于中心位置。现有的建议为将主机身份和地址分离作为第一步，我们将此建议进一步向前推进，引入信息对象将其看成网络中的第一序列要素。除了典型的想定如内容分布以外，本书还包括一些至今还没有在研究界充分讨论的想定，如信息中心架构支持的现实世界对象跟踪技术。

对于未来信息网络（NetInf），我们开发了一个信息模型，这个模型从广义上看包括一个动态的、广泛应用的信息表达框架，在这个框架下，信息本身和其存储地址之间明确分离。这就无须过载地址符，避免这些地址符同时作为身份和地址的识别标记。包含有效载荷的实际文件表达为比特级对象，但是更高级的语义层可以表达为汇聚信息的信息对象。

信息网络节点的高级架构如图 2.6 所示。右侧的 NetInf 信息网络接口（INI）是 NetInf 协议的集合，用于与网络中的其他节点通信。面向应用的一体化应用编程接口（API）提供了标准的操作，如信息对象检索、发布和升级。这种应用编程接口（API）还可以扩展增加业务。如果信息对象可以在本地找到，那么解析引擎（Resolution Engine）就可以和本地解析引擎合作，但是如果信息对象在其他地方，那么解析引擎就和其他远程引擎合作。如果与深层传输的移动性方案形成互补，这些机制就能够提供一种处理节点、网络和信息对象移动性的方法。

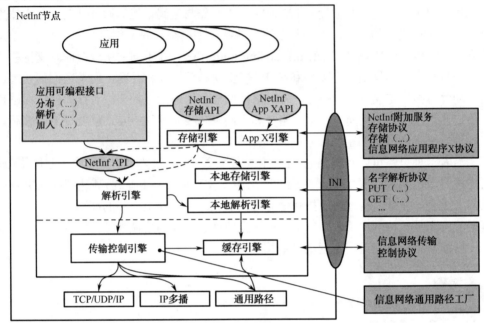

图 2.6　NetInf 的高级架构

　　NetInf 传输控制引擎在传输机制（用于传输信息对象或需求指令）方面极具灵活性。这些传输机制包括但不管理通用路径。从根本上讲，适用于信息中心组网方式的一组经过适应性调整、优化的传输机制是典型的专用通用路径。传输控制引擎和高速缓存引擎密切交互，这些高速缓存引擎对用于数据传输短期优化的高速缓存进行管理。NetInf 系统的长期内存由本地存储引擎提供。它利用 NetInf 原始技术进行对象的传输和检索，同时提供先进的应用编程接口（API）来推动应用程序，在存储系统中进行本地和远程对象管理。

2.8　结论和导读

　　本章主要介绍了 4WARD 系统模型及架构框架主体。架构框架主体其实是 4WARD 的关键成果。在本章中我们简要地对构成这些框架主体基础的概念和技术进行了叙述。通过对这些架构框架主体的定义，4WARD 系统模型进一步明确了更加精确定义未来网络架构的关键所在。这种架构可能会包含其他建设模块（building blocks），为各类网络提供一个完整、适当的架构。这些网络构成了未来网络。

4WARD 系统模型的不同要素和各个方面将在第 4 章到 10 章中进行叙述。第 3 章主要讨论与未来网络有关的商业、社会经济和管理方面的问题，以便更好理解各种商业模型、技术发展、用户需要及管理和治理之间的相互关系。第 11 章讲述了 4WARD 系统模型的一个应用案例，以便对具体的商业应用进行分析，并从这种具体应用场景中提取适当的网络架构。最后，第 12 章总体讲述了用于对 4WARD 概念和技术进行评估演示的原型产品。

参考文献

1. M. Achemlal, P. Aranda, A.M. Biraghi, M.A. Callejo, J.M. Cabero, J. Carapinha, F. Cardoso, L.M. Correia, M. Dianati, I. El Khayat, M. Johnsson, Y. Lemieux, M.P. de Leon, J. Salo, G. Schultz, D. Sebastião, M. Soellner, Y. Zaki, L. Zhao, M. Zitterbart, 4WARD Deliverable D-2.1: Technical Requirements (Apr. 2009), http://www.4WARD-project.eu

2. OSGi Alliance, http://www.osgi.org

第 3 章
社会经济议题

Jukka Salo and Luis M. Correia[1]

摘要：如果要将技术和架构创新从研发阶段推向实际部署，还必须应对一些非技术性问题，包括：使用和服务、社会经济问题、管理等。本章列出了 12 条指导原则来探讨非技术性要求，我们认为这些对网络设计规则具有一定影响。另外，我们还定义和开发了 4 个不同的想定，涵盖了技术和非技术的主要领域："站在 2020 年进行回顾：是什么打破了陈旧的互联网？""利用现有互联网无法实现新型应用？""管理未来网络""商业模式、价值链和新参与者"。在"大象与羚羊"演进的想定中，我们还从商业环境角度对 6 大推动力量和挑战进行了描述。最后，我们还探讨了 4 类商业应用实例：网络虚拟化、新型信息传输方法、物联网和面向社区应用。

3.1 简介/设定背景

3.1.1 概论

当前各个行业和经济部门在很大程度上都受到了现有技术的影响，市场特征、政府政策和管理规定的导向和轻重缓急等均如此，这一点是毋庸置疑的。

过去，这些问题一般都是单独处理的，等技术成熟以后才来解决上述这些非技术问题[1]。但是随着全球社会网络化的态势，这种方法已经不合时宜了。另外，与这些

---

1 Jukka Salo（通信），诺基亚西门子网络公司（芬兰），Luis M. Correia，葡萄牙里斯本理工大学。电子邮件：luis.correia@lx.it.pt。

题目相关的不同问题都涉及较高层面，因此亟待技术和政策专家之间进行讨论，并采取一种跨学科的研究方法。未来网络的启动与成功将与未来网络生态系统中的每一项行动密切相关（见图3.1）。

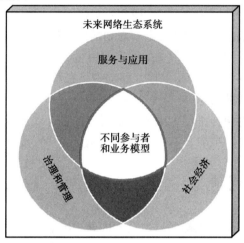

图 3.1　未来网络生态系统

为了能够涵盖未来网络的所有业务，必须对非技术因素的影响进行研究[2]（集中在 3 个方面），这样才能够顺利从研发阶段过渡到实际部署技术和架构创新成果。

非技术因素主要归为以下 3 类。

● 应用与服务：任何新技术，不管多出色，只有能够持续满足当前和潜在用户的需要，才能获得市场成功。

● 社会经济：社会发展和相关事务能够有力地促进或阻碍创新的成功。

● 管理：传统电信领域管理严格，而互联网等数据网络大不相同，不同的利益攸关方对未来网络的管理有不同的看法。

新一代网络技术对中小企业而言将创造更多市场机遇，他们可以更有效地为用户提供创新性服务。这不仅可以扩大整体市场，而且能够为各类不同参与者开辟更多新领域。

3.1.2　应用与服务

应用与服务主题将客户和他/她的需要和要求密切相连，旨在了解技术如何被客户采纳及他们对现有服务模型的影响。

当前的服务大致可以划分为两个层面：应用和连接。应用服务可以直接为客户采用，如电话（技术）或网页浏览。私人客户一般并不在意连接服务是否是应用服务的关键因素，因此也不关心他们用以连接互联网的技术。实际上他们也没有必要去了解

DSL、UMTS 甚至简单的 GSM 或 PSTN，他们根本就不关心技术问题解决方案，如编码、加码等。商业客户对连接服务也不是很感兴趣，因为更多的公司将他们的基础设施都外包出去，这样就减少了复杂度，如管理网络连接的工作。另外，还有两个服务层提供一般的网络功能，如 AAA、VPN 或防火墙。

应用和连接服务供应商需要对设计、规划网络和相关部分的用户行为有很好的了解。应用和服务建模受到技术参数（如用户使用量、带宽、所需要的 CPU 功率）、社会环境（家庭、工作等）、移动相关性（移动中、在移动环境中等）或地理类型（建筑物、公园等）等因素的影响。

对应用与服务行为更详细的考虑还包括用户的设计观点等。过去许多解决方案对客户而言使用起来太难，或者只有少部分能够满足客户需要。

3.1.3 社会经济问题

驱动市场成功的因素从来都不只是技术因素。技术是一种使能力量，但是开发一项新技术，使其能够简便易用、可靠、价格低廉且成功上市需要时间。另外还需要对新技术对现有和新兴市场的影响进行深入调研，在这个过程中就可能会发现对新技术还有新的要求。

下面，我们将就影响未来网络开发的一些关键性社会经济因素进行探讨。

第一个关键性因素是价格问题（支付能力）。人们必须要感觉在一项新使能技术上的投入真的是"有用的"开销。这一因素随着时间的推移变动也很大，例如，2008年 11 月的 Forrester 研究报告[3]表明，由于经济形势的原因，58%的美国成年人的消费比上一年有所下降。

第二个关键性因素是世界人口结构，这对终端和服务的开发、管理与供应的影响非常大。在发达国家，今天 20%的人口是 60 岁以上的人群，到 2050 年这一人口比例预期将达到 1/3[4]。如果新服务的优势是清晰可见的，一旦应用对老年人口确有益处，这些新技术能够改善生活质量、缓解年纪增长带来的不便，那么这些新技术就一定能够成功。

第三个关键性因素是由于通信网络越来越重要，处于较低社会层的个人希望通过提高教育水平和工作机会来改变他们的社会和经济境遇。发达国家的私人家庭通信预算预期保持稳定状态，但是发展中国家可能会有实质性增长，在满足基本生活需要之后，通信方面的可用预算可能会提高。

气候变化和能源使用问题可能对世界经济和生活方式产生重要影响，货物运送、商务休闲人员交通都会影响二氧化碳的排放量。能源和气候问题对经济的增长也会有影响，因为降低气候变化的影响也是要花钱的。未来网络要求创新来改变能源使用方式、社会和经济习惯等。

另一个关键性因素是无缝隙移动和"随时连接"。包括通话、发送和接收短消息、听音乐、看新闻、娱乐服务等各种目的，总之，要让人们随时随地都感受到与世界连接在一起。

物联网也在扩散，许多设备都要靠软件控制，而且还能和其他设备、应用程序、人进行互联：厨房用具、起居室里的装饰、照明、取暖和制冷设备、建筑物中的给水和排水设施、热度表、天平、健康表等，以及娱乐、教育和休闲设备等。

这些关键性要素还存在一些**常常被忽视的方面**，如**隐私、安全、进入控制、身份盗用**等，这些都是个人和企业担心的。

3.1.4　管理制度

如今互联网对所有国家的社会和经济生活都具有重大影响，这种影响在未来可能会更加强烈。未来网络将成为实现更加有效的公共服务、改善公民和政府之间关系的基础。公民远程医疗保健、远程监控与护理，甚至无须出行就可以实现交流，这些都是可预期的案例。未来网络在践行民主政治方面也将发挥重要作用，用不了多久，大众选举就可以通过互联网来实施。但是其负面效应是，更多的通信和信息技术将受到监视，因此可能会侵害到个人隐私。但是毋庸置疑的是，未来网络越来越重要，因此政府强烈希望指导如何使用未来网络。规则、政策和法律都是不可或缺的，但是这需要不同群体之间进行充分交流，保证规则的合理性[1, 5]。

鉴于互联网基础设施在本质上具有全球性特征，因此在政策、治理和管理方面应采取全球性的方法。但是，如图 3.2 所示，世界在这方面看起来是高度碎片化的。2007年全球有 148 个国际级管理机构，他们对通信市场的经济管理及本国通信网络的技术运行和安全监管负责。除此之外，还有大批地区组织尝试协调某些地区的规则。例如，在欧盟地区，2002 年成立的欧洲监管者组织（ERC）[6]［2009 年成立、2010 年开始运行的欧洲电子通信市场监管机构（BEREC）已经取代了 ERC］就是旨在制定促进各国监管机构之间及与欧盟委员会之间合作的适当机制。在其他地区也存在着类似的组织。

对于与未来网络及核心和边缘网络管理相关的潜在问题和挑战，必须注意的是：问题出现的速度远远超过了立法机构和执法机构所能应对的速度。这些问题和挑战主要存在以下几方面[1, 5, 8, 9]。

- **国家规则差异**：审查的诱惑、政府治理、合法拦截、政府监控、标准等。
- **地区和全球市场**：电信市场越来越具有区域化和全球化的特点，因此各方都需要具有全球化思维。
- **数量庞大的行为者**：决策越来越耗时，结果也很难达成共识。
- **对未来网络看法的差异**：重心需要放在基础设施还是服务部分。

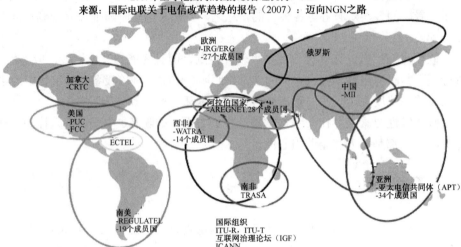

图 3.2 国际监管组织地图（来源：参考文献[7]）

- 融合领域的差异管理方式也不同：电信、广播、宽带接入、服务都非常重要，如何协调未来网络的不同规则。
- 隐私和安全：公共利益和商业利益之间貌似存在冲突。
- 控制职责：信息共享的合法性及合法使用网络资源的责任必须要厘清。
- 信息溯源的能力：需要利用 IP 追踪设施确保信息源头的不可否定性。

3.2 非技术需求

在开发未来网络时，技术和非技术工作领域需要持续进行交流，保证对相关概念和技术实现有效评估。下面列出部分主要指导原则[10]。

传统概念上应用服务都是短期、专用行为，现在要逐渐发展为利用某一基础设施来智能化、明确地支撑用户的日常生活。同时，随着服务和网络自身的发展，未来网络技术和协议需要灵活地适应未来新的要求。这也是欧洲第七框架协议（FP7）计划 TRILOGY 项目的一项基本原则[11]。在 TRILOGY 项目中，该原则名为"争斗设计"（Design for Tussle）。

需求分析源自传统服务模型，但是新兴应用需要新的使用模式（例如，用户生产内容），这将对网络设计规则产生重大影响。新商业模式将会应运而生，并将改变价值链、影响网络和服务运营商的业务，与此同时为新的参与者创造新的可能性。

下面这些未来网络技术开发的原则从使用和服务角度看具有相关性。

原则 1：未来网络技术可以为人类用户、机器和虚拟对象提供大量创新性服务，这些创新性服务的细节是不能提前计划的，因此技术必须要足够灵活来适应新兴需求。

原则 2：未来网络技术不仅支撑现有商业模型，同时也要支持新兴商业模型，要让新参与者能够利用商业和非商业的服务，同时又不打破现有的服务，不会伤害到它们的发展（例如，保障某种程度的向后兼容）。

原则 3：未来网络技术将能够支持服务供应商管理他们业务的需求，包括用户信息和使用模型，同时还要符合隐私和竞争的法律规定。

原则 4：未来网络技术应该能够满足普通市场用户的需求，为普通用户提供令人满意、高质量的体验，以及更高质量的实现需求体验。

基于互联网的服务越来越具有泛在性，影响到社会和经济基础设施的方方面面，整个社会都会在很大程度上依赖未来网络。最终的需求将是这一关键基础设施的安全性、可靠性和可依赖性。同时，还需要注意基于网络的犯罪行为（如诈骗、垃圾邮件、敏感数据盗窃等）。对此，还要从财务方面和可能的官僚性创新障碍角度来权衡防护能力和成本。

未来网络技术的成功还有赖于是否能够适应整个社会经济环境。到 2050 年，全球人口将达到 90 亿，其中 1/4 是老龄人口，而青少年儿童（低于 15 岁）的人口仅为 1/5。因此，对传统型、可靠易用产品和服务的需求将大幅度上升。利用网络进行娱乐而不是要去某一地点、利用网络进行护理而不是有人在家里看护、远程控制而不是在家里进行医疗检查等服务都会有很大的需求。同时，要实现可信的"每天生活网络化"（Networked Everyday Life），重要的一点就是高度可靠性。

未来网络在应对气候变化方面将发挥关键作用，如可以降低因出行而造成的能源消耗。但是需要注意的是网络基础设施也要消耗能源，这一点是不能忽视的，需要对其在其他方面的节约进行合理评估。

下面是未来网络技术开发过程中从社会经济角度看的几项相关原则。

原则 5：未来网络技术要支持安全性关键应用。在全生命周期服务内的任何环境中都必须能够保证运行令人满意的网络和服务效果，对于其他方面的服务而言，网络的可依赖性应该能够保证它们在日常生活的关键过程中的应用。另外，还要确保个人隐私及防止基于网络的诈骗、垃圾邮件等其他犯罪行为。

原则 6：未来网络服务能够有效解决某些人口密度不可持续地区的巨大社会挑战，包括社会人口老龄化。

原则 7：未来网络能够缓解环境压力，成为一种"绿色技术"。

原则 8：未来网络必须实现人和人之间的通信，同时还要实现人和物之间、物和物之间的通信，实现"每天生活网络化"，影响社会生活的许多方面。

与管理相关的各种问题层次都是比较高的，因此技术和政策专家之间的辩论和跨学科研究非常需要。不管未来电信管理采取何种架构，但是有一点是毋庸置疑的，即所有国家都需要更加注意政策指导和管理行为的相互协调，包括工业行业之间及国家之间的协调。

在欧洲内部，欧盟委员会的代表清晰地指出：全球网络架构的未来设计必须要尊重开放性、互操作性和端对端原则的基本特点。很明显，践行这一基本原则属于技术（关于什么是可能的）和政策（关于需求）层面国际合作的领域。

互联网管理问题涉及基础设施、安全、稳定性、隐私、知识产权、国家主权（如国家域名）等[12]。当前关于互联网治理问题的争论仍然炙手可热，一些方面将矛头指向了 ICANN（互联网名称与数字地址分配机构）在当前的作用。如何处理各种利益冲突莫衷一是，法律和文化限制也是一团乱麻。因此，在开发设计未来网络之时，必须对上述问题予以厘清。

下面是未来网络技术开发过程中管理方面的一些指导原则。

原则 9：未来网络技术开发万万不可忽视当前关于政策、治理和管理的讨论。必须要在技术开发和商业建模之间保持闭环。与未来网络技术和服务相关的管理问题包括那些与网络直接相关的问题（如拓扑、协议、寻址和服务质量），以及其他有关命名服务、信息交换、服务供应全球覆盖、隐私和安全等问题，这些都是必须引起关注的。

原则 10：未来网络技术工作中的技术开发和核心资源管理（互联网社区类型）必须要遵从分散与合作过程。这样做的结果是一种分布式/分散开放架构，这种原则对于实现互操作性、功能性、稳定、安全、有效和可扩展的网络而言是有效的。据此，就可以将任何地点的任何网络纳入其中，而且是公开的。

原则 11：未来网络的技术工作应该遵从核心网络标准的开放性和非专有性。协议规范对所有人开放，而且是免费开放，从而大幅度降低进入门槛、提高互操作性。

原则 12：未来网络的技术工作应该支持竞争和创新。这些受自由市场经济支持的机制带动了当前互联网的发展。

3.3　重要推动力量评估的想定

3.3.1　想定概念

考虑到未来网络的关键驱动因素和挑战，我们定义并开发了四类不同的想定。定义这些想定的目的是要覆盖到未来网络技术和非技术的主要领域[2]。

想定 1（从 2020 年回顾：是什么打破了旧的互联网？）勾画了现有互联网概念平滑演进已经无法适应通信世界发展的技术和非技术性关键因素。这包括对基础设施问题、创新限制因素、经济刺激限制等方面的分析。该想定描述了那些现有互联网必须要打破的要素：使用性问题、对安全问题的漠视、人类交流问题、可靠通信的网络进入问题、身份信息的滥用、执行和产品的不足、解决现有问题保证网络的可靠性成本攀升致使网络运营从经济上不可行等。

想定 2（利用现有互联网无法实现新的应用）描述了利用现有互联网概念（从经济或技术角度）实现新的应用所面临的挑战，基本上是不可能的或者难度很大。新开发的理念包括环境感知、微服务供应商、个人网络、放大显示、按需供给、3D 视频等。

想定 3（管理未来网络）的重心是网络管理问题，这些问题出现的原因是将那种传统的一站式运营商扩展为那种几个竞争性或合作性的网络运营商和服务供应商构成的环境。其目标是自我管理网络，在设计之初就实现嵌入式设计。与该想定相关的重大议题包括：未来网络运营商和其他参与者之间的模糊界限、基础设施和服务日趋复杂、寻求新式网络/服务管理的有关需要、基于创新型未来网络技术向运营商提供的新能力。

想定 4（商业模型、价值链和新的参与者）的重心是未来网络的非技术层面，主要对未来网络对电信行业的社会、经济和政治趋势影响进行评估，其目的是确定影响未来商业环境的最具决定性因素。该想定描述包括在互联网突破语境下的各种问题：市场平衡的变化、新业务参与者的机遇、实现公平、可靠市场条件的管理要求、现有行为者的合作策略。

3.3.2　商业环境

想定工作的重大成果是形成了未来网络的重点驱动要素和挑战。对于大部分驱动要素而言，大家对它们未来的影响和相关性还是认同的。其中只有 6 项要素在未来影响和相关性方面的估计不同。这些基本问题如下。

- 网络领域是否会被几家大型参与者主导，还是由大量小型专业公司来满足越来越多的个性化服务需求更可行？
- 集中化（如大型服务器场）或分散化（P2P 网络）是否会确定未来发展方向？
- 成长的阻力是什么：管理干预、兼容性、技术解决方案问题或市场力的不匹配？
- 在缺乏全球管理的不同市场环境下，如何保证互联网在全球的应用和接入（互联网成功的起源）？
- 技术异质性会加速还是延缓技术创新？由于标准化平台的复杂程度越来越大，这种多个异质性平台（在相同的物理系统上运行，但是通过虚拟化手段隔离）共存是否为一种良善选项？

图 3.3 描述了全球视野中极端市场位置的两种想定。"大象"想定的特点是强有力地保持特定市场机制，只允许缓慢地对市场力进行变动。相反，"羚羊"想定预测

在高度动态的市场中同时存在多个行为者。

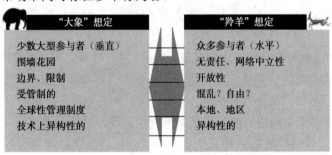

图 3.3　发展不确定情况下 6 类驱动因素的极端想定

"大象"想定中，市场在有限的大型行为者中分配，他们就像保护"围墙花园"一样去保证他们的市场地位。采用"围墙花园"方法可以有效控制他们的资产，通过加强接入控制和"围墙花园"系统中伙伴之间的特殊协议，有效地提高互用的安全性和质量性能。另外，利用清晰的边界，可以限制对第三方开放。如果仅仅是几家大型行为者控制整个市场，他们就可能在网络内部利用标准的技术。这样，异质性技术解决方案就是可以接受的了。

在所有这些想定要素中，"羚羊"想定是与"大象"想定相互对立的。大量的小型参与者都在努力寻求最佳解决方案。经常会出现新的参与者，而同时也会有大量参与者消失。开放平台保证了新进入者相对较低的门槛。在这种情况下，就出现了两个问题："谁来提供开放的平台？""平台运营商的游戏规则是什么，他们是否已经脱离了'羚羊'想定的范畴？"由于存在大量体量相当的参与者，这就保证了"羚羊"想定中存在公平的市场条件。但是这会存在另一种风险：这种自由甚至是混乱的市场能否满足用户基本的要求（覆盖率、紧急电话等）？

在这两种想定中，监管者都是非常重要的角色。一方面，监管要确保授权需求，就像合法拦截和紧急电话一样，监管者要保证所有市场参与者无歧视地使用网络服务，同时要控制某些服务实现预定地理覆盖需求。另一方面，监管者还要负责实现平衡、健康的竞争。监管就是要在力量不集中的情况下对市场进行协调。在"大象"想定中，监管可以改变态势，为实现"羚羊"想定的框架做准备。如果实现了一种开放和自由环境，而且放松监管，就可能由于市场规模的原因出现市场集中化现象。图 3.4 描述了在监管环境下这种循环过程的发展情况。技术创新的类型和速度在某种程度上取决于市场周期的阶段。

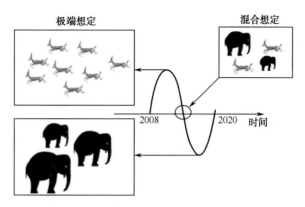

图 3.4　管制环境下的市场参与

3.4　业务应用案例

我们已经提出了四种不同的业务应用案例：网络虚拟化、新型信息传递方式、物联网和面向社区应用。前两种想定对应的是项目内部开发的技术应用，这就将新技术解决方案的开发与支持它们的业务模型联系起来了。由于这些技术的本质特征，最终用户无法感知到它们的影响，但是其他公司和业务实体能够感受得到。后两种想定的目标是最终用户，项目内部的技术开发方式能够直接影响他们，这样就将项目开发和最终用户直接联系起来了。在下面的章节中，我们将对网络虚拟化、新型信息传递方式进行描述、分析，并对其他两种应用也进行简要的叙述。

3.4.1　网络虚拟化

1. 概况

虚拟化在信息和电信领域是一个宽泛的概念，主要与物理和虚拟资源的隐藏和共享有关。在实际应用中已经有了几种不同的虚拟化概念，主要涉及操作系统、硬件、CPU、嵌入系统、网络和存储等。不同应用程序之间资源共享的总体优势包括：设备数量减少、资源商品化（专用系统更少）、资源管理复杂性降低、使用虚拟基础设施之后缩短部署时间和使用灵活性。

在经济层面，主要是所需资源的优化，因此减少了整体拥有成本。另外，在考虑网络虚拟化时，还应该考虑其他几方面，如对所需共享资源更好地进行规划、资源共享的附加管理、专业性资源的整合要求更好、运营和维护需要更多的纠错机制。

图 3.5 描绘了网络虚拟化生态系统的总体情况。从图中可以看到，不同行为者之

间关系错综复杂，这样就可以实现许多潜在的服务供应想定。在虚拟化业务生态系统中，有5类主要的行为者[13, 14]。

（1）**虚拟网络用户**（图中没有）是使用虚拟网络中应用程序的最终用户。

（2）**服务供应商（SP）** 在虚拟网络上部署服务或应用程序。

（3）**虚拟网络运营商（VNO）** 运营、维护、控制和管理虚拟网络，虚拟网络供应商在组织建设虚拟资源时就可以一次性做好。

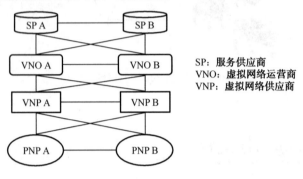

图 3.5　网络虚拟化生态系统

（4）**虚拟网络供应商（VNP）** 要求从不同的基础设施供应商那里获取虚拟资源，构成虚拟网络并将它们提供给虚拟网络运营商。

（5）**物理网络供应商（PNP）** 从他们自己的物理资源中提取一部分或整个虚拟网络，然后代表虚拟网络供应商对它们进行捆绑以备最终用户和服务供应商使用。

2．业务视角

网络虚拟化作为一种服务供应是互联网领域的一项新业务，这让业务参与者可以对他们的运营领域进行优化。但是，当前网络运营商的服务提供能力将会受到影响，收入也会下降，因此服务供应将缩减到仅仅是提供虚拟网络连接。

网络运营商业务流程的所有领域都将会受到影响[15]，因此需要对这些资源进行调整。这些资源包括规划和操作系统人员、规划和运营虚拟基础设施的软件（操作支持系统）、面向支持系统的业务流程（业务支持系统）、虚拟要素的硬件（如增加 CPU 或存储器）。

下面这些市场或市场机遇可能会受到影响或形成：

● 电信硬件和相关软件（如操作系统）供应商市场；

● 开发网络协议和管理解决方案的软件开发人员市场；

● 为用户和操作员提供连接的网络运营商；

● 高度优化服务传递方式的服务供应商市场；

● 物理和分散网络中类似 LAN 服务的业务用户市场；

● 随着社会需求变化的家庭用户市场；

● 管理新虚拟网络的员工所需的培训市场。

下面将对虚拟化的经济影响及其对参与者的影响进行简要叙述。对于某些业务参与者而言，因为他们在价值链中发挥的作用、承担的责任可能会不同（如某一行为者在网络和服务方面的差异可能会提高目前还是两个独立部分的内部成本）。由于网络中的闲置资源被越来越多地利用起来，成本也就在它们之间实现了分摊。运营商在虚拟化价值链中发挥了更多作用，从而实现了运行的优化。

一个可能优化的领域就是通过虚拟化接入对物理资源的保护/隔离。这还有利于降低因配置不良造成的合约惩罚风险，因为服务网络是单独隔离的，协议组网也相应地减少了。这一点和业务参与者密切相关，但是与具体虚拟化业务角色关系不大。每一个 VNP（虚拟网络供应商）都提出不同的协议或让不同协议在环境中运行。PNP（物理网络供应商）可能提供具体特点的虚拟化资源，如支持 MPLS（多协议标记交换）。

从一个网络层技术向另一种网络层技术转换是另一个优化领域。虚拟化网络可能允许新网络和旧网络同时运行，无须更换硬件。虚拟化平台仅向 VNP（虚拟网络供应商）和 VNO（虚拟网络运营商）提供计算力，可以运行想要运行的任何协议。PNP（物理网络供应商）可能限制协议选择，对 VNP（虚拟网络供应商）和 VNO（虚拟网络运营商）提供的协议选择也有限，这是可以想象的。

对价值链进行分析也是有意义的。

迈克尔·波特（Michael Porter）开发了"竞争力五力"量化方法[16]。这意味着要积极应对行业吸引力的挑战及对公司自身地位变化的影响。这种系统性方法明显用于评估未来网络业务案例。根据每一种业务角色，在虚拟化价值链中共存在四种不同市场。在图 3.6 中，波特的五力模型用在了每一种业务角色中。从图中可以看出，与这种价值链并行的是供应商和购买者之间的协商，因为这两者是互逆的：在某种情况下某一参与者是供应商，但是在其他情况下他可能是购买者。

在不同方面均会存在竞争，在波特的五力模型中，网络虚拟化应该被看成一种新的要素。因此，在"替代性产品或服务的威胁"力中就包括了现有行业。下面对各种角色进行叙述。

● PNP（物理网络供应商）——由于投资较高、成本固定，因此新进入者的数量相对有限。对于协商力度而言，标准化将发挥重要作用。另外，标准化限制了产品差异化，但这对处理功率和带宽等产品的影响有限。再者，PNP 与现有电信（技术）供应商的竞争也是非常强烈的。综合前面的事实，加上产品差异化的难度，参与者之间的竞争还是很激烈的。

● VNP（虚拟网络供应商）——新参与者数量将会很大，因为在这个业务领域中，投资和固定成本相对较低。标准化将发挥至关重要的作用，但重要程度有所不同，因为产品差异化主要依赖 VNP（虚拟网络供应商）提供的覆盖率，另外，覆盖率也影响赢利能力。与 PNP（物理网络供应商）类似，来自现有电信（技术）供应商产品和服务的威胁也是非常残酷的。总而言之，VNP（虚拟网络供应商）之间的竞争会很强烈，这主要看参与者和他们提供独特、有意义的互联的能力。

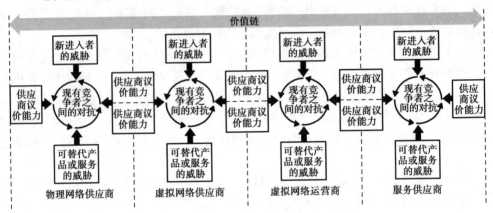

图 3.6　虚拟化价值链中的竞争

- VNO（虚拟网络运营商）——可以假定当管理网络的复杂性降低时，参与者就会增加。一方面，少数参与者占据了市场中的大部分份额，其他部分处于整合状态。另一方面，互联网市场的整合常常需要很长时间。这对成本影响很大，因为高度分化的市场很难形成经济规模。潜在新加入者可能是管理软件的软件开发人员。VNO（虚拟网络运营商）虚拟化产品的定义应该确保它们能够实施，同时在最终用户设备中可用。广义上的可接受程度和可用性非常成功的范例包括 IP、DNS、HTTP。根据前面这些因素，我们可以总结认为，参与者之间的竞争还是非常激烈的，用户的议价能力也在提升。

- SP（服务供应商）——SP（服务供应商）的数量从相对受限的数量到成百上千（如网络供应商）或更多，相对的客户数量却相反。在起始阶段，比较重要的是网络运营商和应用服务供应商，因此这时参与者数量非常少，屈指可数。这一点就像当前的固定式和移动式 VNO，大量品牌都和超市一样启动了自己的移动式品牌。关键性标准是运行业务的意愿和他们与潜在用户的关系。如果网络组织简化的目标能够达成，那么参与者之间的竞争将非常激烈。

在网络和服务供应商资源虚拟化领域将会出现新的服务，但是可以想象的是，这些服务不会直接面对最终客户。相反，网络和服务供应商将会利用虚拟化特征提供新的应用服务，这可能包括利用虚拟化的处理功率、带宽和协议等，如地址或标记。

资源优化利用是新的网络服务带来的结果。由于虚拟化及现有资源利用率提升，应用本身也会有所改进。由于得到大量参与者特别是供应商的支持，未来应用图景将会更加丰富。最后，服务改进将会改变最终用户的行为、提高服务利用率。

虚拟化对社会经济影响很广，如资源利用率提高会降低资产费用、利用"常态最优路径"不断提升网络性能、减少维护停机时间、虚拟网络减少了受攻击风险从而提高了安全性。

虚拟化还会对政策、治理和管理制度造成影响。另外一个关键的管理问题是互联，这将在下一章节进行详细讨论。

3. 互联的管理视角

根据国际电联（ITU）的调研，与互联相关的问题在许多国家发展电信服务竞争市场中都是最重要的挑战。互联机制的目的是通过鼓励竞争来降低价格、扩大服务范围、提高服务质量，从而服务用户。为了使竞争保证最大多数的用户受益、促进电信市场创新，网络供应商必须能够有机会接触所有用户，包括那些与竞争对手网络连接的用户。

当今互联网中，互联一般都基于 IP 服务供应商之间的自愿性协议。这些自由协商性安排形成了丰富的互联网络，而且还不依赖于管理责任。未来网络因为包含了不同的技术和管理域（如虚拟网络）、负载了新型流量，这就让人担心过去旧的方法是否能够应付未来需求。

为了清楚说明网络虚拟化概念和生态系统中的互联问题，需要创造一些互联案例并进行分析[10]。这些案例都基于对虚拟网络（VNet）不同的互联互通需要，如图 3.7 左边所示。虚拟网络可以和另一种虚拟网络连接，形成一种互联型虚拟网络（ICVNet），也可以和一种物理网络连接，还可以和服务供应商系统相连接。如图 3.7 右边的案例所示，两个虚拟网络由同一个虚拟网络供应商提供，但是虚拟网络 A 利用了 PN1 的资源，虚拟网络 B 利用了 PN1 和 PN2 的资源。虚拟网络运行商（VNO）必须具备互联互通的能力，另外还要解决不同类别连接的服务质量（QoS）问题，谁向谁付费等。

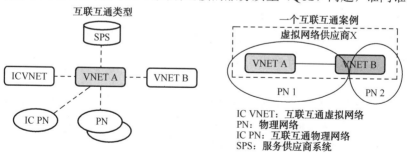

图 3.7　不同互联互通类型和一个互联互通案例（范例）

这种分析的结果是一个潜在的虚拟网络中的互联互通问题清单，然后根据经济效益的标准进行评估。经济效益是对用户福利最大的贡献。经济效益如何主要看资源利用是否达到最优（配置效能）、成本产出是否做到最低（生产效能）、对创新和投资是否具有诱导作用（动力效能）。这些效能的维度可能相互冲突，因此选择最优化的互联互通收费模型就需要在不同的影响之间进行权衡[17]。

通过对互联互通应用案例的分析，我们得出了一个有关网络虚拟化的潜在问题表单，具体描述如下。

- 互联互通连接点位置——信息发送的成本因信息途经的路由器数量不同而不同。利用"热土豆"（hot potato）路由，由于向另一个网络传递信息就如同向网络自己的零散用户传送信息一样，因此成本也就做到了最低。另外，联网的运营商选择最近连接点向另一个网络传递信息，从而可节省自身网络的容量。从信息传输总成本角度看，这种做法可能还不是最优选项。

- 互联互通容量——占市场份额较大的运营商可以通过向连接网络提供不足的容量，或者提供劣质的连接容量来阻止新进入市场者的竞争。控制连接容量还可以对不同的服务供应商做差异化对待。对于新进入市场的竞争者而言，和市场主导者或其他新进入者实现互联互通是提高其自身竞争地位的方式，甚至被视为业务起始阶段的必经之路。与虚拟网络连接所需容量可以通过物理网络实现，也可以通过连接虚拟网络来实现。服务等级协议（SLA）是互联互通的必备条件，不管是虚拟网络还是物理网络的级别都是如此。在容量上投入必须要有利可图。

- 互联互通质量——未来网络支持各个等级的服务（QoS）。对于互联互通也是如此，如果互联互通质量低劣，就会给最终用户带来伤害。提供低质量层级的连接只对那些市场主导运营商有利，因为他们坐拥庞大的客户群。高质量的互联互通意味着连接容量充足，可以有效避免拥堵。因为服务等级不同，价格也不一样，因此流量也按级别来测算。提供高质量的互联互通服务是虚拟网络运营商（VNO）竞争的有效手段，一般虚拟网络运营商（VNO）都倾向于为高质量的互联互通付出。

- 互联互通差异化和网络中性化——关于网络中性化的议论主要与下面三个方面相关：差异化、屏蔽用户访问某些内容、登录。与互联互通相关的差异化领域包括：

（a）不同虚拟网络和/或互联互通的虚拟网络之间的基础设施供应商造成的差异；

（b）由虚拟网络运营商（VNO）及互联互通的虚拟网络运营商造成的不同虚拟网络运营商（VNO）及不同 PNP 之间的差异；

（c）第三方内容供应商及虚拟网络运营商（VNO）与自身内容供应商之间的差异。

（d）虚拟网络运营商（VNO）在不同内容供应商（某种形式的二线差异）之间造成的差异。

互联互通的网络容量不足对于竞争的后果是致命性的，由此造成的网络拥堵是竞争力的死敌。如果用户无法获取相关的内容、应用程序和服务，将在用户和它选择的内容供应商之间设立一道障碍。

- 寻址、计数和数字精度——网络互联互通（包括虚拟网络）意味着根据相同的寻址方案进行寻址，或者在连接点存在地址转换机制。由于不同类型网络（蜂窝网络或其他）的寻址方案相同几乎是不现实的，因此需要采取联合方法或规则进行数字转换，为不同的参与者分配地址或数字空间。
- 互联互通成本——互联互通成本与连接链路、服务质量（QoS）级别及相关运营费用有关。当前 IP 层面的互联互通没有对不同类别的服务进行区分。但是将来网络资源的消耗可能会因为需要的服务质量不同而不同，因此在连接安排时就要考虑这些成本。这种成本应该由运营商和他们各自的客户之间进行合理分担。
- 互联互通类型差异——虚拟网络互联互通意即相关物理网络实现了互联互通，而无须考虑类型和技术。由于不同的互联互通模型（包括付费）适用于不同类型网络，因此要解决互联互通的各类问题是非常具有挑战性的。例如，蜂窝网络需要和互联网连接来实现 VoIP 业务。虚拟网络层面也存在集中互联互通的类型，包括两个虚拟网络之间的点对点相连、虚拟网络和接入式虚拟网络之间的连接等。最终用户要能够轻松进入各种网络，而无须考虑连接类型。

网络虚拟化概念和业务应用案例中可能存在的管理行为如下所列（某种行为可能会与上述几类问题都有关系）。

必须采用有效的互联互通模型，从而保证具备充足的互联互通容量和及时供应互联互通服务。另外，不管谁来提供服务，都要确保能够有效接入服务。

必须采用公平的收费模型，可以根据连接质量来定价。一般推荐采用基于成本收费的方式，这样有利于鼓励进入市场者。成本需要明确、透明，这样就可以防止垄断运营商对那些新竞争者的网络进行终止请求而漫天要价。互联互通容量的透明定价可以通过结构分离等方式来实现。同时存在多个基础设施供应商可以保证价格合理，这一点应该提倡。

应该遵循虚拟资源开放使用的政策，这一点可以通过功能分离、整体出售和互联互通资源解绑的方式来推动。基本设施的解绑可以有效鼓励各类电信服务市场的竞争。

要在不同国家倡导全球化寻址和技术方案。因为不可能在全球各地同时采取这些方案，因此在连接点应该采用地址和计数转换功能。另外，在网络各个层级都应该具备寻址和计数的便携性。

提倡不同类型网络管理政策的协调一致。标准应该予以明确，保证固定式、移动式、互联网和广播网之间具有互操作性。在这些行业之间应该采取类似的管理规定。

由于互联网基础设施和互联网市场具有全球化的性质，因此在政策、治理和管理等方面也要采取全球化的方法。如果管理者实施那种局限于某地的管理政策或采取相比其他管理者成本更高的政策，就会限制其国内市场行为者的发展。

3.4.2　新的信息传递方式

1. 概况

新的信息传递方式业务应用案例是在信息网络概念技术研发中发现商业机会。信息网络概念的基础是未来网络中将信息居于中心地位，而当前互联网居于中心位置的是连接[10, 18]。

这种业务的深层次理念是支持媒体数字化（书籍、视频、磁带等），提供轻松使用数字媒体的基本功能，用户可以随时随地利用可能的设备获取这些服务。信息网络方法让人们与他们生活中无形的部分时刻保持连接（如各类信息），从而实现了各类设备随时随地地登录各种服务和个人数据。

对于最终用户而言，最主要的优势在于轻松快速地实现最佳的信息传递、最佳的表达格式，这有赖于终端设备和个人最喜爱的配置方式，需要不同终端设备之间实现便捷变换。

对于供应商而言，益处包括新的服务机会，如提供有效且有价值的信息传递、提升为全世界提供服务的机会、克服当前服务的限制，而且任何客户在任何时候都可以获取信息对象，而不必担心物理连接中断或地址变更。另外值得称道的还有成本下降。

由于价值链的改变，整个业务流程将从头得到修正：应用案例中的价值链将变更为价值云，流程也不再是单向的，而是灵活的。由于未来网络将实现类似于当前文件共享网络更加有效、有价值的信息传递服务，因此很容易形成一些新的改进型产品特征。市场更愿意在更加舒适、快捷且安全的信息获取方面投入，这种信息获取方式几乎可以利用专门的终端设备自动实现配置。

"新的信息传递方式"面临的挑战包括安全、隐私和保密等。对于安全而言，必须针对存储在任何物理平台上的信息制定清晰的登录规则（要考虑到登录控制和登录管理），且要适用于信息供应商和信息用户。这个问题的另一方面是保证端到端网络的安全。实际上，随着缓存数量的增加，存储在缓存中的个人数据存在非授权泄露的风险。对于隐私而言，需要对存储在用户设备缓存中的信息对象进行保护，防止第三方未经授权读取那些敏感信息。垃圾邮件防范、信息供应商身份认证及保证任何存储设备中的数据完整性都很有挑战性，会对社会和商业造成很大影响。

通过缩短登录、上传/下载时间有望提高网络质量，这些有价值的质量也是创造价值的机会。

另一个有价值的经济议题是"走向绿色"：网络效能的提高将减少转发量和切换次数、提高容量、降低能源消耗，对环境产生良性影响，因为许多对象都是无形的，不需要运输、也不需要回收。

2. 安全、隐私和保密问题的管理视角

当前互联网已经被看成一种关键基础设施，将来会更加重要。因此，在设计新型信息共享概念时，应该考虑将未来网络的安全、隐私和保密作为关键目标。网络和信息安全对于商业交易和个人隐私保护都非常重要[19~22]。

在明确信息网络概念的过程中，对一些信息检索应用案例进行了分析。这种分析针对的是安全、隐私和可信等一般性要求，分析的结果是明确信息网络概念中的一些潜在安全、隐私和可信问题，如下所示。

- 信息安全——只有相关注册用户或用户对信息有清晰、全面的了解（例如，依照电子通信指令 95/46/EC[22]），或者对处理目的有所了解，并且注册用户有权利用数据控制器来拒绝这种处理方式，才可以利用电子通信网络来存储信息、或读取存储在注册用户或用户终端设备中的信息，信息安全与这些要求紧密相关。令人担忧的是，用户信息或部分信息可能位于不同的管理域，未经授权人员获取这些信息的风险也会加大。另外，用户信息可能因为管制制度不同而位于不同国家。

- 网络安全——与网络安全相关的是防止未经授权读取敏感信息或防止信息偶然泄露，这一问题包括信息完整性和保密性。完整性问题会影响公共信息，可以通过签名和校验方式来解决，保密问题则需要通过加密方式来解决了。比网络可信性更棘手的是身份验证、登录控制和授权。首先要注意的问题是你必须连接到预期对象，而不是恶意中间人。在交互信息对象途经的实体之间位于不同地点的缓存中，可能都存在这一信息对象的复制品。随着存储信息的缓存数量增加，非授权用户读取这种信息的风险也将随之增加。另外还有一种令人担心的现象，即中间人可能会对传递过程中的信息进行修改。

- 通信安全——信息安全要保证信息仅在通信路径中的授权端点之间流动。这一维度需要采取控制网络通信措施来防止通信异化和拦截。系统需要提供一种工具，允许授权发布者利用第三方作为公共/私有密钥管理员。这个公共/私有密钥管理员能够为用户信息发布者，这对于检索关键信息是重要的。

- 数据完整性——对于未来关键基础设施而言，保持数据完整性是一项关键性要求，信息发布者有责任保证信息对象的完整性。保持位于网络中不同位置的信息完整性是一项具有挑战性的任务，但是系统需要保证所有这些位置中的信息对象之间是完整的。如果信息对象内容发生变化，所有用户要能够同时获取变化的信息。

- 用户隐私——隐私一般理解为个体有权控制收集、存储与他们有关的信息，以及由谁来控制这些信息，向谁公布这些信息等。推而广之，与隐私相关的还有特定的技术手段（如密码术），确保只有那些预订者才有资格获知这些信息，只有那些清晰获得授权的人才可能对他们之间流动的信息做出诠释。"信

息网络"概念允许所有类型的信息传播，并允许在缓存中存储信息。这些信息可能是非常个人的，如敏感的个人健康信息。另外，利用数据挖掘技术对多种来源信息进行合并可能得到敏感性结果，这些敏感结果可能会大范围传播。对于用户隐私，不同国家的观点也不一样。

- 通信保密——大多数情况下隐私和保密是具有相同意义的术语，但国际电信联盟电信标准（ITU—T）建议书 X.805[23]对隐私和数据保密性进行了区分，前者与用户身份保护和他们的行为（如网上购物习惯）有关，后者主要涉及非授权性数据内容获取。加密、登录控制清单、文件许可都是数据保密的常用方式。信息网络的概念能够用来传递不同类型信息，这就给窃听、存储或其他形式的截取或监视提供了机会。如果保密信息缓存的时间很短，从而保证信息从一个缓存迅速传递到下一个缓存或最终用户，就可以提高信息通信的保密性。如果信息要传送给大量用户，这些信息就要缓存很长时间。因此就必须开发一种机制，从而能够对不同类型的信息进行区分，可以根据信息类型在缓存中处理不同类型的信息。

- 安全的有效性——安全的有效性保证授权登录网络、读取存储信息和信息流、服务和应用不会因网络干扰而中断。网络恢复和灾难复原解决方案也归入此类。未来网络也将用于这种服务。安全的有效性特别重要，这种服务比较典型的范例包括任务关键信息传播、敏感信息可用性等。关键系统组件的可靠性也需要进行设计和实施。

- 认证——认证是要提供证明来证实某一实体声明的身份是真实的。在此，实体不仅包括人类，还包括设备服务和应用等。认证一般包括两类：数据源头认证和同行身份认证。要证实源头和最终信息用户身份（避免因身份盗窃而发生欺诈行为），认证非常重要。外部公共/私有密钥管理员可以提供源头认证。管理者可以为公共/私有密钥管理员制定规则，因为公共/私有密钥管理员在保证作为关键基础设施的未来网络稳定性（生存）方面将发挥重要作用。

- 法律机关合法拦截——合法拦截是指执法机关和情报机构根据本地法律按照法定流程、从有关部门获得适当授权来实现电信拦截。传统上，这些部门主要关注的是传统的服务（电话），但是关键的非法信息交互可能在数据通信过程中发生。这种信息可以利用信息网络概念向人群网络（如犯罪分子）传播：信息在不同缓存中驻留，这些信息可能在不同地点进行检索。由于位置和信息用户都不是固定的，因此对于执法机关对锁定的流量进行拦截就非常具有挑战性。

在网络信息概念背景下需要采取一些管理行动，如下所列（如网络虚拟化可能和上述许多议题都有关系）。

- 根据这个概念，必须建立包含根系统的系统分级制度，由全球公认的机构来运营这个根系统。另外，对于系统层级之间的信息交互标准还应该明确。

● 验证信息源头和最终用户身份的身份管理只能由高度授信方来许可。

● 需要有处理信息和删除系统中敏感信息的工具和流程。另外，还必须建立系统分级制度，这样就可以在更高层面建立分系统分级制度，但是最高级系统分析应该由授信方实施。同时，还要注意避免出现冗余的信息复制品。

● 需要有可用工具让执法机构监控系统的流量。信息一级和二级存储是进行合法拦截的自然点。未来管理方面的问题是数据发布所用的密钥保存的时间需要和个人数据一样长。因为信息发布者要利用同样的个人密钥来生成他的信息身份，所以执法机关实施监控也应基于这种身份的使用。

● 信息保密（高/低完整性和隐私要求）要求采取不同方式处理不同类型的信息。按照完整性和隐私层级要求对信息进行保密的通用标准必须建立起来，而且要能够使用。

● 国家和地区管理部门需要密切合作，保证跨边界和全球信息交互的安全、隐私和保密。

3.4.3　物联网概览

在研究领域和不同的行业领域，"物联网"已经热了好多年。除了射频设别（RFID）这种设备或传感器以外，其他话题都面临各种挑战，包括设备连接、使用基础设施元器件的应用程序、行业生态环境和业务机会参与者的变化。在业务应用案例的评估中，"物"是一种客体，精确而言，中心在于物理对象（设备）。因此，在更宏观的背景下，物联网概念的思想就是将来的所有设备，甚至是所有的一切都和网络相互联接并能够交互信息[10, 18]。

许多应用案例都已经进入部署状态，如 RFID，或者已经处于研发状态，如医疗中的各类传感器，或者处于研究状态，如自动驾驶汽车或电子纸。广义而言，物联网覆盖生活的方方面面，它不仅仅是计算机科学家的舞台，因此需要更多跨行业合作和信息交流。

对物联网的要求进行明确绝非易事。应用案例涉及通信系统理论的各个方面。应用案例可能要求实时或非实时的信息传播、一对一或一对多的连接、几字节到几兆字节的传输速率。与物理连接或安全要求类似，物联网的其他特点也一样大相径庭。

设备还需要与"其他物体"相连接，如另一个设备、一个汇聚节点（SINK）、一个网络中的"云中"源。现有互联网利用当前技术实现连接的案例已经在前面提到了。未来网络将进一步提升到涉及成千上万网络设备的连接，如利用常规路径概念。设备与文献[13]中所述"常规路径"实体的概念相类似。另外，这种连接必须要求能够在设备、汇聚节点和源之间按照需要和信息威胁进行数据传输。这种传输或更广义上的这种传输端点之间的连接类似于"常规路径"本身的概念[13]。由于不同连接类型的分化，网络、服务器或连接的利益攸关者仍将保持碎片化状态，甚至更严重，因此这种连接必须要保证能够在路径中实施不同类别的转换或传输。有一种传输是在"常规路径"概念的中介点完成的（参见文献[13]中的定义3）。移动性甚至多宿主进一步增加了这些数据传输的复杂性。

另外，网络虚拟化可能提供各种机制来降低技术复杂性或提高隐私支持。"信息网络"概念利用标准化机制增强了如传感器网络的开发和运行。

根据已经分析过的应用案例，可以得出物联网广义上对商业和社会的影响。物联网将当前行业的信息基础设施转换为数字信息。

电信/互联网供应商就是包含信息的设备和利用这些信息的应用程序驻留的服务器之间的连接链路。这个层可以定义为资源层，代表的是拥有能力和合作伙伴的供应链。资源层的顶端是服务层，代表的是提供给客户的价值主张。这一服务层包含了所有构成性数据、条码和信息对象。价值链的发布方面是用户和/或产品（根据自身需要设计的消费者）。在价值链中，各类不同的参与者承担的角色也不一样（这一点需要全面确认）。

对于业务实体自身而言，可能会发生许多变化。当前的业务是利用互联网的帮助来传输大量支撑性程序（如通过一种迅捷方式广泛发布信息）。这就包括了营销客户关系管理、后勤保障、财务和会计或人力资源等。利用物联网，一些核心处理工序会受到影响，如农业中的天气情况分析、医疗保健中的个人信息、保险行业合同中的用户行为分析等。这种影响来自传感器实时利用信息的情况，但是要利用充足的实体来进行处理。

对社会的影响很难估计，但是研发物联网的经济效益是明显的，而且可能是巨大的。类似超市中的收银等基础性工作将会成为历史，取而代之的是自动化且方便客户的基于传感器的系统。这不仅对雇佣收银员的公司造成压力，而且会影响公共政策需求，需要对涉及欧洲几百万雇员的行业进行分析。总而言之，更多跨行业的专家需要更深入地对影响的细节进行研究。

3.4.4　面向社区的应用概览

如今的互联网用户已经不仅仅是观众了，而是成为内容、知识、连接、带宽、环境等的生产者和供应者。那些提供面向用户应用程序的应用案例和这些新的机遇密切相关：它们催生了专网社区（AdHC）。这种社区的生命周期很短，转瞬即逝，都是为了非常具体的目标创建的。比较特别的是新社区的建立者可以是人，也可以是物体（如器具、医疗机械、汽车、天气观测仪器等）。新型专网社区（AdHC）可能用于提供时敏想定下快速、安全的分享方式，应对多用户需要：读取信息时节省时间，发现可信信息和信息源头，信息的保密性安全，降低各类成本，保护环境。

依据专网社区（AdHC）构建的应用案例在第 13 章将进行详细叙述，主要发现总结如下。

- 这些创新性商业模式的驱动力量来源于所有的商业参与者都可以提供他们的内容、平台和服务给大量受众，而且环境可信，可以做到无缝衔接、随时随地（泛在式）读取。
- 竞争会很激烈，因为进入的门槛降低之后，几乎所有的参与者都可以轻松成为电子内容供应者，但是由于虚拟化降低了基础设施成本，这样行业就很难通过规模经济获得高额收益。
- 但是整个社会的财富和环境都会从中获益，因为这会在很大程度上减少出差、缩减公司厂址面积和降低工人通勤往来，为社会支撑提供内容，让每天的生活都变得轻松起来等。
- 专网社区（AdHCs）创造新的经济机会，有利于维护所有信息的安全、诚信、可靠和可读性。
- 当前，自我服务不断增长的趋势意味着更多成本外化到用户身上，让他们承受压力；专网社区（AdHC）可以用来在他们的地点执行某些任务，而防止无法承受的错误。

3.5　结论

现有互联网的成功表明，进步并不是主要来自对社会经济和管理方面需求的回应，但是技术进步却推动了经济模式和管理规定等方面的调整。

因此，有必要对新技术发展的成果进行认真监控和评估，因为它们可以催生新的服务和应用，影响我们的社会和经济。鉴于技术和非技术驱动力量之间的相互影响，所有这些互动需要都应该采取迭代方式来进行。从这些非技术驱动力量与技术议题的相互依存中总结相应的结论对于未来网络创新非常关键。主要的发现如下。

向以信息为中心的网络迁移是一项关键工作。用户主要关注的是应用服务、读取信息，而对于实现服务和信息的位置并不在意。各种类型信息获取更快、更便捷、更安全，未来网络对于互联网在各个社会、年龄和教育层快速扩散就更具有颠覆性影响。

有必要为人或"物"设计新型、先进的连接服务。物联网是未来网络中重要的基础设施。由于成千上万网络设备的存在，因此产生了各种不同的连接要求和大量应用。

物联网的推广将开启新的生活现象，"物"将履行如今人类履行的职责。例如，家用电器如果出现问题，它们自己就会联系相应的用户中心，需要维修的汽车自行和修理厂联系或呼叫服务，健康设备（如心脏起搏器）在穿戴者健康出现突然异常时会联系医疗救助。

利用虚拟化可以制造、部署新型网络。网络的复杂性、多元化和异质性程度不断增强是网络运营和维护中出现的主要问题。具备自我管理能力的未来网络将有效地降低组网的 OPEX（运营费用）和 CAPEX（资本费用）。网络供应商可以选择投资专门的新型物理网络资源，也可以作为虚拟网络供应商，使用其他供应商的物理资源。同样，物理网络中需要本地客户服务和本地协助的情况将部分地由越来越多去地址化的软件公司（不受位置限制）取而代之。远程、去地址化业务的社会影响还包括减少向城市中迁徙，因此也就可以预防所有那些迁徙带来的社会问题。

安全和隐私将会得到改善。未来网络中的安全、隐私和保密是设计新型信息共享概念的核心关键目标。网络安全和信息是业务交往中的关键要素，用以保护个人隐私。通信和相关数据流量的保密性必须要做到，禁止出现未经相关用户许可而在通信过程中实施偷听、窃听、存储及其他类型的拦截或监视行为。信息隐私和相关职责的管理必须要清晰。从法律角度来说这将是一项具有挑战性的工作，一方面要保证数据的隐私和安全，另一方面要让未来网络成为一个业务、管理应用、娱乐、信息交流等的开放平台。

安全组网应用的巨大挑战将源于要应对物理和虚拟网络中的大量对象（相比当前的设备和连接将多出几个数量级）。

互联互通、互操作性和标准需要有效解决。在 IP 世界，互联互通是 IP 服务供应商之间自愿执行的协议。这些自由协商的安排形成了各种互联互通的互联网，不依赖于管理型责任。

未来网络存在各种不同的技术和管理域（如虚拟网络），负载各种新型流量，因此更加复杂，这样过去的老方法在未来是否还能够应付就是个问题了。必须有基本原则来定义网络上交互的信息，保障未来网络运行通畅。

未来网络生态系统包括各类新型参与者，他们在向用户提供服务的过程中既可能是竞争对手，也可能是合作者。另外，未来网络在许多管理和法律域中还存在分化。这两方面都需要实现互操作性所需的那种广泛认可的界面和原则标准。将重心放在界面保证了互操作性，同时又保证了网络运营商等自由使用网络内部的那种定制化解决方案。

关于**网络中立性**的争论是一项与收费方案相关的业务，而与流量分配有关的技术问题与未来网络拥堵有关。透明、具有竞争力的带宽市场应该保证服务供应商继续提供创新性服务。但是服务供应商和网络运营商的利益无须分化：互联网可以是一种双面市场，服务供应商要想成功，就需要有充足、高质量的接入网络，反之亦然。总之，所有参与者都要保证这种标志性的生态系统完整运行。

电子通信网络管理框架确保服务供应商无差别的网络接入，但是也要鼓励运营商投资维护高质量和高速的网络。当前有关网络中立性的讨论也不能忽视虚拟网络等新概念。

跨边界规则的协调也是必要的。未来网络是成千上万网络的组合，单一一个网络可能会跨越国家和地区边界，边界之间的规则差异将成为多供应商环境下端到端服务无缝对接的阻碍。如果没有公认的规则，就无法实现跨越网络和国家边界的端到端原则。如果管理者实施局限于本地的管理规定或提出相对其他管理者更高成本的要求，无异于画地为牢，只会损害本国市场的参与者。还有一种情况，即这些网络运行的法律基本原则会迁移到那些规则缺失的国家。有些类似于欧洲管制者组织这样的地区组织，他们努力地从地区角度进行协调，但是地区间的合作仍任重道远。

参考文献

1. P. Mähönen, D. Trossen, D. Papadimitriou, G. Polyzos, D. Kennedy, The Future Networked Society, a white paper from the EIFFEL Think Tank, ICT-EIFFEL Project, White Paper Report (Dec. 2006), http://www.fp7-eiffel.eu

2. T.-R. Banniza, A.-M. Biraghi, L. Correia, T. Monath, M. Kind, J. Salo, D. Sebastiao, K.Wuenstel, First project-wide assessment on non-technical drivers, ICT-4WARD Project, Deliverable D-1.1 (May 2009), http://www.4WARD-project.eu/index.php?s=Deliverables

3. E. Kountz, P. Wannemacher, B. Ensor, C. Tincher, The recession's impact on US consumers' financial behavior, Forrester Research (Feb. 2009), http://www.forrester.com/rb/Research/recessions_impact_on_us_consumers_financial_behavior/q/id/53556/t/2

4. United Nations, World Population Ageing 2009, Department of Economic and SocialAffairs—Population Division (2009), http://www.un.org/esa/population/publications/WPA2009/WPA2009_WorkingPaper.pdf

5. A. Henten, R. Samarajiva, W.H. Melody, Designing next generation telecom regulation：ICT convergence or multisector utility?, WDR, Report on the Dialogue Theme 2002 (Jan. 2003)

6. European Commission, Decision establishing the European Regulators Group for Electronic Communications Networks and Services, Decision 2002/627/EC (29 July 2002), http://www.erg.eu.int/doc/legislation/erg_establish_decision_en.pdf

7. ITU, Trends in Telecommunication Reform：The Road to NGN, 8th edn., Geneva, Switzerland (Sep. 2007), http://www.itu.int/publ/D-REG-TTR.9-2007/en

8. H. Intven, M. Tétrault (eds.), *Telecommunications Regulation Handbook* (infoDev, Washington, DC, 2000). http://www.infodev.org/en/publication.22.html

9. Social and economic factors shaping the future of the Internet：Proposed issues list, in *Proc. of NSF/OECD Workshop*, Washington, D.C., USA, Jan. 2007, http://www.oecd.

org/dataoecd/35/24/37966708.pdf

10. M. Soellner (ed.), Technical requirements, ICT-4WARD Project, Deliverable D-2.1 (Apr.2009), http://www.4WARD-project.eu/index.php?s=Deliverables

11. http：//trilogy-project.org

12. OECD resources on policy issues related to Internet governance, http://www.oecd. org/site/0, 3407, en_21571361_34590630_1_1_1_1_1, 00.html

13. F. Guillemin (ed.), Architecture of a generic path, ICT-4WARD Project, Deliverable D-5.1(Jan. 2009), http://www.4WARD-project.eu/index.php?s=Deliverables

14. S. Baucke, C. Görg (eds.), Virtualisation approach：Concept, ICT-4WARD Project, DeliverableD-3.1.1 (Sep. 2009), http://www.4WARD-project.eu/index.php?s=Deliverables

15. U. Drepper, The cost of virtualisation, ACM Queue 6(1) (Jan./Feb. 2008)

16. M.E. Porter, The five competitive forces that shape strategy, Harv. Bus. Rev. (Jan. 2008), http://hbr.org/2008/01/the-five-competitive-forces-that-shape-strategy/ar/1

17. P. Reynolds, B. Mitchell, P. Paterson, M. Dodd, A. Jung, P. Waters, R. Nicholls, E. Ball, Economic study on IP interworking, White Paper, CRA International and Gilbert+Tobin (Feb. 2007), http://www.gsmworld.com/documents/ip_intercon_sum.pdf

18. B. Ohlman (ed.), First network of information architecture description, ICT-4WARD Project, Deliverable D-6.1 (Apr. 2009), http://www.4WARD-project.eu/index. php?s=Deliverables

19. ITU-T, Security in Telecommunications and Information Technology, Geneva, Switzerland (Dec. 2003), http://www.itu.int/itudoc/itu-t/85097.pdf

20. European Commission, Directive concerning the processing of personal data and the protection of privacy in the electronic communications sector (Directive on privacy and electronic communications), Directive 2002/58/EC (12 July 2002), http://eur-lex.europa.eu/ pri/en/oj/dat/2002/l_201/l_20120020731en00370047.pdf）

21. European Commission, Communication on strategy for a secure information society—Dialogue, partnership and empowerment, COM(2006) 251 (30 May 2006), http: //ec.europa.eu/information_society/doc/com2006251.pdf

22. European Commission, Directive on the protection of individuals with regard to the processing of personal data and on the free movement of such data, Directive 95/46/EC (24 Oct. 1995), http://ec.europa.eu/justice_home/fsj/privacy/docs/95-46-ce/dir1995-46_ part1_en.pdf

23. ITU-T, Security architecture for systems providing end-to-end communications, Recommendation X.805, Geneva, Switzerland (Sep. 2003), http://www.itu.int/rec/T-REC-X.805-200310-I/en

第4章
网络设计

Susana Perez Sanchez 和 Roland Bless[1]

摘要： 本章提出了一种可满足对未来网络的某些需求的网络架构，定义了用于模拟网络架构的某些概念、术语和基本构想。我们从两个层次论述这种网络架构：从宏观角度来看，我们主要强调具有较高抽象性的网络架构，同时引入层概念；从微观角度来看，我们主要强调必要的网络节点功能及与 Netlet 有关的节点选择和节点构成。不论从哪个角度来看，网络架构都会涉及功能模块。关于组件式架构的概念和原理是建立可重复使用的网络架构的基础，这种网络架构可使新型网络架构的设计时间和研发时间缩短到最少。

4.1 简介

互联网已发展成为必不可少的全球网络基础设施，互联网取得了巨大成功，也产生了各种创新，但它也面临如何建立新型网络架构的僵局。互联网协议（IP）是当前互联网结构的基础，用于域间路由的传输控制协议（TCP）、域名系统（DNS）或边界网关协议（BGP）也构成类似的基础。我们很难改变或取代这些协议，同样，我们也难以整合和使用新的协议。一个众所周知的例子是，IPv6 协议或 IP 多点传送协议的应用遇到了很多问题，该协议需要更改或升级已安装的网络节点。

不过，我们可以想象这样一种情形，即：在未来的互联网环境下，使用不同结构建立的不同网络可以共存，可以分享共同的网络基础设施。我们可以根据特定的用户

---

1 S. Perez Sanchez（通信），西班牙 Tecnalia-Robotiker 研究所（Zamudio (Vizcaya)）。

R. Bless，德国卡尔斯鲁厄理工学院（Karlsruhe Institute of Technology）。

要求或应用要求专门定制网络架构，可使其具有可用网络资源的特征。4WARD 项目的一个主要目标是，该项目研发和设计的未来网络架构可以兼容各种网络。

为了管理各种复杂的通信系统，我们引入不同的抽象等级。通常，层概念适用于根据 ISO/OSI 基准模型建立的通信系统，这种模型最具有代表性。不过，该模型基本上将各个层视为各种黑箱，后来提出的很多观点反对使用这种严格的分层模型。例如，这些观点认为需要利用跨层信息来设计高效的通信系统。另外，对于有特定要求的通讯系统（如传感器网络、物联网或信息网络）而言，这种模型可能具有局限性。4WARD 的一个目标是，它研发的网络架构可适合各种网络。因此，我们需要构建适当的网络架构。

4WARD 的宗旨是让各种网络百花齐放，其目的是使专门创建、专门定制的各种网络架构在同一个网络基础设施环境下共存。虚拟网络（VNet）可以克服首次提出的互联网僵化问题，上述的 IP 等基础要素造成了互联网僵化。如果未来网络支持 VNet，则使用上述结构设计的新型网络架构可更容易得到应用。VNet 基本上由虚拟节点及虚拟节点之间的虚拟链路构成，对于虚拟网络用户而言，虚拟网络资源看起来与普通的网络资源一样。

一方面，网络虚拟化可以更容易引入和使用新的网络技术。例如，新的协议可用于虚拟链路层拓扑结构顶部的不同网络架构。与目前使用的虚拟网络技术不同，这种虚拟网络可在虚拟节点内部的任何平台上运行，并不一定局限于 IP 平台。因此，网络虚拟化可使我们顺利地测试、调试和使用新的并行网络架构[4]，包括对其互联性和兼容性进行测试，这是与网络架构定义有关的一个特定要求。网络虚拟化可使我们开发新的网络架构。

另一方面，网络虚拟化还能为虚拟网络的基础设施供应商（InP）、客户和用户提供更高的灵活性。主机虚拟化可使虚拟主机在不同的物理主机上运行，与主机虚拟化一样，网络虚拟化也能使虚拟节点和虚拟链路应用于不同的物理节点，根据需要扩大或缩小虚拟拓扑结构。

虚拟网络运营商的一个优势是，虚拟网络运营商可使虚拟网络跨越多个 InP 域，而无须直接处理虚拟网络的跨供应商问题[2]。但在另一个抽象等级上，这些优势都会付出较高的管理代价，我们需要在物理资源的顶层管理虚拟资源，而不是直接管理物理资源。因此，网络虚拟化方法必须支持高效的管理及控制系统。

虚拟网络内部可能分别存在各种不同的网络架构，因此在创建新的通信网络架构时需要提供设计支持与指导。为了应对通信网络的多样性和复杂性，我们提出了关于网络架构的两种不同且相互补充的观点，即宏观观点和微观观点。

● 宏观观点更倾向于在所谓层的较高抽象等级上的网络设计总体结构，层概念

2　虚拟网络运营商在各种虚拟网络的互联性方面所起的作用类似于在当前物理网络互联性方面所起的作用。

是指可以利用跨越不同层的信息提供网络服务的灵活分层方式。

● 微观观点涉及按照相应要求建立 Netlet 所需的网络架构功能和功能构成,这种方式可使节点架构支持具有相同或不同网络架构的各种 Netlet。

除了这些结构实体（层、Netlet 和节点架构）之外,我们还定义了在设计新的网络架构时引导网络设计人员的设计流程。当新网络架构的设计工作完成之后,虚拟网络可用于促进新网络架构的实际应用。

本章的其余内容将介绍一个结构设计方案,对该设计方案的主要基本概念和相关设计流程进行说明。然后介绍一种虚拟化方法,这种方法可通过灵活的隔离方式使用不同的网络架构,我们将说明虚拟网络的生命周期、下层主机节点架构及最终用户与虚拟网络的结合。

4.2　网络架构及其基本概念

图 4.1 显示了 4WARD 的网络架构及其主要特点,本节将概述这些特点,后续章节将对这些特点进行具体说明。

根据图 4.1 所示的基本概念,一个网络由垂直层和水平层构成,一个特定的网络架构可通过定义特定的垂直层和水平层予以说明。

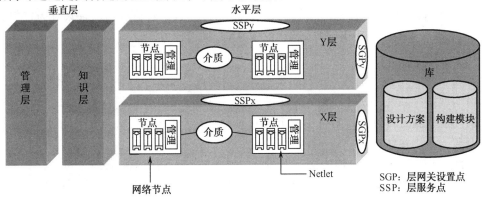

图 4.1　4WARD 结构简图

任何网络必须有管理层,管理层的各种功能分布于各个节点。垂直层和水平层的主要区别在于它们所处的网络特性或网络的主要功能,水平层具有不同的传输能力,水平层可在形成水平层的不同节点之间进行通信。垂直层具有不同的网络管理与监控功能,垂直层可以决定需要采取哪种行为。

如图 4.1 所示,这种网络架构考虑了下述主要组件。

● 在该图中部的水平层由通过介质相连的各个节点构成,该实体的各种功能分布于各个节点，这些功能通过两个已知接口［SSP（层服务点）和 SGP（层网关设置点），下文将对其进行说明］提供给其他层，这两个接口也可分布于各个节点。

● 在图 4.1 中，水平层代表在各网络之间进行通信所需的资源和功能，也就是说，水平层包含网络的数据平面功能。

● 水平层由各个节点构成，在某个节点内的各项功能通过构建模块/功能模块予以实现，这些功能在逻辑上分为各种所谓的 Netlet。Netlet 可被视为提供某种服务的容器，Netlet 包含的各种必要功能可提供端对端服务或路由等网络内部服务。我们可根据所有这些功能来定义 Netlet 提供的协议，Netlet 包含的协议构成协议所属层的介质。因此，在同一个 Netlet 内部的各种功能可能与不同的层有关。

● 该图左侧所示的功能组可利用垂直管理层和垂直知识层进行网络管理和控制，这些功能可通过专用节点（这些专用节点可被组建为另一个层，其主要功能与网络组建、环境感知等有关）予以执行，或分布于属于此前定义的水平层的其他节点。管理层和知识层向其他层提供已知接口（这些接口也可由 SSP 和 SGP 等基准接口予以表达），例如，已知接口可使两个不同的网络进行互联性协商。

● 最后，图 4.1 右侧所示的库代表用于支持设计流程的构建模块和设计方案。为了建立这个设计库，支持不同的功能定义，我们也可以对软件设计方法进行整合。例如，采用组件式架构（CBA）的设计方法已被证实可有效适应不同的要求。

将层概念和 Netlet 概念联系起来的关键要素是功能模块（FB），功能模块被定义为可实现某种功能的指令序列，因此可通过这些指令建立协议和其他功能。如果对不同的功能模块进行分类，则可形成不同的 Netlet 或层，不过，功能模块是与 Netlet 和层有关的最小实体。

Netlet 概念是一个延伸的协议堆栈，它包含的不同功能模块传统上可被任意分层或组合。在目前的 OSI 网络中，Netlet 是一个分层功能模块集合，其中的功能模块通过接口进行交互，在逻辑上属于同一个类别，可向节点、节点应用程序、节点用户提供各种网络服务。

功能模块也可按另一种方式进行分类，支持当前 OSI 协议的类似功能模块在逻辑上可按一个层（如水平层）的方式进行分类。简而言之，一个 Netlet 由提供某项服务的一组功能模块构成，一个层由分布于若干节点、提供特定功能的一组功能模块构成。

在这个基础上，下述属性适用于层和 Netlet 之间的关系。

● Netlet 的每个功能模块是水平层或垂直层的一个组件，它可实现相应的网络功能。

- 在节点内部的 Netlet 可被视为一组不同类型的功能模块,这些功能模块可使节点在网络内运行,向节点应用程序和节点用户提供各种服务。
- 层可被视为一组具有相同或相关类型的功能模块,这些功能模块分布于一组节点,可实现相应的功能。
- 功能模块是 Netlet 和层的唯一共用实体。

如图 4.2 所示,功能模块是 Netlet 和层之间的交点,从图中可以看出,在某个物理节点(例如,使用后续章节所述的节点架构建立的物理节点)内部不同类型的层(包括垂直层和水平层)由 Netlet 内部执行的这些层的功能模块予以表达,图中的功能模块由层和 Netlet 之间的交点予以表达。

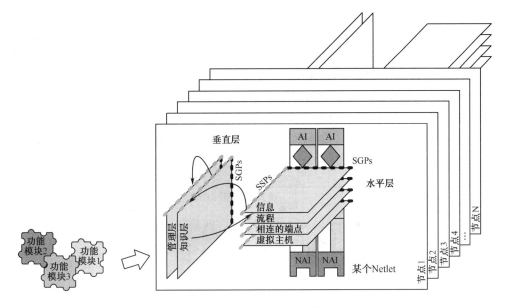

图 4.2　Netlet 和层之间的关系

CBA(组件式架构)体现的概念可用于执行设计的架构组件,这些架构组件用于支持层的运行。

4.3　网络设计:层

关于网络架构的宏观观点超越了 OSI 分层概念,它支持使用模块化和灵活的"黑箱"方法进行的网络架构设计。也就是说,如果规定适当的外部接口,可在任何 SW(软件)或 HW(硬件)平台上执行特定功能。外部接口可封装和隐藏在内部运行的每个特定功能中(例如,在特定网络内部运行的功能),使用层结构的另一个方式是建立覆盖在一组物理资源上方的虚拟网络。这种方式可将垂直层用于对虚拟网络进行实例化和管理，因为垂直层的功能可使虚拟网络运行结构达到和谐。后续章节将专门论述虚拟网络管理。

层被定义为一种分布式功能。分布式功能是指分布于一组逻辑节点[3]的功能，这些逻辑节点分布于一组物理节点，该功能可在逻辑节点内部进行数据存储和数据处理，每个逻辑节点内部的功能可通过层介质与其他节点内部的功能进行通信。

层服务点（SSP）是指每个层提供的服务接口组，SSP 可被分解为一个或多个接口，这种划分方式取决于安全、可管理性、跨层支持等模块特性。SSP 还可模拟分布于各节点的功能封装及通过介质进行的通信，即通过 SSP 提供的端对端服务的用户（其他层）不需要了解包含节点和介质的层是如何定义的（因此可支持黑箱原理）。

层网关点（SGP）可提供通向具有相同或相似类型的其他层的入口（根据规定，这些层具有共同的起点），但它能独立实现不同的网络功能。如果必要，SGP 可使各层相互兼容，且 SGP 可被分解为一个或多个接口。

图 4.3 显示了包含节点、介质、SSP 和 SGP 的层，逻辑节点（N）和介质可被称为层内结构，层内结构对于层的实例化和使用而言十分重要。SSP 和 SGP 可被称为层外接口，层外接口能封装和隐藏层内结构。应注意，我们可以改变层内结构而无须更改对 SSP 或 SGP 所做的规定，这一点可使我们实现不同的层内结构设计与应用。

图 4.3　层、层内结构、接口

我们可根据层概念执行不同的功能。

第一，根据 SON[4]（以服务为导向的网络）概念对层进行实例化、使用和管理，我们可通过下述方式使不同逻辑节点的功能实例化过程达到和谐，例如，可在运营成本方面对网络创建过程进行优化。

第二，可按以下确定的构建方式进行层的构建。

（a）服务构建：具有不同特性的层可以自我构建，从而提供特定的服务实体。

（b）网络构建：具有相同特性的层可以自我构建，从而实现跨越网络边界的特定

3　逻辑节点不同于网络虚拟化定义的虚拟节点，它与分布式特征有关。

4　以服务为导向的网络（SON）：可在系统开发与集成阶段使用灵活的原理设计这种网络，服务包括无关且松散耦合的嵌入式功能单元，这种功能单元不需要相互调用。功能协议用于描述服务如何根据描述型元数据进行消息验证和消息分析。

服务实体延伸，在这种情况下，相关的层通过 SGP 协商并执行协议。

我们可通过文献[1]所述的定义的层操作（连接、合并、分割、集成等操作）来模拟这些构建方式。

如上所述，层体现了分布式功能。显然，网络功能具有不同的特性，从这个意义而言，我们可确定两个主要的层类型。

- 垂直层的主要目标是协助网络管理。其中，管理层的目标是根据政策和当前网络状态信息检查相应的水平层是否被实例化、是否被正确配置；知识层向其他层提供网络拓扑结构、当前资源状态、环境等信息，知识层还收集、存储和处理来自其他水平层的状态信息，持续监控网络状态，确定知识层域或其他域是否具有新的功能。
- 水平层基本上提供跨网络通信所需的资源和功能。其中，主机层向其他层提供主要的处理及传输功能（主机层可由物理资源或虚拟资源构成）；相连端点层提供通信"道路"基础设施；流动层提供跨越网络的数据传输功能；信息层在网络内部进行数据对象管理。

另外，我们可利用上述层定义和继承处于不同抽象等级的若干通用属性及功能，如安全、移动性、QoS、自我管理等属性。这一点可用于建立满足特定要求的垂直层和水平层，因此，这些功能和属性是设计库的一部分，网络设计人员将根据这些功能和属性选择满足要求的特定解决方案和指导方针。

4.4　节点设计：节点架构

为了快速适应新的网络架构和网络协议，同时访问多个不同类型的网络，我们设计了一种适合 Netlet 的通用结构，即节点架构。节点架构概念考虑了与网络架构微观观点有关的因素（参见文献[11]的详细说明），这些因素尤其涉及根据应用程序或用户提出的通信要求选择 Netlet。

图 4.4 显示了节点架构简图，该图描绘的节点设计可以支持当前和未来的多种协议堆栈，这些协议堆栈被 Netlet 封装。Netlet 被视为节点架构内部的黑箱，例如，我们可使用基于功能模块的协议构建方法手动编写代码，也可使用生成部分代码的设计工具编写代码，设计 Netlet。

对于虚拟化的下层节点，可按照这个过程重复建立必要的多节点架构实例（在单个物理节点内可以存在多个虚拟节点）（参阅图 12.5），每个虚拟节点可以遵循不同的 Netlet 组合和不同的设计，因为它可属于具有不同特性的不同虚拟网络。本章将专门论述关于支持虚拟化的更多细节。

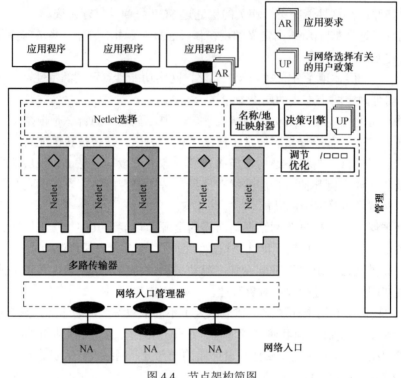

图 4.4　节点架构简图

当在同一个网络内运行多个 Netlet 时，需要达到一个基本共识，如数据单元格式或寻址方案。Netlet 多路传输器根据基本的网络不变量对数据流进行多路传输或多路分解，由于每个网络的不变量可能各不相同（如传感器网络、主干网络、延迟容许网络等），所以以多个多路传输器可以并联运行。

为了通过节点架构进行通信，应用程序需要定义其通信要求。根据这些要求及用户和/或管理员政策定义的要求，"Netlet 选择"组件将选择适当的 Netlet，考虑主要的网络特性，文献[12]详细说明了这个选择过程。名称/地址映射器是一个通用组件，它可根据不同的结构确定应用程序名称，这可被视为能实际确定特定名称的 Netlet 预选项。

网络入口（NA）用作网络连通性抽象概念，实质上，它类似于目前的网络接口，但可提供关于主要物理或虚拟网络的更详细信息，可触发与网络属性变更有关的事件。"网络入口管理器"负责将可用网络入口映射到具有不同结构的多路传输器。

当进行通信时，网络属性可能会发生变化，因此需要改变 Netlet 配置参数，这通常由调节/优化代理进行处理。

水平层和垂直层定义的某些功能可作为节点架构内部的功能模块直接执行（如果功能范围限于本地节点），也可作为一部分 Netlet 予以执行（如果功能属于分布式功能）。垂直层定义的典型管理任务可作为一部分所谓的控制 Netlet 予以执行，水平层定义的与数据传输有关的功能可作为常规 Netlet 的一部分功能模块。功能模块可同时属于多个层（见图 4.2），这取决于哪些功能模块在 Netlet 内部执行。

节点架构的主要优点是，它可实现应用程序和网络协议的动态耦合。与目前的结构不同，这一点可使协议具有灵活性。如果协议具有灵活性，则可动态选择最适合应用程序特定通信关联的协议，也就是说，当应用程序每次开始进行通信时，可及时选择最适合该点的通信协议[12]。

协议的灵活性十分重要，因为它在需要时可很容易地进行协议替换，例如，如果协议不适合新的通信要求，协议被发现存在安全问题，或如果需要将新的研究成果应用于现有网络，则可进行协议替换。例如，当分析当前的 TLS 协议（传输层安全协议）时，显然，密码算法的灵活性对于该安全协议而言十分重要。不过，它不能解决最近发现的 TLS 安全问题[5]，但协议的灵活性可使我们很容易利用不同的安全协议来克服这些问题。

在创建通信协议时，如果 Netlet 能包含所有的候选协议，则节点架构的协议灵活性可实现在单个节点上并行运行多个不同的解决方案。这一点可使各种通信协议和解决方案在提供最佳通信协议方面进行竞争。

4.5　组件设计：组件式架构

目前，软件开发人员面临的主要挑战是应对复杂性，快速适应设计变化和/或功能、协议、服务等的执行变化。组件式架构（CBA）是一种用于解决这些需求的方法，其核心是组件式软件设计（CBSE）[2]。

CBSE 被公认为一种新的软件设计方法，其主要目标是：

- 支持组件式系统开发；
- 支持可重复使用的实体组件开发；
- 通过定制或更换组件的方式帮助进行系统维护和升级。

CBA 可在结构设计库中定义组件、组件关系和组件功能。

组件将组件特征封装为独立使用的单元，因此组件需要与组件环境和其他组件分开。作为一个使用单元，组件不能被部分使用，在这种情况下，不能期望第三方了解所有相关组件的结构细节。

每个组件所附的合同定义了组件规格，合同提供与组件接口和功能有关的元数据和语义。合同定义的可用组件规格保存在设计库中，组件合同是组件兼容性和组件构建的基础，组件合同提供的形式机制可衡量组件之间的兼容性。只有当可以构建兼容组件时，这种兼容性才能成为构建基础。合同元数据还可用于建立合同实体和相关组件，如果与 QoS 或移动性等功能联系起来，这些实体可用于指导设计人员根据功能要求建立满足要求的合同和相关组件。

如果层和 Netlet 的抽象等级较高，则 CBA 可提供用于构建过程的功能模块（组件）和兼容单元（合同）。CBA 等级与开发和使用有关，层本身是相互兼容的组件集合，这些组件可提供层要求的总体功能。

根据 CBSE，我们可通过预先构建的组件装配相关的产品和系统，这些可重复使用的组件具有各种形式，包括现有软件库、独立的商业现货产品（COTS）、开源软件（OSS）、整体软件结构及其组件。CBSE 具有很多优势，例如：

（1）能提高软件的可重复使用性；

（2）可缩短产品开发时间；

（3）可降低总成本；

（4）快速应用新的技术，因为可以购买新的软件组件而无须进行内部开发。

4.6　设计流程

设计流程的一个目标是支持新型网络架构的快速原型开发，本节将对此进行说明。

设计流程的目的不是解决在设计新型网络架构时出现的所有问题，而是介绍有助于将总体软件设计原理应用于网络架构设计的总体构架。对流程所做的说明始于业务说明，结束于组件说明，我们可重新使用以前的某些原型快速执行流程。

设计流程的采用取决于不同的相关角色，例如，设计流程的特定阶段适用于不同机构，这取决于它们在价值链上所扮演的角色（运营商通常关注对具体技术要求所做的说明，而卖方通常关注能满足要求的组件开发）。应注意，这种方法不仅用于设计软件开发流程，实际上，它是一种可以利用软件开发原理的网络设计流程。

4.7　设计流程的各个阶段

从商业观点来看，设计流程体现了工作流程，它是适当网络架构模型的设计起点。这些模型基本上构成了网络设计蓝图，网络设计蓝图可用于建立和使用网络组件。

如图 4.5 所示，设计流程考虑了以下阶段。

（1）需求分析：这个阶段始于商业概念和商业要求，其目标是仔细分析这些要求，分解这些要求，至少能确定应根据设计的网络架构执行的高级功能（例如，是否需要将 QoS 用于执行特定服务，或用于执行能支持高度动态拓扑结构的路由协议）。

　　该阶段的成果主要是确定各个层（以层自身的功能为特点），初步设计主要的网络组件（物理节点），说明网络架构开发要求。如果初步确定的要求涉及增加新的工作网络特征，则新的设计技术要求必须考虑可移植性及当前现有的网络拓扑结构。

　　（2）抽象服务设计：该阶段的主要目标是考虑相关要求及源自这些要求的高级功能，确定和定义特定功能，构建这些功能。该设计阶段的成果是说明构成网络架构的Netlet 和层，它们体现的是如何构建不同的功能，如何将不同功能分布于不同的网络节点，从而执行规定的功能。

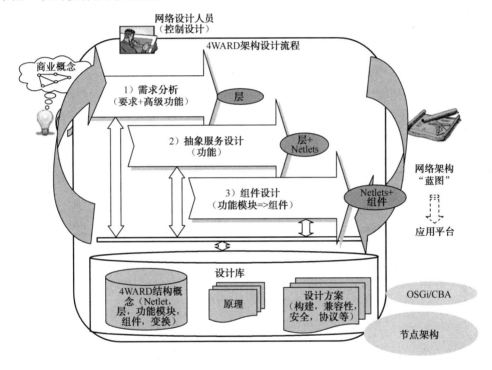

图 4.5　设计流程

　　（3）组件设计：主要对功能模块进行具体说明和构建，功能模块用于执行特定功能，包括对功能模块的接口、属性、要求、先决条件进行说明。该阶段的成果是对Netlet 和软件组件进行详细设计，当设计流程结束后可在特定平台上运行 Netlet 和软件组件。

　　需求分析阶段与抽象服务设计阶段和组件设计阶段有着密切联系，由于后者提供的反馈，可以更详细地反复说明相关要求，当每次进行重复说明时，可显示是否需要改变现有的高级功能或增加新的高级功能。

　　这些阶段构成设计流程，设计流程产生的蓝图包括以下内容。

　　① 详细要求：主要在需求分析阶段确定这些要求，其他阶段也向该阶段进行输入。

② 说明和构建要设计的功能，使其满足要求。

③ 对层和 Netlet 进行说明，将其作为体现宏观及微观结构的结构要素。

④ 根据具体说明设计组件和 Netlet，当设计流程结束后可很容易地运行组件和 Netlet。

当设计流程结束后，首先在特定的应用平台上应用结构原型（这取决于负责的相关人员使用的结构）。我们设计了两个主要的特定应用模型，也可根据网络设计人员的经验选择这些模型：

● 对 Netlet 进行实例化的节点架构，Netlet 也是使用单元；

● CBA 平台与节点内部的组件运行和应用有关。

每次运行具有互补性，最终的决定取决于负责该阶段的特定相关人员的知识。

如图 4.5 所示，设计库在设计流程中起着关键作用，设计库的目标是提高结构的可重复使用性，存储设计人员的专业知识。下一节将进行详细说明。

4.8 设计库

设计库包含预先构建的结构（层、现有的 Netlet、组件、功能模块等），经过验证的与服务构建、兼容性、安全等有关的结构设计方案，需要遵守的设计原理。设计库存储当前流程的结果，可在未来重复使用。

通常，重复使用在本质上是指一个实体（如一个节点、一个设计人员、一个开发人员、一项服务等）可以利用另一个实体所做的工作。目前的网络设计与开发惯例需要转变为下述设计流程，即：在该设计流程中，网络人为[5]重复使用被制度化，成为网络开发流程的一个不可分割的部分。应根据在进行域分析和结构开发时确定的人为网络需求有系统地进行重复使用，重复使用应被视为设计及学习活动的一个完整部分。在所述的设计库中，人为网络可以指参考或范例结构、设计方案、硬件元件、软件组件。

对人为现象所做的有效收集可指导重复使用活动，避免重复工作，进行必要的标准化，确保设计库的适应性（以用户需求为导向）。设计库应支持网络人为重复使用，帮助网络设计人员确定、理解和改变人为现象。在较高水平上，设计库包括三部分，即人为现象、索引及检索机制、用户交互接口。设计库包括：用户 GUI，标准的人为描述体系（如人为目的、功能描述、认证等级、环境限制、历史使用结果、合法限制等），有效的人为分类方法。

设计库应尽可能自动帮助网络设计人员确定、对比、评估和检索相似的网络行为，

---

5 网络人为是指可以设计的任何网络要素（Netlet、层、特定功能模块、网络本身）。

确定最佳惯例，设计库的行为分类方式必须能使用户实现快速查询。标准的人为描述体系有助于对比和理解相似组件，它包括可重复使用性、可靠性、可维护性、可升级性、便携性等相对衡量标准。人为文件的内容可提供额外信息，帮助网络设计人员选择人为现象。

为了真正实现重复使用，持续完善设计库，应在进行系统开发和商业采购时整合设计库的功能和流程。设计库应能确定和支持特定要求（如安全、移动性、管理等要求）及提供这些功能的可重复使用的人为现象，设计库应包括与各种分布式库系统进行通信和协作的工具。只有通过开发新的技术、标准流程，发展或修订现有政策，才能解决这些要求，这同样适用于物理或虚拟网络设计。

网络人为检索是一个基本的重复使用问题，检索过程包括确定与期望功能或要求匹配的人为现象，确保人为现象满足要求的非功能属性（与网络要素或软件组件有关的定时、资源限制）。很多方法可用于检索相关的人为现象，包括传统方法（关键词、浏览）、多面法（在专题领域有各种相关术语）、AI 法、实体法、各种说明方法、自动检索（顺序搜索过滤器）。

需要强调的是，对于网络设计人员而言，设计库不应成为静态设计库，设计库必须能容纳任何新型开发/设计，应持续说明新的设计方案。

设计库内部的网络人为现象可被组织成一系列子库（另见图 4.5 的下部）。

- 4.2 节所述的网络架构：显然，在这个设计流程中，网络设计人员可使用设计库检索基本的组件属性和组件变换。例如，当需求分析阶段结束后，首先对各层进行说明（网络设计人员可以根据技术要求说明必须在水平层执行的主要功能，我们建议，垂直层作为可选层应始终保持可用状态）。根据层和 Netlet 之间的关系（设计库应维持这种关系，供网络设计人员使用），当各层被确定之后，网络设计人员可以决定如何将 Netlet 分布于网络节点。
- 应遵守的原理：例如，如何构建层，这有助于说明在满足要求时可能未考虑的接口和功能。这些原理用于说明某些构建模块，我们也可使用特定的建模工具，以高效方式帮助网络设计人员。
- 设计方案：设计库存有针对特定问题/要求/功能的已知解决方案，网络设计人员可重复使用这些方案，这些方案包括特定的接口安全协议、用于执行特定服务或路由协议的特定队列算法（参阅 7.4.1 节）。

4.9　网络虚拟化概述

如前所述，网络虚拟化概念可使我们实际应用网络设计人员根据此前所述的网络架构设计的新型网络。基本上，网络虚拟化概念可用于创建逻辑网络资源（虚拟节点和虚拟链路），利用物理资源形成虚拟网络。物理资源集合被表示为下层，实质上可分为下层节点和下层链路。某些下层节点可提供虚拟化支持，因此它们能支持虚拟节点，而某些下层节点不能支持虚拟节点。提供虚拟化支持的下层节点可支持同一个虚拟网络或不同虚拟网络的一个或多个虚拟节点，虚拟链路将两个虚拟节点连接起来，如图 4.6 所示。虚拟链路由下层通道构成，下层通道由一个或多个下层链路构成。通常，虚拟链路可由多个下层通道构成，这些通道用于提高虚拟链路的性能或可靠性。另外，下层通道划分[13]可用于将虚拟网络有效映射到下层资源。

如图 4.6 所示，虚拟网络可跨越属于不同基础设施供应商（InP）网络的各个下层网络域。虚拟网络运营商的一个优势是，虽然虚拟网络实际上由不同的 InP 网络资源构成，但它看起来是一个均质网络。最后，终端用户通过最后一公里虚拟链路与虚拟网络基础设施相连，最后一公里虚拟链路也由下层通道构成。我们认为，终端用户设备不属于虚拟网络拓扑结构，它们作为叶（或终端节点）与虚拟网络拓扑结构相连。以下内容可使做出这种决策的理由变得更加清晰，但由于终端用户的高度动态性和移动性，实际的虚拟网络拓扑结构描述不能包含终端用户。

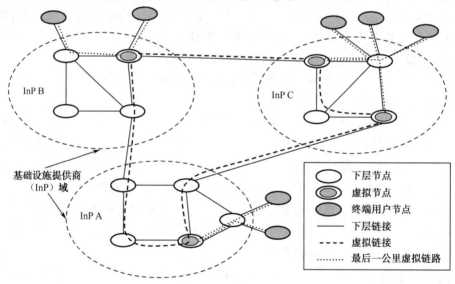

图 4.6　虚拟网络拓扑结构及下层网络简图

与目前的互联网一样，我们可以假定有多个基础设施供应商（InP）（见图 4.7），即：大公司拥有实现不同地点通信所需的基础设施，他们向终端用户提供网络入口。与目前的互联网不同，该方法还考虑了可用于在多个 InP 之间创建服务质量（QoS）保证链接的域间 QoS 方案在下层的可用性。如果虚拟链接不提供 QoS 保证，则在虚拟网络内部建立的任何 QoS 机制都不具有起决定作用的链接性能，因此无法在虚拟网络内部提供 QoS 保证。InP 也可在其自有资源的顶层建立虚拟节点和虚拟链接，向另一方提供虚拟节点和虚拟链接。在虚拟网络架构中，另一方是指虚拟网络供应商，虚拟网络供应商是指虚拟网络运营商和 InP 之间的中间方，他引入了一种新的间接等级。根据虚拟网络运营商的要求，虚拟网络供应商由虚拟网络的一个切片构成，即来自一个或多个 InP 物理资源的一组无生命的虚拟资源。这可简化虚拟网络运营商的职责，因为他不需要与不同的 InP 进行协商。

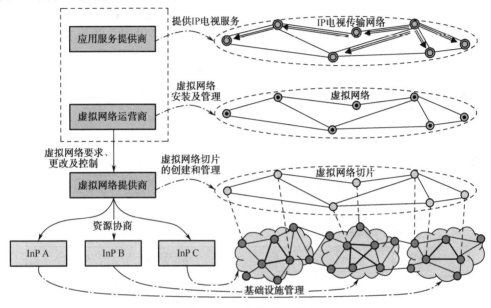

图 4.7　职责与资源的关系

当虚拟网络的拓扑结构完成创建后，虚拟网络运营商可以开始安装内部的网络架构，对网络架构进行实例化和适当配置。在某些情况下，应用服务供应商可使用虚拟网络提供特定的应用服务，所选的一个例子是 IP 电视服务。通常，IP 电视服务供应商向虚拟网络运营商说明他期望的网络拓扑结构，如节点位置和性能。应用服务供应商在虚拟网络内部运营，一个或多个内容供应商可使用虚拟网络提供必要的内容，例如，将电视节目和视频放入与虚拟网络相连的流服务器，IP 电视服务客户可接入虚拟网络，使用提供的 IP 电视服务。

InP 提供的物理资源可用于建立虚拟网络，但 InP 不了解（而且也不需要了解）虚拟网络的内含物。虚拟网络运营商负责设计在虚拟网络内部运行的服务或应用程序，作为网络设计师，运营商根据设计流程设计在虚拟网络内部运行的网络架构，这种网络架构也可在虚拟网络外部运行。

虚拟网络运营商可对虚拟网络进行全面的端对端控制，可运行支持特定应用服务的协议，以 IP 电视为例，在虚拟网络内部需要使用 IP 多点传输服务。目前的互联网商业模式不明确，无法应用域间多点传输，这是广域 IP 电视服务供应商面临的严重障碍。目前，IP 电视服务已被使用，但通常只能由 InP 在其自有域内提供。IP 电视应用服务供应商可在其虚拟网络内部使用 PIM-SM（独立多点传输协议-离散模式）、PIM-DM（独立多点传输协议-密集模式）等专业的域内多点传输路由协议。不同的职责也可被组合，例如，虚拟网络供应商和虚拟网络运营商的职责可以由同一个机构承担，在某些情况下，应用服务供应商的职责可与虚拟网络运营商的职责结合。不过，与细化职责体系相应的各种商业模式可能无法实现。4WARD 虚拟网络架构的一个重要方面是，它可实现商业应用。我们将详细说明虚拟网络的创建、设置和维护过程。

4.10 虚拟网络的生命周期

本节将介绍虚拟网络的生命周期，然后说明确定的虚拟网络架构接口。虚拟网络的"生命周期"包括虚拟网络设计、虚拟网络运行等最重要的虚拟网络生命阶段，通常也包括虚拟网络的终结阶段，但这种细化流程不是本节的重点。如图 4.8 所示，虚拟网络生命周期分为下述阶段。

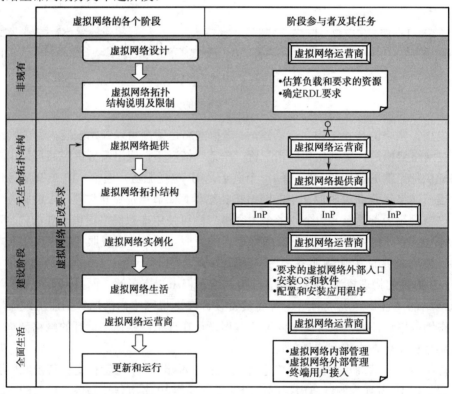

图 4.8　虚拟网络生命周期——流程简图

（1）虚拟网络设计：为了建立新的虚拟网络，虚拟网络运营商需要说明必要的拓扑结构、资源及相应的限制条件，如虚拟链接的 QoS 限制或虚拟节点的地点限制。由于需要在现有的特定点提供某些服务或某种水平的服务，这通常会造成地点限制。例如，虚拟网络运营商根据 IP 电视应用服务供应商的要求进行相应说明，他需要估算提供预期服务所需的虚拟资源数量。不过，由于虚拟网络可随后被缩减或扩大，因此只进行初步的大致预设，并且可不断进行调整。虚拟网络设计将设计流程和相应的网络架构结合起来，在建立虚拟网络时，实际的虚拟网络要求说明是最终蓝图的一部分，可能受制于虚拟网络供应商和/或 InP 提出的某些限制条件。

（2）虚拟网络提供：虚拟网络说明被提交给虚拟网络供应商之后，虚拟网络供应商利用一个或多个 InP 的可用物理资源建立虚拟网络。虚拟网络供应商的主要任务是按照虚拟网络运营商的说明，利用基础设施供应商的资源建立虚拟网络，他可选择符合要求的一系列资源。因此，虚拟网络供应商将虚拟网络说明提交给一个或多个 InP，InP 随后将要求的虚拟网络拓扑结构和资源嵌入下层网络，下层网络通常由不同的虚拟网络共用。这个嵌入（或映射）过程包括以下三个阶段[4]。

① 寻找候选虚拟网络，对其进行匹配：寻找若干候选虚拟网络，即建立满足要求的适当虚拟节点和虚拟链接。

② 选择候选虚拟网络：利用优化算法选择最佳的候选虚拟网络，InP 将确定这些虚拟网络是否满足要求。然后，虚拟网络供应商决定设置哪些虚拟资源，提出限制条件。

③ 限制候选虚拟网络：分配和保留来自下层网络的虚拟资源，实际建立选定的候选虚拟网络，即每个 InP 将设置虚拟资源。

一个特殊情况是，我们需要根据 InP 边界对虚拟节点进行互联，虚拟网络供应商应进行协助。我们需要考虑各种情况，如链接可能会跨越不支持虚拟网络节点的 InP 域，可能会涉及不支持虚拟网络的 InP。只要存在可行的下层通道，这不是问题。

（3）虚拟网络实例化：当虚拟网络切片被成功创建之后，虚拟网络运营商可使用虚拟网络切片。虚拟网络运营商需要通过虚拟网络外部接入控制接口获得必要的资源，该接口提供的功能必须在较低水平上运行，例如，当虚拟主机死机时可使虚拟网络运营商重新启动虚拟主机，安装操作系统，通过串行控制台或遥控面板使用虚拟主机。操作系统可由上述节点架构组成，在建立虚拟网络拓扑结构时（即利用内部建立的网络架构功能激活虚拟网络切片）或当出现严重故障时，我们无法在虚拟网络内部进行管理，因此必须通过额外的控制面板接口进行管理，我们将其称为虚拟网络外部接入。

（4）虚拟网络操作：当更改虚拟网络时，如当按照 QoS 要求扩大、缩减或更改虚拟网络、对虚拟网络进行细分时，可能需要联系虚拟网络供应商（参见图 4.8 的"虚拟网络更改要求"）。不涉及虚拟网络供应商的其他操作包括连接终端用户，移植虚拟节点（通常由 InP 公开进行），控制与其他虚拟网络进行的交互。

　　图 4.9 是关于各控制接口的论述。该图显示，下层由三个不同的 InP 构成，即 InP A、InP B 和 InP C。虚拟网络是在这些 InP 的资源顶层上创建的，以下章节将说明创建虚拟网络的各个阶段。我们以 IP 电视服务为例，应用服务供应商对内容分布网络要求进行说明，如节点位置、链接性能。

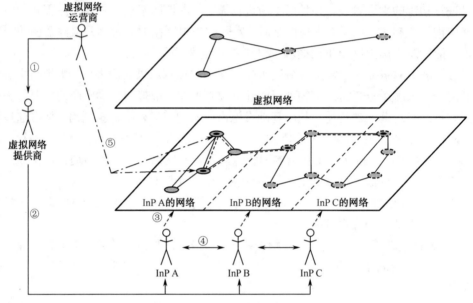

图 4.9　虚拟网络生命周期——接口简图

4.11　虚拟网络创建

　　当虚拟网络运营商完成对虚拟网络所做的说明之后（虚拟网络设计阶段），虚拟网络说明被提交给虚拟网络供应商（图 4.9 中的接口 1）。可利用虚拟网络供应商提供的专用资源描述语言（RDL）和工具链援助该接口，使接口相互竞争。但对于虚拟网络供应商和 InP 之间的接口（图 4.9 中的接口 2），我们需要将专用说明映射到虚拟网络供应商和基础设施供应商共用的 RDL。为了使这个接口明确了解相关说明，使虚拟网络供应商无须将收到的虚拟网络说明翻译成各种不同的 RDL，该接口应约定共用的可扩展 RDL。这个接口需要说明实际使用的 RDL 和相应信号，由于该接口具有较高的安全及隐私敏感性，因此它被隔离在专用网络内，这种网络可以是虚拟网络供应商和基础设施供应商之间的一个封闭式覆盖网络，只有经过授权的虚拟网络供应商和基础设施供应商才能使用这个封闭式网络。另外，由于较高的可用性及可靠性要求，这个封闭式网络应具有较高的抗故障性和抗攻击性，该网络的一个期望属性是，它不应拒绝执行相关指令。

在这个专用网络内，虚拟网络供应商可与多个 InP 协商虚拟网络资源。当虚拟网络供应商选定了要求的虚拟资源之后，每个相关 InP 开始在各自域内配置各自的物理资源，设置与虚拟节点和虚拟链接有关的所有资源（图 4.9 中的接口 3）。由于这个接口可能与基础设施供应商域内的任何其他流量完全隔离，因此 InP 可通过被隔离的管理网络等方式自由使用自己的管理工具。不过，这些管理工具必须能满足虚拟网络供应商提出而且在资源协商期间达成一致的所有要求和限制条件。

如果有多个相关 InP，则虚拟网络的被隔离部分（每个部分由不同的基础设施供应商予以支持）应相互连接（图 4.9 中的接口 4）。我们注意到，不同的基础设施供应商需要通过共用的下层信号协议设置虚拟链接，从而支持虚拟链接服务质量（QoS），他们还需要使用共同的域间 QoS 解决方案。对于 IP 下层，我们可根据下述原则使用通道耦合资源储备信号协议（如 QoS NSLP 协议[7]）和 Diff-Serv 机制：沿着将两个虚拟节点相连的下层通道储备资源。我们需要扩展 QoS 信号协议，使其用于协商和交换特定的虚拟网络寻址信息。"虚拟链接设置协议对象"是另一个 QoS NSLP 协议对象，它只能通过下层通道终端节点予以说明。我们可使用这种方式整合与虚拟链接设置有关的资源储备和信号，从而缩短虚拟链接的设置时间。如果我们不能充分预测虚拟链接的 QoS 参数，则无法在最佳虚拟链接的顶层提供有意义的 QoS 保证。

4.12　虚拟网络实例化与管理

当成功创建虚拟网络拓扑结构之后，虚拟网络运营商可开始对虚拟网络进行实例化。如前所述，这个过程需要使用虚拟网络外部的虚拟节点。例如，虚拟网络运营商可选择将同一个网络操作系统用于所有的虚拟节点，通过均质环境简化网络管理。虚拟网络外部接入接口的功能包括低级的虚拟节点管理功能，如启动、终止、暂停、重新启动或安装虚拟节点功能。这是一个重要的控制接口，如果虚拟网络内部发生故障，则会导致该接口不能管理虚拟节点内部的实例运行，无法访问虚拟网络（"虚拟网络内部接入"）。我们可使用"虚拟网络外部接入"（图 4.9 中的接口 5）直接访问下层节点，也可通过基础设施供应商的专用管理代理访问下层节点。通常，我们可以假定，虚拟网络供应商向每个虚拟节点提供与虚拟网络外部管理接入有关的下层联系地址，从而实现直接和间接访问。在直接访问和移植虚拟节点时，可在虚拟节点实际移动到新的下层节点之前更新该信息，可通过虚拟网络外部间接接入代理向虚拟网络运营商和虚拟网络供应商公开移植情况。

在虚拟网络生命周期的这个阶段，不同的角色有不同的职责。

- 虚拟网络运营商：进行虚拟网络外部管理，执行上述的低级管理功能，还利用虚拟网络内部的管理机制进行虚拟网络内部管理。对于 IP 虚拟网络，通常可使用监控工具和管理工具（例如 SNMP、NetFlow 等工具）。对虚拟链接 QoS 进行监控也很重要，虚拟网络运营商必须规定违反服务等级协议的情况，例如，可监控通过虚拟链接传送和接收的数据包数量，对其进行对比，确定当前的数据包丢失率。虚拟网络运营商还负责连接终端用户，虚拟网络运营商必须检查用户授权，为用户指定适当的虚拟接入点。
- 虚拟网络供应商：如果要求，虚拟网络供应商负责在环路内部更改虚拟网络拓扑结构，例如由于增加或删除虚拟节点而需要改变虚拟网络拓扑结构。我们以 IP 电视服务供应商为例，如果他想扩大服务覆盖区域，则只需要在新的地点增加虚拟节点。在 InP 之间移动虚拟节点时，虚拟网络供应商需要进行协调。
- 基础设施供应商：负责经营和管理下层资源，利用虚拟资源调动优化物理资源的使用。另外，基础设施供应商还提供上述的虚拟网络外部接入。

我们可使用所谓的互联折叠点连接不同的虚拟网络。折叠点由折叠链接和折叠节点构成，不同的虚拟网络可使用不同的结构、协议和寻址方法，因此需要不同的转换机制。最简单的折叠链接可以连接两个虚拟网络，例如，当这两个虚拟网络使用相同的结构和协议运行时。折叠链接是一种特殊的虚拟链接，它由相连的虚拟网络共用。不过，折叠节点可执行特定的连接功能，例如安全、验证、政策执行、地址/协议转换等功能。

在网络架构内部，不同虚拟网络的互连性可体现为不同的虚拟或物理网络的协作性，因此适用相同的原理。根据不同角色定义的接口应按照正确的相关 SGP（层网关点）说明正确运行。

下一节将简要说明支持虚拟化的下层节点架构、某些寻址问题以及终端用户连接接口。

4.13　支持虚拟化的下层节点架构

相同或不同物理节点支持的虚拟节点的每个实例可按整个节点架构进行构建，因为它是一个完整的运行节点（见图 12.5）。支持虚拟化的下层节点架构具有额外的功能和接口，图 4.10 显示了这些功能和接口的简图。

我们可以根据图 4.10 确定信号发送所需的某些标识符。图 4.10 显示了带有两个物理网络接口的下层节点，两个不同虚拟网络的虚拟节点在这个下层节点的顶部得到支持，即虚拟网络 1 的两个节点（其符号为太阳）和虚拟网络 2 的一个节点（其符号为月亮）。我们需要将唯一的虚拟网络标识符用于控制平面及数据平面寻址，这有多个原因。

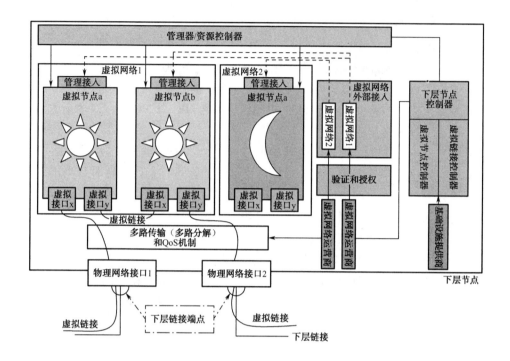

图 4.10　支持不同虚拟节点的下层节点

（1）终端用户连接：我们可使用全球唯一的虚拟网络标识符连接任何地点的期望虚拟网络，例如，我们可以查询相应虚拟网络的虚拟接入节点（参见第 6 章）。

（2）账目和账单：如果多个 InP 向一个虚拟网络提供资源，则可通过全球唯一的标识符分配使用资源。

（3）跨越多个 InP 的唯一性：虚拟网络可以跨越不同的 InP，虚拟网络标识符应具有全球唯一性，如用于记账目的。虚拟网络供应商生成的虚拟网络标识符是一种密码标识符，例如，它可以是一个生成的公钥哈希值。这种标识符可用于提高安全性，如果虚拟网络供应商想要更改虚拟网络配置，则 InP 可以核实虚拟网络供应商是否拥有附于上述公钥的相应私钥。另外，虚拟网络供应商可以向虚拟网络运营商和相关基础设施供应商提供证书，他们只有经过授权后才能使用控制功能。

如果同一个下层节点支持同一个虚拟网络的多个虚拟节点（如虚拟网络 1 的情况），则需要区分这些虚拟节点，如在设置虚拟链接时需要进行区分。因此，我们需要使用另一个标识符，即虚拟节点标识符。虚拟节点标识符的有效范围与某个虚拟网络标识符有关，我们可将同一个虚拟节点标识符（图 4.10 中的虚拟节点 a）分配给虚拟网络 1 和虚拟网络 2 的各个虚拟节点，这两个虚拟网络可通过虚拟网络标识符加以区分。一个虚拟节点可通过若干虚拟链接与其他虚拟节点相连，在一个虚拟节点内部的不同虚拟链接可构成虚拟节点内部的某个虚拟接口（VIf），虚拟节点内部的虚拟接口通过唯一的虚拟接口标识符予以标识。图 4.10 显示了某些重要组件。

- 下层节点控制器由虚拟节点控制器和虚拟链接控制器构成，它可设置和更改虚拟节点切片和虚拟链接，因此，它只能由基础设施供应商使用。
- 多路传输（多路分解）及 QoS 机制组件可通过一个下层链接对多个进出虚拟链接进行多路传输（多路分解）。
- 管理器/资源控制器可实际创建虚拟节点，管理分配给虚拟节点的资源。
- 虚拟网络外部管理接入可使虚拟网络运营商在进行初始设置时、当出现配置错误时或当虚拟网络内部发生故障时访问每个虚拟节点，可使其进行重新启动，访问串行控制端口，使用管理功能。虚拟网络运营商可在顺利通过验证和授权之后访问虚拟节点，基础设施供应商可通过代理访问管理节点。从安全观点来看，这个接口非常重要，我们需要对其进行非常谨慎的设计。

某些下层节点架构已应用于 XEN、Linux、Click Modular Router 等软件包，评估结果显示，我们可在商业 PC 硬件上建立支持虚拟化的下层路由器，使其达到合理的性能[3]。

4.14　虚拟链接

对于数据平面而言，不需要以文字方式将新的标识符载入数据包，可使用 802.1Q 虚拟局域网标签等技术进行特定链接映射。在模拟式虚拟网络标签中，特定的虚拟网络链接标识符是一个源于具体机制的抽象概念。虚拟网络标签在特定的下层链接环境下对某个虚拟网络的虚拟链接进行标识，例如，某个虚拟网络的虚拟链接可被映射到下层的第 42 个以太虚拟局域网标签。这需要在链接端进行本地映射，如果没有支持多路传输（多路分解）的下层机制，则可能需要运载携带虚拟网络标签的明确的嵌入式标题，通过跨越共用下层链接的虚拟链接进行正确的多路传输（多路分解）。

相关文献广泛研究了服务器、路由器、有线链接、终端节点和主机的虚拟化，不过，目前的研究界没有重点考虑无线链接的虚拟化。4WARD 引入了"虚拟广播"体系，它可实现无线虚拟化，该体系以可配置的广播网络为主，更多细节可参阅文献[9]。

无线虚拟化考虑了时序问题，如果共用的最后一公里接入网络的虚拟链接具有高效时序性，则可显著影响用户服务质量和频道资源利用率。在某个系统中，如果带有单个天线的单个无线基站向多个虚拟网络传送延迟容许数据，如果可提供一部分频道状态信息，则可使用将频谱效率提高到最大的最优时序策略在每个时序（时隙）内向用户传送具有最佳质量的频道内容[6, 10]。我们对具有几种流量类型的多个 VNO 进行了性能分析，它们通过相同的无线接口（以时分多址（TDMA）为基础）使用相同的无线媒介。WMVF（无线媒介虚拟化体系）的核心算法基于加权轮询时序机制，当根据特定规则进行改进后，它可成为一种自适应技术。这种自适应性可提高主要原理（TDMA）的性能，因为接入节点可以在原则上衡量不同 VNO 的使用情况，从而调整 WRR 的时隙分配，这个概念用于确定维持每个流量类型最佳 QoS 状态的最大利用率。协作式虚拟网络广播资源管理（CVRRM）是指在异质环境下管理虚拟网络广播资源，其主要目标是分析不同的虚拟化无线技术，而不是分析某个特定技术的虚拟化。

4.15　将终端用户与虚拟网络相连

如果一个终端用户（如 IP 电视客户）与下层网络相连，他可能想要使用他订购的专用 IP 电视虚拟网络（或若干虚拟网络）。如果可能，应自动建立连接，而不是建立与虚拟网络集线器的隧道连接（类似于 VPN 集线器）然后"拨入"虚拟网络。也就是说，终端用户的节点可自动查询用户想要连接的虚拟网络的虚拟接入点。虚拟网络连接协议用于联系相应虚拟网络的虚拟网络运营商，进行初始认证和授权。终端用户可与不支持网络虚拟化的某个域相连，或与没有属于特定虚拟网络的任何虚拟节点的某个域相连，因此，下层接入节点只需要支持某些通用的后端授权协议。在这种情况下有两个选择：下层接入节点可根据要求的虚拟网络查询虚拟网络运营商的相应授权节点，也可根据已载有这个信息的请求进行查询。应答内容包括可用于后续的点对点最后一公里虚拟链接设置的虚拟网络接入节点下层地址。对于比较简单的情况，我们可考虑隧道创建，对于比较复杂的情况，我们可通过最后一公里虚拟链接提供保证，但需要进行 QoS 预定。虚拟网络终端用户几乎可在任何地点使用他订购的 IP 电视服务，如果虚拟网络技术在未来得到广泛应用，则终端用户可自动连接若干不同的虚拟网络，使用各种订购的服务或网络架构。目前的网络接入技术需要进一步扩展，使其能为预期的多个虚拟网络提供这种功能。

4.16　结论

我们可以想象这样一种情形，即：在未来的互联网环境下，不同的网络架构可以共存，可以分享共同的基础设施。我们可以根据特定的用户要求或应用要求专门定制网络架构，可使其具有可用网络资源的特征。

因此，新型网络架构的设计可被简化，网络架构设计生产力（被称为网络设计师）

可得到大幅提升，总体上，对社会和经济方面的创新有显著影响。网络架构开发不会随着标准化机构的缓慢发展而形成漫长、痛苦的过程，网络架构原理、设计方案和构建模块可促进新型业务的应用。虚拟网络是一种通用平台，它有助于这种应用。

本章提出了一种可满足对未来网络的某些需求的网络架构，文献[1]详细阐述了为形成这种结构而开发的相关概念。

为了模拟新型网络架构，我们定义了某些概念、术语和基本构想。我们从两个层次论述这种网络架构：

（1）从宏观角度来看，我们主要强调具有较高抽象性的网络架构，同时引入层概念，可按灵活方式对网络服务进行分层，实现跨越不同层的信息使用；

（2）从微观角度来看，我们主要强调必要的网络节点功能及与 Netlet 有关的节点选择和构建，可根据网络架构对其进行实例化，实现应用程序和网络协议的动态耦合，而目前的网络很难实现这一点。

不论从哪个角度来看，网络架构都会涉及功能模块。关于组件式架构的概念和原理是建立可重复使用的网络架构的基础，这种网络架构可使新型网络架构的设计时间和研发时间缩短到最小。

设计流程体现了需要遵循的方法，它包括 3 个阶段：

（1）详细需求分析阶段；

（2）抽象服务设计阶段；

（3）组件设计阶段。

这个方法不是要取代不同机构目前使用的设计流程，而是将通信系统设计与软件开发原理联系起来。设计库用于补充设计流程，它可提供指导方针、设计方案等，辅助网络设计人员。

虚拟网络可被移植到根据上述设计流程建立的新型网络架构，它可提高 InP 在资源管理方面的灵活性。所述的虚拟网络架构可将虚拟网络用于商业设置，与其他方式不同，该网络架构涉及四种参与者，即基础设施供应商、虚拟网络供应商、虚拟网络运营商、虚拟网络终端用户，它涵盖虚拟网络生命周期内所需的各种不同的信号发送接口和管理接口。目前，很多虚拟化技术和机制已得到广泛应用，但我们仍需努力实现其特征已被充分描绘的虚拟网络架构，不同的 InP 需要进行相互协调（如协调虚拟链接设置），需要对各自的信号发送接口进行标准化。所述的一部分虚拟网络架构已通过具体的可行性试验实现和评估。

参考文献

1. M.A. Callejo, M. Zitterbart et al., 4WARD D2.2 Draft Architectural Framework (2009), http://www.4WARD-project.eu/index.php?s=file/s/do5(d)ownload&id=35, Document Number：FP7-ICT-2007-1-216041-4WARD/D-2.2

2. I. Crnkovic, J.A. Stafford, H.W. Schmidt, K. Wallnau (eds.), Component-Based Software Engineering, 7th International Symposium, CBSE, Edinburgh, UK, May 2004

3. N. Egi, A. Greenhalgh, M. Handley, M. Hoerdt, F. Huici, L. Mathy, Towards high performance virtual routers on commodity hardware, in CoNEXT'08：Proceedings of the 2008 ACM CoNEXT Conference (ACM, New York, 2008), pp. 1–12, http://doi.acm.org/10.1145/1544012.1544032

4. N. Feamster, L. Gao, J. Rexford, How to lease the internet in your spare time, SIGCOMM Comput. Commun. Rev. 37(1), 61–64 (2007), http://doi.acm.org/10.1145/1198255.1198265

5. FP7 4WARD Project (2009), http://www.4WARD-project.eu/

6. I. Houidi, W. Louati, D. Zeghlache, A distributed virtual network mapping algorithm, in IEEE International Conference on Communications (ICC'08) (2008), pp. 5634–5640, doi:10.1109/ICC.2008.1056

7. J. Manner, G. Karagiannis, A. McDonald, NSIS Signaling Layer Protocol (NSLP) for qualityof- service signaling, RFC 5974 (Experimental) (2010), http://www.ietf.org/rfc/rfc5974.txt

8. D. Martin, H. Backhaus, L. Völker, H. Wippel, P. Baumung, B. Behringer, M. Zitterbart, Designing and running concurrent future networks (demo), in 34th IEEE Conference on Local Computer Networks (LCN 2009), Zurich, Switzerland, Oct. 2009

9. J. Sachs, S. Baucke, Virtual radio: A framework for configurable radio networks, in International Wireless Internet Conference (WICON 2008), Maui, USA, 2008

10. D.N.C. Tse, Optimal power allocation over parallel Gaussian channels, in Proc. of Int. Symp. Inf. Theory (1997), p. 27

11. L. Völker, D.Martin, I. El Khayat, C.Werle, M. Zitterbart, A node architecture for 1000 future networks, in Proceedings of the International Workshop on the Network of the Future 2009 (IEEE, Dresden, June 2009)

12. L. Völker, D. Martin, C. Werle, M. Zitterbart, I. El Khayat, Selecting concurrent network architectures at runtime, in Proceedings of the IEEE International Conference on

Communications (ICC 2009) (IEEE Communication Society, Dresden, June 2009)

13. M. Yu, Y. Yi, J. Rexford, M. Chiang, Rethinking virtual network embedding: Substrate support for path splitting and migration, SIGCOMM Comput. Commun. Rev. 38(2), 17–29 (2008), http://doi.acm.org/10.1145/1355734.1355737

第5章
命名与寻址——关于基础组网的几点评论

Holger Karl，Thorsten Biermann，Hagen Woesner[1]

摘要： 基本原理讨论了"名称"、"地址"及它们之间的关系。这个讨论在通信系统结构中进行，将分层方案与功能性完整方案进行比较。我们确定，需要具有适当信息隐藏的命名空间，并确定了如何通过正确解释的名称解析概念将这样的命名空间彼此联系起来。事实证明，这种方法使通信系统设计的许多方面得到简化。例如，经证实，名称解析和邻居发现在本质上是一样的。名称、地址和分隔间具有一个基本的观点。名称解析是这个问题的核心。

5.1 名称和地址的作用

像"名称"和"地址"这两个容易造成混淆却又貌似无辜的术语不多。然而，也没有几个概念像它们及它们之间的关系那样，对于网络而言如此根本、重要。像它们那样，在不同的通信系统里具有众多不同的概念和相关语义的术语也十分少见。

但是，这种多样性仅仅只是网络社区草率性的一种体现吗？或者它反映了在不同的抽象层次界定不同实体的深层需要？通过更严格的定义区分来克服这种多样性是否合理？或者它是问题空间的自然结果，是任何网络架构都需要处理的一个问题？作为4WARD工程开发的部分项目，本章试图提供一个可能的角度来看待这个问题。

---

1 H. Karl（通信），德国帕德伯恩大学，E-mail: hkarl@ieee.org。

T. Biermann，E-mail: thorsten.biermann@upb.de。

H. Woesner，德国工业大学，E-mail: hagen.woeser@eict.de。

5.2　基础观点：名称、地址和分隔间

5.2.1　什么是名称、什么是地址

文献中有大量关于名称和地址的定义。让我们来看一些例子。

在分布式系统中，名称用来指各种各样的资源，诸如计算机、服务、远程对象和文件，以及用户。[1,p.368]

有观察结果立即指出，名称被应用到完全不同的实体，呈现出许多不同的样子。将某一种单一形式强加给"名称"这一概念的网络架构是非常有悖常理的。

Shoch 给出了一个关于"名称"和"地址"间关系的简洁表征，并且还包括了"路由"的概念：

资源的"名称"表明我们所追求的，"地址"表示它在哪里，"路由"告诉我们如何到达那里。[7]

他继续将名称定义为（一组）资源的标识符；不过，他认为名称是典型的可供人读出的东西。接下来，关于"地址"的讨论就变得不太清楚了："地址"被看成"根本的、可寻址的对象"；所有参与者也必须理解这一定义（至少理解它的格式）。这两个属性都有理由被视为名称的一个属性，使这两个概念与上面的简短描述相比，没有被那么清楚地区分开来。Shoch 也考虑到了两个映射过程，一个是由名称映射到一个或多个地址（可能具有从一套地址中优选出地址的隐含概念），另一个是从地址到路由的对应关系。这两个映射可以随时间而改变，需要进行已知先验，但只能在通信时间进行确定。虽然没有明确指出，但 Shoch 似乎暗示这两个映射是独立的步骤（路由被定义为将信息转发到指定地址所需要的信息）。后面我们将看到（第 5.3.5 节），同时确定名称/地址映射和地址/路由映射具有重大的意义。从他所举的例子（如电话系统和计算机网络），Shoch 似乎把名称和地址看成完全不同的东西，但他确实也考虑了在分布式计算系统中两者间界限的问题。

Saltzer 通过讨论[6]将四种不同类型的对象进行了更进一步的细分，这些对象可以被命名为服务/用户、节点、网络连接点和路径。这些不同的对象之间存在名称映射假设。他指出，只是试图区分名称和地址将不会带来很大的启示，这种启示指的是从操作系统社区所获得的经验教训。相反，在一个给定的范围内，任何种类的标识符（可以是姓名、地址或其他）通常会与另一个标识符绑定。Saltzer 指出所选择的标识符的表达形式与它的语义无关：因为一个可以打印或可阅读的标识符并不能成为名称；二进制的格式也并不能成为地址。

Saltzer 的关键点（我们的讨论点）是：名称出现在各个抽象级别。虽然他坚持具体的例子，但似乎有希望（也是明显的）在 Saltzer 确定的四个具体对象类别之外概括这个概念。尽管如此，如果任何术语都应该讲得通，那么"地址"这一术语也应该使人获得"描述了一个对象所在的位置"这一直觉反应。

最近，在 Day 的书[2]里有一个关于命名/寻址的基本讨论的例子。他沿着 Shoch 和 Saltzer 的方向，但坚持非常保守地将名称分配到应用程序，将地址分配到"下层"实体[2,p.158]。我们认为这样的刚性分配是不利的。

5.2.2　名称的结构性方面

从抽象的角度来说，名称是实体的标识符。在给定的情况下（下文称为"分隔间"），具体的名称来自一组可能的名字。这样的一组被称为一个名称空间；它针对如何能够形成名称，并允许对名称进行什么操作，在规则和结构性方面做出了一定的要求。例如，命名空间可以对名称之间的同一性概念进行定义（它是我们要求这里所考虑的所有名称空间要具有的一个属性）。

名称和名称空间的某些方面一再出现在关于名称的讨论中，而且往往使得这种讨论令人迷惑，而不是带来启示。其中的一些方面如下所示。

分级的或平面的　名称空间可以使用"平面的"名称，不携带任何可识别的结构。或者名称可以遵循一些分级布置，可能只在一定程度上，或在名称的某些部分。

分级名称使它们易于达到聚合路由方案的结构，但是这不是一个必要条件。存在接近汇总路由甚至平面名称的方法；布鲁姆过滤器（Bloom filters）就是典型的例子。

不透明或透明的　名称是不透明还是透明的？也就是说，它们隐藏还是透露了其内部结构（如果有的话）？在这方面名称空间的成员与非成员的待遇是否不同（通常是有区别的，如名称空间成员可以理解名称结构）？

有或没有名称分配　名称是否只由实体本身分配，或某些共识过程是否包括其他必需的实体？过程是分布的还是集中的？

有或没有准入控制　在某种程度上，获得名称是否受到控制？最初的名称是在这一过程中分配的吗？

显性或隐性　名称使用是显性还是隐性的？例如，在使用过程中评估一组实体的功能。如果是隐性的，那么这样的功能评估发生在哪里，什么时候？

是否独一无二　是否需要名称是唯一的？也就是说，一个名称是否可以被分配到多个实体？如果唯一性是必需的，那么如何执行？与名称分配如何联系在一起？如果不需要唯一性，那么将相同的名称分配到多个实体（任播，多播……语义）的语义如何？

是否持续　名称是持久的吗？也就是说，实体的名称可以改变吗？

是否可重复使用　名称是可重复使用的吗？例如，给实体分配了一个不再存在的名称以后会如何？

是否可放弃　实体可以放弃名称吗？

通配符　是否存在通配符？即应用于匿名或隐性定义实体的名称。是否有一个以上的通配符？如果是，它们的语义差别是什么？

允许匿名的实体　是否允许实体不携带名称？还是只有在实体获得名称的过程中允许这样作为一种过渡状态？这样的实体仍会对某些通配符名称做出回应吗？

个体或集体名称　存在集体名称吗？或者名称只适用于单一的实体？集体名称的语义是什么？一个集体中的全部、一个或一些组成部分是由它指定的吗？这与名称的唯一性（例如，每个实体可能有唯一的名称，每个集体可能有唯一的名称，但这些实体可能属于多个集体）如何联系起来？每个实体有多个名称，允许一个实体有多个名称吗（在某一时间，或所有时间）？

安全性方面　名称具有安全属性吗？例如，它们是自我认证的吗？

我们现在想努力寻求一个可以包含所有这些方面的概念，我们将努力对一组名称的结构和语义做尽可能少的限制。在本章中会显示出，在名称空间以外，我们坚持名称是不透明的，也就是说，不是某一名称空间成员的实体不能够理解这种名称的含义和结构。此外，通配符名称是非常有用的，但不是强制的。除此之外，我们认为不需要对名称的结构做任何进一步的假设。

5.2.3　通信系统中的结构

现有的通信系统都不包含单一执行块中所需要的全部功能。所有系统都使用内部结构的某种形式，来保持概念和实施深层的复杂性。

1. 层

通常情况下，这些结构就是层：功能受到限制的概念性单位，每一层提供通信系统的一个具体、抽象的视图。通常情况下，层以这一抽象系统视图的方便性进行升序排列。

通常，分层系统与其他未分层的结构通信系统，通过以下几点区分开来：

（1）只在单层中才能实现的特定功能（一些功能，如误差和流量控制，可能会出现在两个功能中）；

（2）隐藏在这些层之间的严格的信息；

（3）一个规则，即只允许直接相邻的层进行交互。

跨层优化（见文献[8]，关于无线跨层优化）缓和了层的不透明性，并允许非相邻层也可以相互作用。虽然这种做法可能有极大的好处，并引发了大量的研究，但是对于目前的讨论来说，在很大程度上它仍然是无关紧要的。

这种分层架构的一个常见的误解及典型的例子是 ISO / OSI 的 7 层栈：由于路由和发送只发生在一个单一层（甚至对于 7 层栈可能的最纯净形式来说，这是唯一正确的，但通常在实践中却并不正确），所以只在单一层才有必要考虑名称及（尤其是）地址。虽然在原则上可以采取这样的立场，但我们应该认识到：路由、发送、名称和地址的更广阔的视野，既可以丰富也可以简化网络架构。

2．功能完整结构——DIF

超越跨层优化，更加根本的变化是允许各结构单元实现功能上的完整，也就是说，允许每个结构实现通信网络所有可能的功能。乍一看，这没有缓解通信系统的概念性或实施方面所面临的挑战。关键是它仍然认为这些结构是在其他功能完整结构的上面实施的，或多或少具有方便的属性。此外，一个关键的区别还在于这些不同的结构水平在一个真正的系统的不同范围内进行操作。显然，接下来就可能递归性地应用这一想法；在每一个递归步骤中，操作的范围、应用的政策、选择的协议都可以独立进行选择。

根据 Day 的 NIPCA 架构[2]，这种结构的一个例子是分布式 IPC 设施（DIF）概念。其重点是指出了网络通信与进程间通信的相似性。一个具有严格 DIF 序列的系统，允许这些 DIF 彼此呼叫（类似于一个分层系统）。但是，似乎没有任何理由不允许"跨DIF"优化。对于一个 DIF 来说，有一套相当复杂的概念，涉及有关应用、应用协议机器、这些协议机器的实例、接口，以及一般的分布式应用；这些概念中的每一个都有一个名称，或者说是一个分配给它的标识符（ID）。

一个重要的观察结果是，一个 DIF 由一小部分基本功能组成；尤其是延迟和多路传输任务、误差和流量控制协议、资源信息交换协议和一个访问协议。由于访问协议指派名称和多路复用器需求来识别正确的、接收传输数据项的对等实体，所以延迟和多路传输任务及访问协议与命名讨论紧密联系在了一起。

总结出主要的一点是，在 DIF 架构中，名称出现在每个 DIF 中，路由和发送也是如此。这就与功能性分层形成了鲜明的对比。

3．分隔间

我们在很大的程度上同意 DIF 方法的基本观念和概念，强调区分那些非常相似的DIF 的需要，但它们之间存在技术、管理、法律、商业或其他原因的界限。出于自身的目的，我们从自动网络架构（ANA）项目[3]借用针对这种 DIF 的术语和概念——"分隔间"，进行如下定义（详细信息见文献[5]）。

● 分隔间是（可能为空）实体的集合，所有实体能够使用相同的通信协议。特别是，只要属于该分隔间的任何实体理解所有这些协议，那么，一个分隔间包括一个以上的通信协议这种情况就是可行的。

● 分隔间包含具有这些实体的可能名称的相关名称空间。

特别是，我们不要求实体具有唯一的名称，我们也允许名称空间包括"空"的名称（代表当一个实体不具有实际名称的情况）。此外，名称空间可以对名称进行操作，如"被列入"，"由……指代"或其他操作。两个名称之间的平等性测试必须由名称空间来定义。

● 我们还需要一个分隔间内所有的实体原则上能够彼此连通，关于这种能力的细节在一组规则和要求中进行描述。

这特别适合通信的技术能力。构成通信能力可接受水平的内容在一组要求中进行了详细的描述；典型的预期概念是短期的错误事件不会危及分隔间成员，而通信质量的长期变化却会。特别是以移动网络作为一个例子，开始作为一个单一分隔间。当节点移动出通信范围后，分隔间分成两个（或更多）分隔间。随后，当节点再次进入相互可达性时，它们可能再组合为一个分隔间。

这套规则还适合管理规定，确定是否希望两个实体之间的直接互动。例如，两个实体可能在技术上能够沟通，具有来自同一个名称空间的名称，而且理解相同的协议，但不允许它们直接通信，因为它们属于不同的业务实体或管理域（例如，WLAN 设备很可能处在相互的无线电范围，但不允许相互交谈；不同的 SSID 或加密就是以技术方法加以确保的例子）。

注意，在这一定义中没有提到地址。这一理念的一个后果是，属于不同分隔间的实体实际上不能进行通信。如果它们在不同的分隔间内，上面的三个要求中的一个将不会得到满足，因此它们无法通信。乍一看，这似乎有点奇怪，但实际上它恰恰正是这种思想的要义所在，即从语义角度交换有意义的信息的能力。读者也不应该将这一点与网关混淆：在某一点，存在一个分隔间（甚至只是隐性的），通信实体实际上就归属于这一分隔间。

4．通用路径

关于实体、规则的细节及通信协议的概念在文献[5]中有进一步的详细描述。该文献记载了通用路径架构，提供了数据通过网络设施和/或网络设施内部数据操作的抽象概念。它提供了面向对象的方法来定义这样的路径类别，并以实例展示这样的路径。如果需要，它也能够从 Shoch[7] 和 Saltzer[6] 的意义上给路由分配识别符。此外，这种体系结构将这样的路径端点和实体区分开来，把多个这样的端点集合在一起，并且是分隔间内的一个参与单位（将这些端点看成具体数据流的有限状态机器，将实体看成这些流量连同必要的逻辑和状态的集合体来设立、控制并拆除这样的端点，也许是最容易的）。

为了简便起见，我们将讨论限制到至关重要的点，感兴趣的读者可以参见文献[5]。尤其是本章中余下部分的讨论将掩盖（重要）实体和端点之间的细节，以及在数据流的设置方面它们是如何相互联系的。

5.2.4　名称、地址和结构

1．地址来自于外部

关于名称之间的关系，地址之间的关系，以及这两个术语在通信系统中如何与结构联系在一起，这一讨论告诉了我们什么呢？Saltzer 和 Shoch 已经基本明确了观测重点，并且在关于通信系统的任何一本教科书里，有一点是明确的：

在一个分隔间内，只有名称，没有地址。

教科书上的说法是一个明显的例子。在简单的图形里定义路由的问题时，只有一种标识符，即节点的名称。在这种图形里，路由的上下文中不需要"地址"。在多图（其中，两个节点可以由不止一个边缘连接）中，需要区分这些不同的选项，以在图中达到相邻的节点，通常出现这种需求是因为这些不同的边缘可能具有不同的成本。然而，路由仍然发生在图中沿节点的名称的基础上。

那么，地址是从哪里来的？日常使用中的一个例子很快澄清了这种混乱。一个人的名字可能是"某约翰"（John Doe），此人的地址可能是"主街 1"。但这个地址也会来自于名称空间，用于指明建筑物。着眼于这个名称空间，很显然，"主街 1"实际上是一个名称，一个建筑物的名称。某约翰的另一个地址实际上可能是"+011234567891"，一个电话号码的名称。因此，某约翰可能有很多地址，其中每一个都是不同分隔间中实体的名称。

这一观察立即延续到通信系统，并使我们得到以下定义：

分隔间 C1 中实体 E1 的一个地址（典型地）是另一个分隔间 C2 中另一个实体 E2 的名称。通过将实体 E1 与 E2 所需的名称结合在一起，E2 的名称就被转变成了 E1 的一个地址。

按照 Shoch 对于名称 VS 地址的定义（5.2.1 节），地址实际上告诉了我们名称"在哪里"，不过，是相对于另一个名称空间告诉了我们这一点。只考虑单一的分隔间，讨论地址没有必要也没有意义；在分隔间内部，名称和它们的邻里关系完全足以限定一个拓扑结构（即一个曲线图，该图被定义为节点名称和这些名称之间边缘的集合，不存在某一"地址"必要的第三个概念）。

这一关系展示于图 5.1 中，其中实体 E_2 有两个名字 $N_{2.1}$ 和 $N_{2.2}$。实体 E_1 与名称 $N_{2.1}$ 绑定在一起，使这个名称成为 E_1 的一个地址。如果可能出现混乱，我们有时会把地址源自的分隔间包括进来：$N_{2.1}@C_2$ 是 E_1 的地址。

从分隔间 C_2 的角度来看，$N_{2.1}$ 仍然是一个名称。实际上，从 C_2 或 E_2 的角度来看，几乎没有变化。

就像一个实体在它的分隔间内可能有几个名称，它可能会绑定几个地址，源自不同的分隔间或同一个分隔间内的不同实体。让我们来看一个例子："IP"分隔间内的一个实体（比如说，一个 IP 路由引擎）。它携带一个或多个名称（其所谓的"IP 地址"，所提出术语中的一个严重误称）。这个实体也与"以太网"分隔间中多个实体的名称，以及 WLAN 分隔间中的一个实体绑定在了一起。

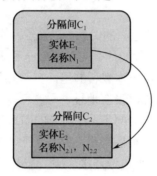

图 5.1　分隔间 C_1 中的实体 E_1 与 C_2 中 E_2 的名称 $N_{2.1}$ 绑定到了
一起，使得 $N_{2.1}@C_2$ 成为 E_1 的一个地址

　　总之，一个给定的标识符是名称还是地址只是角度的问题。在标识符所属的分隔间（或名称空间）内，它始终是一个名称。一旦标识符绑定到其分隔间外部的实体上，它就可以被视为外来实体的地址。在自身名称空间的内部，名字从来都不是地址，这样的表述是毫无意义的。[2]

　　2. 基础通信：对"节点分隔间"的需要

　　地址绑定的最终目的是得到实体与实体之间的数据流，其中一个实体提供其名称作为地址（图 5.1 中的 E_2），另一个实体将自身绑定到该地址（图 5.1 中的 E_1）。在 5.2.3 节，我们了解到只有共享某些分隔间的实体可以彼此通信。

　　这似乎是一个第 22 条军规（悖论）：不同分隔间内的实体无法通信，但要实现通信，我们就需要不同的分隔间（从更简单到更复杂的功能或更小到更广泛的范围这个角度上）。通过观察到的一种情况，我们可以打破这个循环，这种情况就是，具有自然共享环境的实体是一个分隔间，也就是一个典型的操作系统的要求。

- 存在于同一个操作系统内的两个实体共享某种形式的通信协议，即操作系统的进程间通信（IPC）功能。
- 操作系统提供了一个特定的名称空间（如进程标识符、线性标识符或有限状态机自动机指针），可以用这一名称空间来命名它里面的实体。
- 通过操作系统 IPC，两个实体原则上能够通信；它们是否被允许（例如，有足够的权限）由分隔间，也就是操作系统来决定。

---

　　2 我们可能会注意到，这已经在很大程度上偏离了NIPCA 架构，Day写到：例如，地址必须要足够大，能够容纳所有通信要素，在层上面不能存在延迟[2]。因此，他认为名称和地址是可以互换的概念。从这里的术语来看，如"地址对某物命名"类似的短语可能是不确切的。

据此观察，我们需要扩大图 5.1，通过引入节点分隔间将两个实体 E_1 和 E_2（见图 5.2）包括起来。我们也总结出以下的重要观察。

名称和地址的绑定只有在共享节点分隔间的实体之间才有可能。[3]

出于实用的目的，常常需要找出一个实体与另一实体（在同一个节点分隔间内）之间是否存在绑定，或找到一个给定实体所有可能的绑定。例如，在名称解析的关键步骤，在考虑找到一个给定名称的可能方式时，就会出现这种需要。另一个例子是实体的移动性（例如，节点分隔间之间的移动性），这种情况出现在必须找出移动实体是否会破坏绑定的时候（如果是，必须采取措施）。原则上，可以通过询问所有涉及的实体来获得这一信息，但是这可能成为一个相当

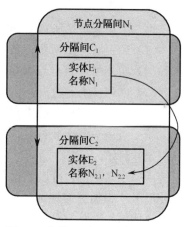

图 5.2　实体 E_1 和 E_2 共享一个节点分隔间

大的运行开销。因此在一个绑定表中收集所有这些信息是一个合理的实施选择，这一绑定表收集一个节点分隔间内的所有这些信息（概念上，这一信息是没有必要的，因为它总是可以要求所有的实体进行重构）。

3．信息隐藏和名称/地址绑定

就像我们做的那样，坚持名称和地址之间的严格分离带来许多后果，大多与信息隐藏有关。

第一个也是最重要的后果源自我们的假设，这一假设是名称携带只能被其名称空间理解，而且更准确地说，只能在某个名称空间内进行处理的语义，是由使用该名称空间的分隔间内的实体进行理解和处理的。但是，当一个名称空间内的某个名称被用作另一个名称空间内某个实体的一个地址时，通过这种方式确定地址的这个实体就无法理解其自身地址的语义。在一般情况下，这一实体因此就无法处理其自身的地址（一个或多个）；对于这个实体来说，它们只是毫无意义的、不透明的位串。[4]

虽然这看起来可能像是一个问题，但实际上它是一个相当大的优势。它防止修改实体范围之外的数据（＝地址），使得将实体与地址绑定起来的需要更加明确。这种结合可以在仔细选定的地点（例如，每个节点一次；　详细信息参见文献[5]）中反映出来，例如，给出一个自然的地方来控制移动性。此外，应用适当的软件工程方法，甚至有可能防止地址出现在给定分隔间的有效载荷内（反正它们没有可理解的语义），防止地址绕过当前协议的一些众所周知的问题（例如，IP 地址被用于应用协议的有效

---

3 原则上任何共享分隔间（不一定是节点分隔间）都可以实现绑定。实际上这种绑定非常深奥复杂，因此本章不再深入讨论。

4 我们这里不考虑某一实体从自己名称空间内部的另一个实体获得地址的再生情况。

载荷内，就像在 FTP 或 SIP 内一样）。

第二个后果是控制命名和绑定过程的需要和可能性。这涉及：

（1）一个实体如何获得名称；

（2）实体可能获得与哪些分隔间和实体的绑定；

（3）如何使绑定公开；

（4）如何发现现有的绑定。

第一点——怎么获得名称，是一个严格的分隔间内部的决定，由分隔间本身的规则决定。例如，一个分隔间可以禁止名称必须是唯一的，也可以禁止实体必须获得授权使用一个名称；它可以禁止名称的集中分配；名称也可能是完全允许的，不会对如何使用名称强加任何规则（针对名称冲突的禁令要求）。这些规则由分隔间的名称分配协议捕捉。这样的名称分配没有任何绑定的意思；创建绑定是实体独立、有意而为的一个步骤。有充分的理由来将这两个步骤分开，只要考虑一下这种情况，就是使用一个辅助分隔间分配名称，但实际却是与另一个辅助分隔间中的实体进行绑定。

第二点——如何获得绑定，是一件比较复杂的事情。创建绑定通常由寻找地址的实体发起。获得地址意味着一个实体通过它已经获得地址的分隔间，（可以）变成可到达的。这样的决定可以依靠两个分隔间中的任一个所强加的准入控制程序；它也可能取决于执行环境，其中存在两个实体（通常是操作系统）。例如，虽然语音应用实体和 WLAN 实体可能都愿意建立一个绑定彼此的地址，但是手机的操作系统可能会阻止这种绑定，以迫使语音应用程序创建与来自蜂窝网络分隔间的某个实体的绑定。

第三点——如何使绑定公开，和第四点——如何发现现有的绑定，有着密切的关联。显然，存在大量可能的办法，从完全集中的到完全分散的，中间还夹杂着许多混合的解决方法。5.3 节会介绍一些实现的例子，但在这里很重要的一点是，考虑到分隔间的结构，这一信息应该存储在哪里，以及谁需要访问它。

4. 相邻关系

必须征询现有的名称/地址绑定，以确定通过哪一个分隔间可以到达某个给定的实体。我们之前确实假设过在分隔间内部，相互可达性是一个决定性的特点。然而，在现实中，任意一个分隔间内的两个实体不能使用原始装置直接通信，而是必须依靠其他更简单的分隔间，将信息从一个实体传送到另一个实体；这是通信系统分层模型的一个方面。因此，实体 A 需要知道实体 B 的一个地址（两者属于同一个分隔间），以确定是否可以将 B 看成 A 的一个邻居。要做到这一点，A 需要知道 B 的名称，而且 A 和 B 需要能够访问同一个辅助分隔间，B 的地址正是起源于这一辅助分隔间。

图 5.3 说明了这一点。像以前一样，实体 E_1 将自己与地址 $N_{2.2}@C_2$ 绑定。该地址可用于指导朝向 E_1 的消息，在分隔间 C_2 中实体的帮助下实际传输此消息。很显然，在这种情形下，分隔间 C_2 的类型是不相关的，只要它可以传递 C_1 的两个实体之间的

消息。如果需要,有可能需要由 C_2 代表某种语义或通信设备的质量。这些要求由各种形式表示;我们再次请感兴趣的读者参考文献[5]的细节。

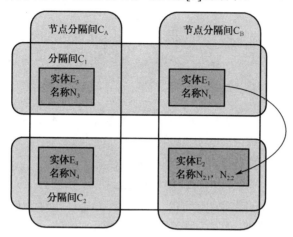

图 5.3 地址用于找到通向邻居之路

在这里要注意的重要一点是,通过绑定不同分隔间内的实体,可以定义给定分隔间内相邻关系这一概念。根据共同的直觉,从该分隔间的角度来看,如果一个给定分隔间内的两个实体,可以在没有此分隔间内任何其他实体帮助的情况下,直接进行通信,那么它们就是邻居。对于一些甚至没有任何进一步通信服务帮助的简单分隔间来说,情况可能确是如此;典型的例子就是节点分隔间,或接近物理传输的分隔间。对于其他分隔间来说,相邻关系需要辅助分隔间的帮助。因此,我们可以很正式地定义两个实体的相邻关系。

都属于分隔间 C_1 的两个实体 E_1 和 E_2 被称为:

● C_1 的邻居,如果它们可以在没有任何其他实体或任何其他分隔间帮助的情况下直接相互通信;

● 相对于 C_2 的 C_1 的邻居,如果还存在一个包含实体 E_1' 和 E_2' 的分隔间 C_2,使得 E_1 和 E_1' 可以互相通信,E_2 和 E_2' 也可以互相通信,而且 E_1' 和 E_2' 都愿意代表 E_1 和 E_2 进行通信(它们被称为"提供通信服务")。

乍一看,这个定义看起来像一个毫无根据的递归:E_1 和 E_1'(类似的 E_2 和 E_2')怎么可能依次进行通信;这甚至比一开始 E_1 和 E_2 之间的通信更困难。事实上,在一定的假设下这是唯一可能的情况:E_1 和 E_1' 不得不共享一个分隔间。有一个天然的分隔间可以发挥这一作用:节点分隔间。在这个分隔间中,我们假设给定一种通信的能力,作为建立所有进一步通信系统的基础(在某种意义上,与 Day 的格言"所有通信都是 IPC"相似)。然而,这并不妨碍构建分隔间更加复杂的安排,通过这一分隔间可以提供更多的服务;我们简单地将进一步讨论限制到这种情况之下。同样,也有一些分隔间（也就是"物理层"的那些），其中一些实体之间的通信由物理现象自然而然地定义。这些也可以作为余下讨论部分的基本情况。

5. 寻找邻居

在任意分隔间内寻找邻居 现在我们已经定义了分隔间内邻居的概念。与此密切相关的是邻居寻找这一概念。对于分隔间 C_1 内的实体 E_1 来说，找到其可能的邻居，被认为是直接给出了 C_1 邻居。然而，这是一种特殊情况，可能属于节点分隔间（见下文）。

对于 C_1 来说，找到它只能在另一个分隔间的帮助下才能达到的邻居，有必要检查：

- 首先，可能的候选分隔间（前面定义的 C_2）；
- 其次，这些候选分隔间内可能的实体 E_1。

正是通过这些候选分隔间，有可能进行与 C_1 邻居（相对于 C_2）之间的通信。

原则上来说，有可能通过向这种邻居寻找所要求的同一个节点分隔间中的所有实体进行"广播"，来搜索所有可能的邻居，接下来邻居寻找在这些候选分隔间 C_2 内部传递到始发分隔间 C_1 的其他实体，然后 C_1 可以决定是否回答这样的要求，取决于相邻分隔间的数量、大小，以及在这一发现过程中的周期危险，这可能不是一种有效的方法。

为了提高效率，第一个措施是给与节点分隔间相交的所有分隔间强加一个结构顺序，并将邻居寻找的传播限制在这个顺序的方向。简单地说，就是我们会强制执行分层结构！在允许分隔间搜索其他分隔间内邻居的节点分隔间内进行配置，有可能实现更加细密的控制。甚至实体层面的控制也是很容易可以想象到的。

节点分隔间内的邻居寻找 前一段讨论了在一个节点分隔间内部，分隔间之间关系的明确配置。这往往是可能的和理想的，但还不是最一般的概念。其实，我们也可以通过在节点分隔间内部执行邻居寻找，使"正常"分隔间和节点分隔间之间的相似性更进一步。实际上，节点分隔间之所以特殊，是因为它有一个邻里关系的原子概念；它是少数几个没有其他分隔间帮助而确实具有 C 邻居的分隔间之一。[5]

一个节点分隔间内部的邻居由什么构成？原则上，一个节点分隔间内部的所有实体可以是彼此的邻居。由于在一个节点分隔间内部"广播"的成本可以忽略不计（相比于在真正的分布式分隔间内的广播），所以人们可以简单地决定在节点分隔间内部播出各类邻里搜索。其实，在 IP/TCP 解复用的情形范围内，之前已经通过引入一种 IP 和 TCP 之间的"默认"端口，提出过这种想法，其名称为 TCP 服务，包括在针对 TCP 名称[4]这样的一个搜索请求内。

---

5 其他类型的分隔间是那些直接表达物理通信的分隔间，它们之间的邻居关系主要通过物理信号传播特性来实现。

在实践中，只有可以提供一个合理的通信服务的实体，才需要被视为邻居。这个观察引出了节点分隔间内部的一个服务图。这一服务图是将不同数据传输实体的关系正式化的一种方式，因为图中的一个链路表示需要特定的服务（由顶点表示）来建立顶点上的更高服务。例如，由 TCP 提供的被描述为"有序字节流"的一个服务可以建立在"帧中继"服务的顶部。两者之间的联系代表正在实施该服务的实体。建立这样的曲线图，需要：

（1）一种特定语言（木体），描述传输服务；

（2）在该组实体内的邻居寻找，即识别哪些实体可以给予对方有用的服务；

（3）传统的链路状态路由信息交换协议，来分配节点分隔间内某些实体存在情况的信息。

通过服务图里这样一个从语义角度引起的邻里关系，实体可以有效地将对于实际邻居的搜索，限制在能够首先提供所需通信服务的那些分隔间内。需要注意的是，在许多情况下，构建这种服务图需要一个相当静态和手动的过程。然而，在此对它进行描述是为了说明，即使是新实体的动态部署（提供不同的服务），也可以在没有中心权力机构干预的情况下进行处理。服务图中所有从中心节点出发的链接代表提供所需服务的实体，以及可以用来探索一个实体的邻里关系的实体。这种探索是由所谓的资源记录（由于篇幅有限，这里不再做进一步讨论）进行操控的。

6. 名称和地址的数据结构

总结有关名称和地址的讨论，让我们来考虑必要的数据结构。到目前为止它们就是路由表和解析表。原则上，对于每个实体，这两个表就存在一次。作为一种优化措施，分隔间可以决定每个分隔间、每个节点而不是每个实体只实施一次这些表，并因此对于所有实体更新这些表。这样的设计决定相对于更加细密的行为进行了权衡，例如，随着共享的路由表，每个实体源路由变得相当难以实现。

表 5.1 是路由表的一个例子，反映了图 5.4 中的情况。此表明确了该实体的目的实体，路由经过其发生的相邻实体（在同一个分隔间内），以及经由该邻居到达目的地的成本。这是一种完全直接的路由表，并且可以通常的方式进行扩展（例如，存储路由路径而不是后面的跳跃）。需要注意的重要一点是，它只存储了一个分隔间的标识符。要注意，无论是数字还是表都没有表明辅助分隔间（以实现邻里关系）是哪些，也没有表明辅助分隔间内的实体是哪些。对于路由过程来说，这是无关紧要的。

要通过不同的分隔间，将此表与邻居的可达性联系到一起，人们可能会受到诱惑在其他分隔间内加上分隔间的名称和实体的名称，但这会阻碍信息隐藏，因为实体的名称不应泄露到其分隔间之外。为此，在不明确提到任何外部分隔间名称的情况下，将路由表与解析表连在一起是有作用的。这是路由表中第四列的目的。还要注意到一个例子，其中到达实体 F 有两个路由选择：通过 G 和 H，而且通过指向解析表条目 x 和 u，在 E 和 G 之间有两个相邻关系（成本不同）。这就给了实体 E 三个不同的选项将数据转发到 F。

解析表添加了缺少的信息。它包含通过哪一个辅助分隔间到达邻居的信息。表 5.2 是一个示例解析表，其与例子对应的一些条目展示在图 5.5 中。

注意这个解析表的一些结构特性：每一行包含与两个分隔间有关的信息——一个是产生解决其中一个名称需要的起源分隔间，另一个是提供绑定到这一名称的地址的辅助分隔间。此外，有必要在两个分隔间中区分"本地"实体和远程实体，"本地"的范围由请求实体的节点分隔间的范围来限定。很明显，起源分隔间中的这两个实体被要求作为此表的关键（它们定义哪些本地实体要求解决哪些名称）。需要辅助分隔间中的这两个实体来确定实际的远程地址作为解决方案的结果，以及辅助分隔间中的本地实体，此解决方案正是通过辅助分隔间取得成功的。

表 5.1　分隔间 C_1 中实体 E 的路由表

目的地实体	经由邻居	成　　本	参考解析表
F	G	15	x
F	G	23	u
F	H	15	Y
K	L	15	z

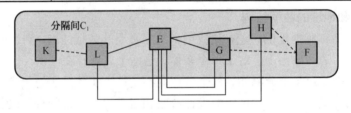

图 5.4　分隔间内路由表的实体安排

以实体 E 为例。C_1 内的实线显示的是相邻关系，虚线显示的是 E 未知的间接连接。C_1 以外的实线表明依靠 C_1 以外的某个辅助分隔间实现了相邻关系。

让我们来仔细看看表 5.2。例如，第一行告诉我们分隔间 C_1 中的名称 E_1 如何被解析到地址 $N_{2.2}@C_2$。第二行给出了 E_3 的邻居 N_1 的另一种解决方案，它使用了另一个分隔间 C_4 [如网关的 IP（C_1）地址，通过以太网分隔间 C_2 和 WLAN 分隔间 C_4 解决]。第三行显示了相同的起源实体可以具有用于多个对等实体的解决方案；这里，解决方案通过 C_2 中的同一个本地实体来提供。最后，由于第一行的辅助分隔间 C_2 和其实体/名称承担了该行起源的作用，第四行显示了解析表的递归结构，以及其本身名称通过其他辅助分隔间的解决方案。

顾名思义，该解析表由名称解析流程填充。对于名称解析的可能性选择种类繁多，在 5.2.2 节已有概述。但基本的共性始终是：一个分隔间中的有效名称，从其他分隔间被解析为一个地址。如果在某一分隔间中可以发现这一地址，那么名称解析就是成功的，把始发分隔间中的两个实体转变成了邻居。如果名称解析失败，也并不意味着这些实体不能进行通信，它只是意味着没有一个单一可用的分隔间将这两个实体转变成邻居。它们之间的交流不得不依靠自己分隔间内实体的路由和发送，其中每个发送步骤可能使用沿途不同的分隔间。[6]

表 5.2　图 5.5 中节点分隔间 2 的解析表

处理	起始分隔间	本地实体	远程实体名称	辅助分隔间	本地实体	远程实体	成本
u	C_1	E	F	C_2	C	D	5
v	C_1	E	F	C_4	A	B	2
w	C_1	E	J	C_2	C	K	7
x	C_2	C	D	C_3	G	H	3

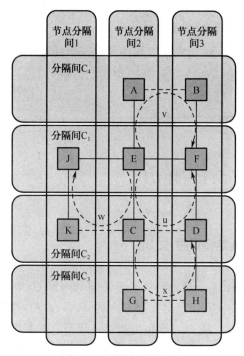

图 5.5　解析表示的方案

再次强调这一点：只有当解析表中有一个实体将两个实体 E_1 和 E_2 连接起来时，它们才能被认为是邻居。否则，E_1 和 E_2 仅可以相互通信，如果它们可以通过分隔间

_____

6 这种情况至少涉及两个不同的辅助分隔间（否则它们就是邻居）；所有转发步骤可能会发生在同一个辅助分隔间，但是参与通信的两个实体因为访问控制限制的原因没有视为邻居，这种情况也是存在的。这是非常具体的案例，因为实际上这种两个通信实体同在一个起始分隔间是有待考证的。

的路由程序做到这一点。这相当于标准的做法：对于一个远程 IP 实体来说，一个 IP 实体仅仅知道远程 IP 名称和下一跳 IP 实体（通常称为"网关路由器"）名称；它不知道也不需要知道，比方说，这个名称的以太网地址解析。

有两点观察结果要指出，首先，这里展示的解析表跨越多个分隔间，不仅是每一行的一对分隔间，而是确确实实可能是多对分隔间。因此这是一个如何实现这个表的实施选择。一个选择是将各行分配到始发分隔间的本地实体，并使它们对其负责，或分配到本地辅助实体；或者它可以作为节点分隔间的数据结构加以实施。因为这个表需要谨慎地实施访问控制，所以后一种选择可能是有吸引力的。然而，这仅仅是一个实施的选择，它与我们的整体概念没有相关性。

第二，更重要的是，信息隐藏和向实体隐藏地址的需要之间的关系。通过将解析表分配到节点分隔间，以及仅把解析表的行指示放到路由表中（见表 5.1），这确实是可能实现的。通过适当的实地访问控制，可以有效地使实体不可能找出地址；一个实体的名称也不会以任何形式，与它在另一个实体中的任何种类的地址联系起来。存在唯一的关系发生于从路由表到解析表的行指示，这是纯粹的本地信息。因此，有些问题消失了（例如，从 WLAN 切换到有线连接时，更改 IP 名称是没有必要的），或变得更简单（例如，在产生移动性时交换 IP 名称）。可以通过这些行指示的受控变化来解决许多问题；事实上，在一些 4WARD 原型中已经成功地实施了这一点，而且在本书中的原型章节（第 12 章）也有描述。

5.3 核心：名称解析

5.3.1 名称解析就是邻居发现

从前面的讨论可以知道，名称解析是学习将分隔间 C_1 中实体 E_1 的一个名字 N_1，映射到另一个分隔间 C_2 中另一个实体 E_2 的一个名字 N_2 的过程。其中，E_1 和 E_2 共享同一个节点分隔间。此外，还有一点也很清楚，就是这样的映射仅仅与也属于分隔间 C_1 的 E 实体有关，其他实体甚至不理解这个命名空间的语义（或不能与 E_1 通信）。

因此，对于一个名称解析系统有两种设计方案。一种方案是使这种映射在分隔间 C_1 内众所周知，即使是对于无法访问 C_2 的 C_1 内的 E 实体。但对于这样的实体来说，地址 $N_2@C_2$ 是无意义和无用的。另一种方案是只给 C_1 内确实可以访问 C_2 的 E 实体提供这种名称解析结果。如果是这样，由于能够访问 C_2，那么从 C_1 的角度来看，E 和 E_1 就是邻居。

因此，一个成功的名称解析总是意味着一个邻居已经被发现。简言之：

名称解析总是邻居发现

这种观点似乎不符合目前的做法。名称解析系统确实将名称解析为地址，即使该名称解析请求的发起者和目标似乎并没有成为邻居，例如，将 DNS 名称解析为一个 IP 地址。但是这只是一个误解：从发出名称解析请求的实体的角度来看，其本身和如此命名的实体的确是邻居，由 IP 层促成。IP 层（以最简单的形式，暂时忽视像防火墙和中间设备这样的问题）创建一个全面连接图的抽象形式，把所有使用它的实体变成邻居。[7]这一抽象形式是否实际，在很大程度上取决于其顶层上分隔间的语义，以及技术和技术条件（例如，辅助分隔间的大小）。

5.3.2　一个特例：发现所有邻居

到目前为止，我们将名称解析看成邻居发现的一个特例——发现一个特定名称是否为相邻实体所有。反过来的观点一样有效：邻居发现是名称解析的一个特例。对于给定的分隔间来说，我们仅仅需要确定一个"通配符"名称，在被问到它们是否携带这个名称时，该分隔间内的所有实体会对这个通配符做出回答（回答中包括它们的实际名称）。这样一个通配符应该是什么样子，是否有某种形式的限制语义，实际上是否所有的节点都做出回答，这些方面都是由特定的分隔间所做的设计决策。尽管如此，有多种选择适合目前提出的概念框架。

5.3.3　名称解析与路由

在以名称解析的方式发现邻居的基础上，实体发现了其邻里关系，并知道通过哪个分隔间，如何达到其邻居。基于邻里关系的信息、路由表及发送表可以被构建起来。因此，名称解析和路由的相互作用是直接的。但是，这给那些不希望明确参与路由协议（例如，终端设备 IP 引擎）的实体带来了什么？有两个概念上的方法来解决这一问题：

- 实际上每个实体都必须参加分隔间的路由协议这一任务。接下来，不充当路由器的相邻节点提供到达确切目的地的路由。路由协议的实现可能受到限制或简化，这取决于实体在分隔间内承担的角色。任何成本概念都由路由协议自然地表示出来。

- 扩展邻居发现/名称解析的语义。简单地说，使实体不仅回答它确实拥有的名称的名称解析请求，也回答它知道的路由的名称请求。这样的实体会假装拥

7　当然，这不是说所有IP实体自身都是邻居。IP实体自身不都是邻居，这一点毫无疑问。但是按照5.2.4节的定义，属于分隔间C的任何实体E_1和E_2及与IP连接的bot都被看成C邻居。

有名称，而其实它只会朝目的地发送数据；请求实体被误解为预期实体的邻居。要正确反映发送成本，通过辅助分隔间与（假装）实体的通信成本必须进行适当修改。

从结构上来说第一种方法是更清洁的解决方案。第二种方法在某些情况下是可以接受的，而且事实上也经常应用（如 IP 之上的 HTTP 代理）。

5.3.4 配置名称解析

到目前为止的讨论已经隐含地假设了相当简单的名称解析方案：一个分隔间的实体试图解析另一个辅助分隔间的名称（可能是通配符）。但是还没有考虑到如何在辅助分隔间内分配这一请求。现在我们需要弥补这一差距。

1. 双分隔间情形

基于广播基础的解决方案 这一基本情形由两个分隔间组成：分隔间 C_1，名称解析请求由此产生；辅助分隔间 C_2，应该从这里提供实体地址。

在最简单的情况下，这样的解析请求简单地在辅助分隔间中散播。C_2 中接受这样的要求的实体 E 可以检测这一请求针对哪一个始发分隔间。但是，该实体无法决定同一个节点分隔间中和 E 一样的实体，以及 C_1 中的实体里的哪一个携带了所需的名称，回想一下，名称对于不属于正确命名空间的实体来说是没有任何意义的。因此，对于 E 唯一的选择就是将请求分配给 C_1 中所有的本地（在同一个节点分隔间中）实体。这是在节点分隔间范围之内的传播，因此相当有限；C_2 里的第一次传播可能是成本高昂的。注意，在这个方案中，任何实体不需要注册任何人的名称（准许控制和域名分配协议是否由分隔间提前执行是互不相关的问题）。这种设置立即反映了像 ARP 和 IP 这样典型的解决方案。

显然，C_1 中的实体可以在并行或顺序排列的多个分隔间 C_2，C_3……中寻求名称解析，并不限于任何单一的分隔间。

基于查找的解析 如果认为在辅助分隔间中的传播成本过高，产生名称的分隔间 C_1 不得不提供一些额外的结构（没有辅助分隔间能够对不理解 C_1 名称的语义提供帮助）。

最简单的结构是在 C_1 里指定一个 E_R 作为名称/地址映射的存储库。C_1 中的任何一个实体，一旦将一个名称绑定到其他分隔间 C_2 中的一个地址，将会把这种绑定告知这样一个存储库。当寻求解析时，实体与存储库联系，并要求提供相应的地址。对于存储库来说，这很简单，因为它理解来自 C_1（作为一个部分）的名称语义，并可以因此检测到正确的绑定。凭借明显的技术，这样的存储库可以复制、分发，或变为分层结构。

然而，可能的缺陷在于"联系存储库"。对于这项工作，请求实体必须知道：

（1）存储库在 C_1 内部的名字（这一点不难）；

（2）存储库的地址，否则，如何告诉辅助分隔间向哪里发送请求，或告诉可以发送到存储库的邻居。

许多情况下，在广泛使用的辅助分隔间内，这样的地址可以被认为是公认的，可以在部署过程中预先分布，或在加入一个分隔间时，在接纳控制程序中进行配置。后面这种情况的一个典型的例子就是 DNS，它作为一个了解完全合格域名命名空间的分隔间，而且 DNS 名称服务器的 IP 地址作为一般网络配置过程的一部分进行配置（以机构不清楚的方式混合了不同的分隔间），如 DHCP。

更复杂的查找结构也是可以想象的。不用假设地址或朝向存储库的路线是已知的，请求可以在分隔间内随机发送，或者可以在请求分隔间内传播（与在辅助分隔间内传播相反，如上述所讨论的内容），或者也可以使用梯度技术（例如，针对基于位置的网络）。有许多的选择，它们大多已经在移动专用网络或无线传感器网络的背景下经过了研究；目前在标准的蜂窝网络中，主要运用的是传统的解决方案。

2．具有助手分隔间的名称解析

如果寻找名字/地址映射的过程相当复杂，那么将它"外包"到另一个功能子系统就变得非常有吸引力了。例如，考虑一个对等的以存储为基础的方案来保存这些映射。一方面，将这样一个对等系统整合到给定的分隔间中是可以想象的，而且从语义上来说也是有利的。另一方面，对于许多其他分隔间来说，一个普遍可用的、存储这些绑定的对等系统也是非常有用的。这样一个第三方的"助手"分隔间（与发起名称的分隔间和提供地址的辅助分隔间相反）的缺点是，名称的语义理解将丢失，而且只能应用针对名称平等性的简单测试。这种做法是否可取及足够，在很大程度上取决于始发分隔间的具体需求及其名称空间的语义复杂性。

3．名称解析配置表

必须使实体在可以启动名称查找之前知晓这些选项；同样，一个实体必须知道是否及在哪里注册其名称/地址绑定。许多操作系统都有一个"名称解析配置"的概念，我们在这里推广这一概念，并介绍该解析配置表，如表 5.3 中的例子所示。

表 5.3　解析配置表

始发分隔间	解析器名称	辅助分隔间	解析器名称	助手分隔间	助 手 名 称
IP	*	Ethernet	bcast	—	—
DNS	DNSResolver	IP	1.2.3.4	—	—
Music	—	IP	—	P2P	P2PEntryHost
P2P	P2PEntryHost	IP	5.6.7.8	—	—

该表的第一行显示了一个典型的 IP 和 ARP 设置：在解析一个 IP 名称时，通过以太网分隔间向所有可以达到的 IP 实体发送请求，在这一请求中使用以太网地址

"bcast"。

第二行也是将完全合格的域名（指定为"DNS"命名空间）解析为 IP 地址的典型例子。这比 ARP 更复杂，因为在 DNS 分隔间内有一个特殊的实体，在此称为 DNS 解析器，它与一个 DNS 名称服务器相对应，在解析表中已经给出了它在辅助分隔间中的地址（在这个 IP 分隔间内进行传播搜索可能效率不高）。

第三行是最复杂的一行。它假定了一个名为"音乐"（Music）的分隔间，其名称应该被解析为 IP 地址。但"音乐"无法提供这样的解析功能，而是要依赖于"P2P"分隔间来做到这一点，在这个分隔间中，应该与命名为"P2PEntryHost"的实体联系来回应"音乐"的解析请求。第四行解释了如何找到这个名字。第四条与第二条类似。

该解析配置表中的条目与始发分隔间相关，因此可以被认为是属于它们的，每一行都是。为方便起见，在这里我们只展示一个这样的表。

有了这张表，我们的表单就几乎可以互相补充了：

（1）路由表，每个实体或每个分隔间；

（2）解析表，每个实体或每个节点分隔间；

（3）解析配置表，每个节点分隔间。

4．自扩展名称解析配置表

最后一点是关于这个配置表的自扩展。表中有两列是不可缺少的：对于任何解析企图的始发分隔间及名称，在该名称下可到达解析器。但是，剩余的其他列可以被视为线索，不必提供给一个节点（在实践中，它们通常会被提供用于效率）。例如，如果没有任何关于如何到达"DNS 解析器"的信息，那么要做的就是解决该 DNS 分隔间中的路由问题。这意味着，必须在 DNS 分隔间内运行邻居发现，通过，例如 IP，寻找可能的邻居，然后运行路由协议弄清楚如何到达 DNS 解析器。从这个意义上来说，这个配置表中没有什么奇妙的信息；如果这些方法都失败了，甚至连解析配置表中的内容都会通过回落到原始的搜索方法而自动生成。

5.3.5　特例：晚解析

名称解析的一般概念是，在实际通信开始前，获得一个名称到地址的映射，在要求辅助分隔间向目的地发送第一个信息包之前。虽然前面的讨论一直遵循这样的思路，但是在我们这个要求早解析的框架中没有什么固有的内容。

相反，它同样可能实现晚解析。不是在第一个信息包被发送之前完成解析过程，相反，解析和发送过程可以互相连接。第一个解析步骤可能无法提供最终目的地的地址，而只能提供一个实体的地址（始发分隔间内），它可以提供有关目的地地址的信息。这个过程迭代性地反复提升解析的准确度，直到最后提供出确切的目的地地址。

从某种意义上说，不管怎样，P2P 的解析过程遵循这样一个计划。更有趣的是要组织这个解析过程，这样从一个实体到下一个实体的发送过程就能够得到保障，以减少到实际目标地址的距离（在辅助分隔间中测量，而不是在始发分隔间中），尽管缺乏对于目的地址的精确知识。时至今日，如何详细解决这一难题的关键在于积极研究。

概括一些目前对于这一主题的观点：假设分隔间 C_A 使用分级名称空间，其中，分级名称空间映射到分级路由结构。假设我们有一个更进一步的分隔间 C_R，它拥有一个平的名称空间，该名称空间打算利用 C_A 的名称作为其自己实体的地址（A 用于"辅助"，R 用于"请求"）。

在早解析方案中，C_R 中的名称只会被解析成 C_A 之外的详细地址；C_R 的名称解析系统只会存储完全的绑定。在查找到这个详细地址之后，C_A 就可以自由地作用于它自己选择的这个地址，例如，在地址上做一个分级路由/发送。这是常见的做法。

在晚解析方案中，C_R 的名称不会被直接解析成 C_A 的完整名称，名称不会有完整的地址。这里的一个有趣的设计挑战是要确保这两个命名空间保留语义上的独立，两个分隔间没有必要理解彼此的结构，否则，引入新的命名空间很快会变成一场噩梦。名称注册提供了一种选择来实现这一要求：当 C_R 中的实体从 C_A 中为其实体寻求地址时，它被赋予一个位串，存储在 C_R 的名称解析系统中。尽管从 C_R 的角度来看，这个位串是不透明的，但它在 C_A 内承载意义（这些是名称），而这个意义可能是实际地址的前缀列表，从最短前缀到完整的地址（我们在 C_A 内假设了一个分层的名称空间）。当 C_R 中的实体解析所需的名称时，它获得了不透明的位串，将它传给 C_A 中的一个实体，该实体意识到它已被赋予一个分级的地址前缀列表。根据它在 C_A 拓扑结构中相对于此列表的位置，它可以选择直接发送至目的地，或在更接近实际目标的地方，再次咨询 C_R 的正确名称解析。对于发送更复杂的地址列表的代价来说，这将使名称解析和路由之间的互动具有相当大的自由度。尽管在许多情况下，一个简单的分级路由方案就足够了。

5.4　结论

本章讨论了一些基本思路，关于名称和地址，它们之间的相互关系，它们与通信系统结构性质的关系，以及将它们联系在一起所需的基本数据结构。希望我们有助于分清术语并帮助读者理解通信系统中的这些基本概念。

特别是，我们确定了五个关键的数据结构：

（1）一个绑定表，它描述了哪些实体已经将自己绑定到其他实体的名称（一般在其他分隔间中）；

（2）每个实体，或作为一种简化形式，每个分隔间和每个节点分隔间存在的路由和发送表；

（3）名称解析表，它描述了一个分隔间中的两个相邻实体，如何通过其他哪个分隔间中的哪些实体进行通信；

（4）服务图表的想法，这包含了一个节点分隔间内的实体之间所有可能的使用关系；

（5）名称解析过程配置表，它描述了哪些分隔间可以通过其他分隔间尝试名称解析，以及需要什么参数来做到这一点（服务图表和名称解析配置紧密地联系在一起）。

在这种抽象处理方式的基础上，我们已经以一般的方式讨论了名称解析的过程。许多通信基础原理可以从这个方面进行转换，例如，我们逐渐认识到，邻居发现和名称解析在核心上是同一件事情。我们相信，在整个协议栈中给予名称解析适当位置的、经过严格处理的通信设计，将会导致比现在更普遍、可扩展性更强和更灵活的通信系统。它可以自动合并所发现的通信机会，很轻松地解决时域移动性之类的问题。从实用的角度来看，它也可以处理多个名称空间和协议，而无须将任何跨越不同通信需求的单一名称空间标准化。

参考文献

1. G. Coulouris, J. Dollimore, T. Kindberg, *Distributed Systems Concepts and Design*, 4th edn. （Addison Wesley, Reading, 2005）

2. J. Day, *Patterns in Network Architecture—A Return to Fundamentals*, 1st edn. （Prentice Hall, New York, 2007）

3. C. Jelger, C. Tschudin, S. Schmid, G. Leduc, Basic abstractions for an autonomic network architecture, in *World of Wireless, Mobile and Multimedia Networks, WoWMoM 2007, IEEE Intl. Symposium* (2007), p. 16, http：//scholar.google.com/scholar?hl= en&btnG= Search&q=intitle：Basic+Abstractions+for+an+Autonomic+Network+Architecture#0

4. M. Lottor, RFC 1078: TCP Port Service Multiplexer （TCPMUX）（1988），http：//www.ietf.org/rfc/rfc1078.txt

5. S.e. Randriamasy, Mechanisms for Generic Paths （2009）

6. J. Saltzer, On the Naming and Binding of Network Destinations （1993）

7. J.F. Shoch, A note on inter-network naming, addressing, and routing （1978），http：//ana-3.lcs. mit.edu/~jnc/tech/ien/ien19.txt

8. N. Shroff, R. Srikant, A tutorial on cross-layer optimization in wireless networks, IEEE J. Sel. Areas Commun. **24**（8），1452–1463 （2006），doi：10.1109/JSAC.2006.879351

第 6 章
安全与原则

Göran Schultz[1]

摘要： 反思基础网络架构似乎能够解决现有互联网的一些已知的结构性安全问题，但也从整体安全性角度对各种方案进行了更彻底的研究。4WARD 以信息为中心的方法建立在保证信息安全这一概念的基础之上，而不是建立在以用于信息中转的位置和路径的基础之上。这样做，就挑战了那种起源基于所有权和访问控制的安全原则。与此同时，将智能引入网络本身也对由中性、无声的及本质上合作和信任的自治域所组成的互联网这一基本假设形成了挑战。4WARD 规定了虚拟的、具有特定性能的、主要是自配置的实体的动态管理所必需的安全原则。网络设计、传输、路由、查找、隐私、责任、缓存和监控所需的具体安全实现选择，是设计过程的一部分，4WARD 有助于其功能描述和设计资源库的概念。4WARD 承认并考虑了商业和政府控制的利益，这将严重影响未来网络演进的安全方向。

6.1 简介

为未来网络列出从访问和可用性，到保密性和不可否认性的安全原则清单这一行为本身，不会给瞬息万变的信息社会所面临的种种问题带来有意义的观点。4WARD 框架及其网络建议解决的是，为最终用户的利益处理信息的抽象概念，以及由具有既得利益的众多参与者所引起的利益冲突——政府希望控制信息流，运营商和内容供应商将自己定位为字节搬运工（bit mover）以外的角色，还有关于隐私和问责制的非商业需求，再加上为实现某些目的而设置的技术、操作和法律方面的限制。

1　G. Schultz（通信），芬兰爱立信研究院（Ericsson Research, Jorvas, Finland），E-mail: goran.schultz@ericsson.com。

有一种认识是，现有的互联网令世界感到惊讶，它不受约束地成长，具有最好的技术和意图。随着商业界和普通公众在网络使用方面开始占据主导地位，误用和所有权问题开始占据媒体头条。年青一代已经成长起来，伴随着自由的概念（如免费啤酒和自由言论）和一种感觉，即只有多种信息源可以取代的单一可靠信息源的虚拟正确性和可靠性，其缺点是对于以传统方式发布的信息没有进行过滤。基础网络本身不可信任的这种可能性正在缓慢消失。由于社交网络而丢失的关于隐私的学习曲线，似乎在更快地发生作用，但在互联网上留下的许多问题都与安全有关，因为存储数据的字节可以很容易地被组合起来。在美国，2001年"9·11"事件后出现的私人安全领域的复杂情况能绕过政府搜索的限制，而云计算将使这种情况更加糟糕。在一些国家，一个新的趋势是迫使互联网用户和内容发布者登记他们的真实身份。

在形成框架的4WARD讨论中，一直存在两个安全轨道。对于以信息为中心的网络来说，信息这一抽象概念本身携带了必要的组件以确保完整性，它是与发布/订阅的概念结合在一起的，也就是使接收方控制其线上会有什么。另一条轨道处理的是动态管理网络的负担，特别是如何为安全的、可扩展的、用户看不见的基础设施提供特定的特性，如QoS，其中自我管理和自我配置将困难的安全要求交给那些通常被认为不愿共享与业务相关的资源信息的一方。

4WARD工作对与其他类似的正在进行的未来网络工作之间的关系进行了合适的设置。美国GENI[10]所做的工作探索了软件定义网络，该网络允许操作员用户对他们所使用的网络装置进行深度编程。全球路由问题在叠加型的相关浮动云架构内得到了解决，用一个使用MPLS的测试台绕过当前的路由协议，允许为控制群聚相对于粒度的节约措施与出于安全原因的管理措施之间的权衡。使用中的无线网络的特点是，间歇性断开迫使对延迟容忍网络进行研究，引起对用过的安全关联进入复议——用于社会关系的信任关系可能替代进行名称解析的固定的DNS。PARC[25]（施乐帕罗奥多研究中心）提出以内容为中心、可在任意现有的网络上进行传输的思路，对于以信息为中心的未来网络也是可行的，其安全性而言可以追溯到来源，内容可以存在于多个位置。

与处理安全问题的网络方式相比，有一个相当成功的蜂窝电话系统方法，具有运营商紧密控制的认证系统，和网络信号发出与用户数据往来之间的明确界限。使用这种认证的方法，如使用开放的ID，将在本章后面的内容中进行讨论。

- 完整性：没有人篡改内容。
- 保密性：只有那些应该看到内容的人可以看。
- 可靠性：你认为内容是什么，它就是什么（注意验证是一个过程，对于信息和用户来说）。
- 可用性：访问内容或网络不会因为附加的原因被阻断。
- 授权：在广义上的身份验证的基础上访问内容。
- 不可否认性：你无法否认它来自于你。

- 信任：了解访问和事务的细粒度，包含时间、地点、积累的历史、经济和相互冲突的利益等因素。
- 责任：分析及采取法律和技术动作的事后剖析的可能性。
- 位置：在逻辑拓扑结构中关于用户和信息缓存及处理的地理信息。

总之，未来网络在定位和抓住信息方面将有很多挑战。为了定位信息而发出信号，与现在互联网中可识别的安全问题有相似之处。大量内容的实际投送将有多个解决方案，其中很多严格来说都是企业考量的结果。

6.2　商业模型和安全含义

6.2.1　数字世界中的一个概念：拥有

对于不同的行动者，安全的意义差别很大，由未来网络架构引起的模式变化，以好几种方式影响基础建设的设想。一方面来看，安全问题仍是一个链条，最薄弱环节处发生故障会破坏整个结构。另一方面，理解基础的技术漏洞使我们能够专注于最终的重要方面——技术方案的可用性。

- 在用户、技术和内容值之间是否存在可用性不匹配的情况？

一个伤脑筋的问题是存在一种不愿意对安全提出要求和进行投入的情况，即便工作整体性需要更多专业化的参与者，但是这一情况却并没有得到多少改善。单点登录导致使用起来比较简单，这会对争夺控制用户身份产生负面影响，而提供差异化服务的合理愿望，在深度数据包检测也存在阴暗面，一切都发生在任何一般的法律框架之外或被理解为公平合理的跨界操作之外。

- 安全由谁来支付？
- 实体在哪里获得身份，谁"拥有"用户？

现有的互联网有一个"边缘智能"结构，它实现了数据包端到端的安全，但 DNS 和传输基础设施正确工作或根本不工作。流动性的增加迫使重新考虑动态安全，特别是 IPv6 的返回路由可达性的解决方案突出了更大的问题，即基础设施中绑定的可靠性。伪造的 MAC 链路层地址和不正确的 DNS 或路由表入口要求进行可用性分析，这是安全性常常被遗忘的一个方面。

在最低层级，需要在组成系统的节点的软件和硬件验证方面处理安全问题。

在接下来的层级，当利用由 4WARD 设计库提供的功能性模块动态地构建网络时，安全性成为一个管理问题。管理界面程序（SSP）和数据接口（SGPS）选择性要求的安全锚点是具体的使用情况，在设想的自配置想定中下载服务层规范时会提供一部分，还有一部分作为处理信息的证明。

对是否遵守特定服务等级协议进行监测是出于业务和安全方面的考虑。流量数据挖掘的商业利益与用户的隐私相冲突，而流量模式的观点可以让网络竞争者理解那些通常由于商业原因而掌握的资源和能力。我们有理由相信，未来的互联网需要在现有网络未曾听说过的规模的各自主性行为体之间动态地分享大量信息，另一种做法是愚蠢的比特管道，但是这种情况运营商也希望避免。在共享信息时，分享收益的方法是必需的，用于合作网络之间细粒度信任的总体框架也是必要的，服务交换的双边模式已经过时，将自治系统列入白名单和黑名单的新方法指日可待。

● 服务等级协议将包含政策、监测、记录和某种粒度的信任。

在最高级别，信息已经脱离特定节点，只有"拥有的"信息和"自我认证的"信息之间的区别才是有关联的。隐私需求要求所有权可以用伪标识符表示，需要固定在相对于实际用户身份受信任的第三方。4WARD命名方法允许自我认证的所有权与拥有信息对象对应密钥的人员相连接。

● 所有权是从拥有私人密钥的角度来定义的。

● 伪标识符让隐私权值得信任。

从相邻自治系统的角度来看，高速缓存和存储未知的信息必须有一定经济上的刺激，因为无用的重发可能会产生成本，而缓存只会节省带宽。从将主机纳入名称解析服务的角度来看，责任从目前的主机转移到了标识符和验证标识符的网络。目前互联网的 WHOIS[36]域识别必须在未来的网络中承担一个新的角色，现在，一个域的公开登记（有助于有针对性的攻击）可能会被错误地识别，而私人登记将法律责任转移到了域名注册商身上。

缓存的成本比传输的成本下降得更快，因此整体形势对于 4WARD 以信息为中心的模式来说是有利的。用于存储"儿童色情"，作为缓存及可能是加密比特的法律责任还是一个空白领域。焦点反而转移到了名称解析系统，如果不能访问某个信息，即使它存在于某个地方，也是没有意义的。运营商可能会争取自己在未来网络名称空间中的份额，在这种情况下，通过词典搜索，使用某种本体语言，如 OWL[35]的这种"人类可理解"的处理信息的方式，就映射到 4WARD NetInf 的信息对象。尽管由于搜索延迟的原因，一个简单的平面名称空间不会是全球的，但是具有一个结构上的强制层次会对破坏引入新的名称空间。在需要能够指定那些并非全球唯一的名称，和有可能"欺骗性"地破坏现有的已经命名的概念这两种情况之间，必须达到一个平衡点。

当执法机关在调查一家公司时扣押了一台承载大量业务的服务器，导致了所有业务停止，这时将信息从所有者主机迁移出来的效果就非常明显了，如迁移到云计算中。

对于依赖于共享资源的社会来说，法律框架尚属空白。如果数据存储在共享设施中，数据拥有者以外的人掌管安全密钥，这就会引发基本的信任和责任问题，尤其是当数据和数据管理的物理和司法管辖位置不同时。

6.2.2　金鱼缸中的生活

数据挖掘虽然对于信息搜索非常有用，却正在迅速成为互联网用户的一种灾难。如果没有充分地执行，政府层面对隐私权的口头许诺[34]是没有多少价值的。美国和欧盟之间的安全港协议已有 10 年的历史，一项详细的审查[33]表明，在主页上打一个标语和实际内容秉承标志之意这两个方面之间存在明显的冲突。

关于数字技术使用的隐私问题蕴涵三个非技术方面的内容。虽然某个信息可能是公开的，但是新的问题是，可以很容易地（低交易成本）对它进行批量访问，并与其他来源的信息相结合。第二个方面涉及责任——实体图书馆可能要求进行用户识别以启动后期使用跟踪。在数字端，这样的记录要求只有在医疗记录方面才可以接受。第三个方面是关于数据库中个人数据所有权的根本性分歧，欧盟偏向于个人，至少在理论上是这样。

● 最坏的情况就是目前这种对于隐私失效缺乏了解的状况。

未来网络的隐私问题与责任有关。互联网接入的合法拦截和记录是不可避免的，但实现这一点的技术性便宜程度应该是可控的。 IETF 对于一般的监听有一个有文件记录的观点[12]。

对于隐私的一个可能的步骤是 2007 W3C 机器可读协议 P3P[26]，它在.xml 中定义了请求方对隐私的期望。明显的问题是执法问题，在这一方面进行一些新的努力[9]。OAuth[22]是一个有些争议的授权方法，它不放弃隐私权，以及由 OASIS 走向 IETF 的发展努力。应该将 OAuth 看成与 OpenID[24]相当，OpenID[24]企图在不锁定受管理的名称空间的情况下定义身份。

4WARD 架构力求避免集中式结构。对于固定安全性来说，选择是有限的，但技术实现方式的可能性很多。对于用户来说，身份的最终固定可能发生在 3G 运营商那里，就像目前的 SIM/ USIM 卡那样，使得在发放卡时如何确定一个人的身份成为一个开放性的问题。政府（"警察"）进行的最终固定的尝试并没有取得实践上的巨大成功，如芬兰身份证。一个有希望的发展方向是，使用通过密码认证捆绑到 3G HSS 系统的短期标识符。这些可以链接到由非营利鉴定机构如 OpenID 提供的身份。

对于从主机脱离的信息，必须在元数据中保持与始发端的某些联系，这些信息本身通过元数据进行定位。出于保护隐私的原因，不能直接确定用户的身份，而是（快速地）改变伪标识符满足私密性和问责制的要求。出于安全目的，这样的方法已经用于 3G USIM 系统，尽管不是由于隐私的原因。

用户身份通过密钥所有权进入信息中心网络，这种密钥与验证真实性所需的公共钥匙相对应。尽管由于隐私的原因，公共钥匙不得不变化，但是公共钥匙的所有权等同于在技术或法律需要时负有责任的那个身份，这是已经证明了的。在实践中，没有必要回查发行方的证书，除了在证书链中发放新证书时。信息发布与这样的事件相对应。对于预订/消费信息来说，检查由本地传输字典系统发出的最后一个证书，和由用户呈现的证书可能是足够的。安全控制器需要成为存储（缓存）系统的一部分——只有当你访问时，信息才存在。

从技术层面讲，隐私需要额外考虑。如果用于传输的 MAC 数值或用于加密验证的公共钥匙将身份给了聆听者，那么更改伪标识是毫无价值的。实际要考虑的内容更多。网络设计和操作应避免使数据挖掘超出法律规定的传输解决方案。

- 增加问责解决方案而不解决隐私方面的问题将恶化当前的问题。
- 可用性是安全性的绊脚石。
- 限制损害、管理缺陷和变化是完美解决方案的一个务实的替换方案。

社交网络工具 Facebook 已经面临加拿大当局关于多项罪名的隐私权挑战。有趣的是在全球范围内，很明显，Facebook 与 180 个国家内上百万个运营第三方应用程序的公司一起，共享了其用户的所有个人信息。eBay 公司企业家族的服务器在美国，这意味着尽管表面看起来 eBay 公司存在于欧洲，不过 ebay.xx 适用的隐私权是美国法律。对于隐私问题，eBay 公司让用户参照 TRUSTe，因此他们在隐私方面参考前面提到的安全港[34]也就不奇怪了。在安全之外渴望隐私的用户面临不能坚持的问题——这可能是安全机构使洋葱路由器[23]之类的工具通用的真正原因。对于避免定时相关性的真正的隐私，与第一洋葱服务器之间的链接应该总是处于工作状态（通过发送垃圾流量），但是在实践中，这种安排可能是不实际的。一些新技术能够实现真正的安全，但是在不可避免的问责要求方面可能会磕磕绊绊。Phil Zimmermann 的 Zfone[37]解决了有关 VoIP 流量加密困难的关键管理问题，但提出的互联网协议 ZRTP 也有效地防止了合法拦截。允许密钥在 P2P 文件系统中真正自毁[18]、基于密钥的加密已经发展起来了，尽管加密数据一旦分配到网络中就不能被召回，它还是失去了用处，因为没有人可以重新创建分散在文件共享系统中的必要密钥。在未来网络技术解决方案和可用的安全性之间达成平衡有赖于行为者的能力水平。对于建设一个核心的网络来说，只有最高水平的技术安全是唯一可以接受的。不存在刻意欺骗网络拥有者的技术解决方案，因此从经济上鼓励公平竞争的措施必须到位，由跨境法律提供支持。对于那些既消费内容又提供内容的用户来说，安全性方面变得更为复杂。没有理由期待一个不在信息技术领域工作的诚实用户，理解在今天常用的弹出窗口中所提出的细节问题。相反，我们需要在软件和硬件中建立跟踪和验证，目的是惩罚蓄意滥用，而不是盯着用于从事非法或不道德行为的技术。

6.2.3　管理安全与安全管理

互联网由松散连接的网络构成，其中每一个网络在一定程度上都有自己的运行规则。加入网络常见的一个方法一直是 IP 栈，以通用规则定义一个名称空间。这个 IP 名称空间顶端是同样由 ICANN 控制、人类可理解的 URL 命名空间[11]，以及由 DNS 域名系统完成的两者之间的转换（如 BIND）。如果将网络看成一组水平层，在一个层中的一个名字就会映射到下一层的一个地址，以递归的方式——地址变成了下一层的名称[5]，更详细的讨论见前一章。

未来网络可能放弃 IP 作为通信协议栈的共同腰部（中间部分）。无论是虚拟的还是物理的单一所有权下的本地"域"都可以通过本地管理固定组件而得到加固。从概念上讲，可以将资源切片分配给允许建设新型网络的用户，在建设中使用由用户控制的路由和传输元件。斯坦福大学的 OpenFlow 协议[32]就是关于如何实现这一点的一个示例。这里，重要的是将安全纳入外部控制器，做出有关访问控制的高层决策。

从每个特定的实现情况中提取出来，网络设计安全必须具有锚点。由于可扩展性的原因，在网络双方之间两两关系基础之上建立的信任是有问题的。用于信任处理的 4WARD 原则可以由信任链或更具体地使用允许细粒度信任的证书来实现，如 SPKI[31] 和 KeyNote[13]。证书包含各层次结构的证书和适用性规则，以及代表权利和存在时间。这是目前欧盟 PSIRP[27]和 RIT 浮云项目[28]中发展起来的理念，允许对效率和粒度控制进行灵活权衡。

总之，必要的安全锚点将采取几种形式。在设备级，特定的物理组件被用作信任锚。对于单一所有权结构，适用规则将根据 4WARD 的网络管理原则，在启动时被下载到节点。对于网络之间的交流，基础是信任结构，允许灵活、可核查地动态使用资源。

6.3　与 4WARD 架构支柱相关的安全问题

6.3.1　物理基层的虚拟化

4WARD 中网络虚拟化的目标是在一些商业参与者之间分享共用物理架构。基础架构供应商在他们拥有的物理基础设施上创建虚拟资源，并将它们出租给虚拟网络供应商（VNets 互联星空供应商）。VNets 供应商利用这些资源构建虚拟网络（VNets），并出租给虚拟网络运营商。VNets 运营商运行虚拟网络，并向最终用户提供传统和新的网络服务。

然后商业竞争对手可以共享这些物理资源。他们所用的这些资源之间可靠地隔离是非常重要的。保证隔离效果的主要的安全要求如下。

（1）基础架构供应商需要信任所有的操作系统和在物理节点上运行的应用程序，包括 VNet 供应商应用程序。

（2）VNet 供应商需要信任物理节点，它可以是单层或多层的。

（3）物理节点必须提供 VNet 供应商之间的信任隔离功能。

（4）VNet 供应商应该能够存储并管理自己的加密密匙，所用的方式是这些密匙与基础架构供应商和其他 VNet 供应商隔离。

（5）VNet 供应商应该能够在运行的同时安全地更新其操作系统和应用程序。无论是基础架构供应商，还是 VNet 供应商，对于不属于他们的软件都不应该具备这种能力。

4WARD 中提出用来满足这些要求的方法源自 TCG 规范。TCG 规范的主要目的是提供手段确保个人电脑上的数字版权的管理应用。

根据目前的知识，不使用任何硬件辅助来防止系统中的恶意代码是不太可能的[29]。这就是为什么要用一个特定的物理组件来作为信任锚。它包含了一个在物理节点通电时执行的不可改变的代码。它还存储了一些敏感数据，如加密密钥、散列等。

● 启动硬件和软件必须有一个信任种子作为锚点。

现代计算机由一组复杂的硬件和软件组件构成。如果其中一个被损坏，就可能损害整个系统的安全。在信任必不可少的环境中，如在网络虚拟化所描述的网络节点中，有必要在激活之前验证每个组件的完整性。当系统通电时，第一个组件被称为"启动过程"。该组件需要得到信任。它是信任种子，并且构成了整个系统的信任锚点。启动过程负责验证硬件和下一个被激活的软件的完整性。基于这一原理构建了一个链条。

6.3.2　构建路径——4WARD 通用路径

4WARD 通用路径凸显了目前互联网已经存在的寻址问题。用作运输基础架构一部分的节点必须是可靠的、可识别的。虽然不同的 GP（通用路径）的管理由 GP 设计师负责，但是实际的管理逻辑来自 4WARD 网内管理（INM），它决定哪些方面对外展现。

实体在分隔间中有名称，但它必须由一个可信的权威机构进行注册。在 P2P 中使用索引服务器或 DHT，但这是不可信的，而且对许多安全问题开放。对更低的层，像以太网，实体的名称（MAC 地址）被注册在由操作者维护的数据库中。

一些有名称的实体与其他有名称的实体绑定在一起，后者作为前者的地址。在某些情况下，这些名称/地址在路由平面必须是可路由的。名称/地址解析目前通过互联网中的 DNS 进行，但是 DNS 服务器在架构中是非常薄弱的点。

当某个实体希望与一个对等实体建立一个通用路径（GP）时，一个可能的做法是通过进行实体间调解的服务器，引入一个谈判阶段。这个服务器可以是 DONA 中的一个会合点。它已经被设想为能够加入和离开一个 GP。人们需要指定一个协议以受信任的方式加入一个 GP。因此，该 GP 应该有一些嵌入式的安全功能，以控制其端点。这样的 GP 可以是一个群或多播 GP。

4WARD 考虑使用不同的能力连接直接作为通用路径工具包的部件。WLAN、RFID、蓝牙和 ZigBee 设备可能从概念上成为未来网络的组成部分。目前将 GSM 移动电话和 3G 的不同种类，用一对一的 DNS 转化粘贴到 IP 名称结构上。路由表增长的问题源于多宿主，顾客和互联网服务供应商希望能够独立于来自内部层级中供应商的地址前缀。新的竞争性互联网电话技术，如 Skype 仅利用 IP 传输结构，有自己专有的内部名称空间和转化表，如 Skype-In 和 Skype-Out。IP 的层次结构避免了回路，但需要一个中央命名机构 ICANN。如今伴随已经受到攻击[1]的 DNS 服务器，产生了一个特定的安全问题。全球都在努力把所有的 DNS 服务器在接受更改时转变为使用适当的身份验证[7, 15~17]。

6.3.3 信息网络

在已经解决了人类可理解的语义之后，分布式哈希表（DHT）适合扁平的名称空间，如密码散列。然而，由于搜索延迟，基于 DHT 的全球名称空间是不现实的。运用分层 DHT 方法如 Chord[2]允许在命名系统内构建范围，命名系统这一组织可能需要绝对保证信息不会泄露出自己的网络。

4WARD 命名方案中包含一个标签，它显示出完整信息对象名称如何被解释。该标签允许更改加密算法，并在其他事项中引入元数据中对象的辅助名。

对于发现漂浮在全球范围内的信息来说，包括始发网络的命名方案是合适的。由网络部分 P 和局部有意义的标签 L 两部分组成的数据导向网络架构（DONA）[3]命名方法解决了这个问题。在 DONA 方法中，P 部分与识别网络的公共密匙之间具有加密的相关性，并解决了这方面的部分安全问题。

一般情况下为了查找信息，从人类理解的命名转化到可扩展的机器可用的命名这一过程包含安全隐患。在现有的互联网中，简称的 URL 给恶意重定向提供了新机会。Van Jacobson 提出的以内容为中心的网络（CCN）[25]假定信息对象存在一个 IP 般的层次结构，其中名称的组织部分由该组织（网络）的公共钥匙认证，列出的部分由该组织内发行者的公共钥匙认证。这种方法的吸引力在于它类似于现有的 DNS 命名结构的使用方法。对于查找目的来说，它类似于 HANDLE [6]方法，其中数据可能是分布式的，但是从哪里提取数据的知识集中于一个始发位置。只要从始发位置发出数据请求，就能很容易地保证数据的新鲜和数据废止。

连接假设需要由新的运输配送形式进行补充，每个都带有自己的安全转折。结束节点和边缘网络可能会间歇性地连接，称为延迟/中断容错网络（DTN）。不管所携带的信息是电子邮件还是来自断开边缘设备的传感器数据，安全验证元素必须是存储/缓存交换的一部分，而且所使用的中间网络不需要被信任或是安全的。类似的挑战来自于对等的蜂群分布，如 BitTorrents，其中信息碎片散落在网络上，并由于一些动态跟踪安排的结果而进行传输。

不同于封闭的 GSM 和运营商控制的 3G 网络，现有互联网的一个特征是，控制信息在平等的基础上与用户数据一起移动，造成了恶意超载（DDOS 攻击）情况下的脆弱性。4WARD 虚拟化结构带来更安全的解决方案，其中重要的基础设施可以在与用户流量隔离的情况下，交换信号和动态地重新配置信息。灾难准备包括限制服务和隔离关键子系统的可能性。需要明确指出用于存储和删除信息的规则，特别是在涉及记录交易的时候。

当我们正朝着一个终端节点经常充当服务器的架构迈进时，如 P2P 网络，控制面和用户面之间的划分也不是绝对的，相反，我们在谈论一个细粒度的信任结构，其中一些控制功能越限，并涉及层级管理，而在展示有效的证书时，其他功能都是可以访问的。4WARD 中的通用路径概念包含管理和安全组件，为特定实现的那些内容增加了特色。中心思想是一些资源可能受到攻击，但网络服务应该仍然可用。基本加密功能承担一个特别的作用，需要牢固地在硬件中的每个节点上保持可用。虽然虚拟网络一般独立于携带它们的物理网络，并与其他虚拟网络隔离，但是使用软件绕过硬件密码原语应该是不可能的。

"谁是真正的用户？"这个问题的哲学方面不可以完全忽略。用户将以不同的角色出现在通信网络中。不应该连接上那些躲在这些角色背后的人，除非用户明确希望如此，这是一个非常隐私的问题。在进行连接时，任何一个中间过程中的窃听者都是有问题的，无论是合法拦截，还是运行方或与业务相关的数据挖掘或篡改，以及基于内容的干预。加密技术引出了一种新的身份：拥有私人密匙，与公共密匙相对应。出于保护隐私的原因，公共密匙不需要也不应该总是一样的，而变化的伪识别符在保护隐私的同时确保了问责制和不可抵赖性。因此，用户和内容都可以有一个可核查的身份，与基础的密匙处理安排绑定到一起。共同特征是某种形式的信任，没有技术解决方案可以隐瞒这一事实：信任只是一种弱传递，密匙共享环和信任网站可以说明这一点。

传统维护信息安全的方式关注信息的容器，以及与它们之间的连接。一旦通道门被打破，安全性也就没有了。然而，还有许多岌岌可危的问题。计算机的美好在于程序是数据，而数据也可以是程序。丑陋的部分在于看起来像是内容的东西可能包含恶意代码[19]。从安全角度来看，允许数据隐含可执行代码是一场噩梦，英语外壳代码的艺术[20]说明了差别变得多么细微。

当前一个极端的补救措施是 ISP 切断受僵尸网络感染的计算机或受拒绝服务攻击的服务器联网。更重要的是，原则上允许网络运营商选择性地进行传递引起了更多的麻烦——可能整个安全处理应该被外包给接入网络。这些所涉及的原则不符合今天的现实。

● 切断接入作为一种安全"解决方案"显示出面对设计失败时的绝望。

从"最近的"缓存获取信息是一个令人费解的问题，涉及物理容量、拓扑信息及访问隐私/业务敏感的位置。在未来网络中，对于查找机制的安全控制权将比数据本身的物理位置更重要。

对于商业用途来说，安全是经过计算的风险。附加功能增加了成本和管理支出，而且平常顾客并不一定需要或想要为安全性支付费用。特别是在商业环境中，隐私是很难证明的，客户通常喜欢简单的单一登录，而不会注意那些在服务网络上流传的个人信息，有时这些信息以明文的形式出现，可以进行数据挖掘。

另一个例子是像谷歌那样的搜索引擎能够建立起来的用户分析数据库，目前是以内嵌在请求计算机上的 cookies 信息为基础的。只有精通技术的用户会定期清除缓存的安全风险植入物。这些 cookies 信息有一个合法的目的：用于会话的持续性，如银行希望知道它是与同一设备上相同的用户进行通信的。

4WARD 信息处理方法包含一些必要的安全元素。提高描述信息对象的元数据的相对值，对于一个特定的方面十分关键，而这正是在现有的互联网中忽略的。几千年来，图书馆一直充当知识的载体，跨越国界、代代相传。尽管今天的互联网上充斥着各种搜索引擎，但亚历山大图书馆不会对公开信息进行以内容为基础的分类，当存储地址已经改变时，任何内容都可能在十年内丢失。在信息凭证已经过期后验证信息的真实性是很难的，朝着这一方向的标准化尝试已经开始了，如 ETSI PAdES[21]。

总之，4WARD 针对信息为中心的网络的 NetInf 方法具有内置的技术方法，用于所有权、问责制和信息对象的新鲜度。在现实中，细粒度的技术信托模式将不得不与大规模的用户权限相匹配。

6.3.4　网络内管理

4WARD 尚未指定一个模型用于出现和消失的虚拟切片的动态命名，但出于监控和法律上的原因，需要一些有意义的识别方法进行日志记录。其产生的副作用是，最终用户可能对于其在接入网络之外如何沟通知之甚少，而隐私取决于最终用户的身份是否仍然在（不安全？）终端节点，还是发生在执行验证的有安全能力的中间件。使情况更加复杂的是，对于日志记录的法律规定正在显著增加，如欧盟数据保留指令 2009[8]，英国还出现了有趣的关于"拦截现代化计划"和 GCHQ "掌握互联网"的公共辩论，有效地聚焦了深度的流量包检测和英国以外的服务供应商的来往日志记录。

4WARD 架构框架假设了很多网络部件之间在线状态和可用资源的交流。不同的运营商将不得不披露与其网络的状态、配置及性能等有关的敏感信息。这需要从现有网络进行态度方面的深刻变革，在现有网络中只提供了极少量的信息，而且其中的协作取决于相当静态的服务等级协议（SLA），这一协议限定了堆积特性，诸如带宽。很有可能未来网络在虚拟网络级别由用于 SLA 合同的 4WARD 状的动态交换构成，而传统的 SLA 定义了物理层次上的比特管道。关键因素将是那些经过商定的方法，用于监视性能的知识层，以及在信任失败时，治理层所采取的行动。

网络供应商和监督者对准确的安全日志集合具有浓厚的兴趣，因为能够对全球安全形势进行更加精确的估计，以便采取对策和改善运营。但还是存在重要的隐私问题，因为即使是消过毒的日志数据，也可能泄露大量有关内部业务和网络运营方面的重要信息。

用于 4WARD 网内管理（INM）的聚集协议涉及大量的网络节点（路由器），这些节点合作生成有关巨大且不完全网络的性能或安全相关的统计数据。聚集过程中往往涉及安全信息或关键业务信息，而这些信息一般是网络供应商不愿意拿出来共享的，尤其是在没有很好的隐私保护的情况下。这似乎是将 INM 方法应用于多域、跨供应商设置的一个重要障碍。

因此，开发出能够在没有供应商的情况下执行个人信息泄露的 INM 计算程序是十分重要的。对于网络管理信息尤其如此，因为它通常含有许多与供应商内部网络架构、运行、负载和性能有关的信息。在当今以 SNMP 为基础的管理体系架构中，可以由点对点加密和网络管理流量认证对这些信息加以保护。但是在以 INM 为基础的解决方案中，这一点却非常复杂，因为 INM 协议基于大量节点之间的信息交换，包括链接节点，如相互竞争的供应商域。因此，端到端加密和认证不足以保护内部供应商域的隐私，必须寻求不同的解决方案。

一种可能的方法是使用安全多方计算（MPC）技术，其目标是以一种安全和保留隐私的方式，计算分布于少量完全连接的代理中的任一可计算函数。对于某些常见类型的聚集功能，如平均或求和，进行隐私保护没有太大的困难。面临的挑战是将其拓展至更广的范围，如最小/最大或阈值功能。难点是 INM 网络要求非常大的网络图表，而 MPC 只有少量的节点图表。不过，混合方案也是可能的，如下例所示。

例如，在 MPC 文献中已知如何进行计算，如在一个小的、完全连接的网络上，以完全隐私的方式进行整数比较[4]。在文献[14]中，我们展示如何利用这样的结构，通过假定"超级节点"的小型全连接子图表，在大型网络中隐秘地计算最大值。

可以考虑图 6.1 中的多域网络。

该网络中有三个 AS，AS_1 到 AS_3，节点编号如图所示。超级节点是节点 2、6 和 9，在图中用黑色表示。需要注意的是，由这三个节点构成的子图表是完全连接的。每个节点 i 持有一个本地状态变量 x_i。任务是隐蔽地计算 $X=\max(X_1,\cdots,X_{10})$，也就是说，计算的方式是：节点了解到的唯一的信息是最大值 X，而不是哪个节点实际持有 X。可以以如下方式进行：

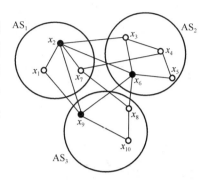

图 6.1　多域网络示例

对于字节，最大值是符合逻辑的，"或者"也就是分离。如果我们知道如何隐蔽地计算分离，我们就可以私下计算整数的最大值，从最有意义的字节开始，按位进行计算。每字节都是节点子集中相应字节的分离，也就是那些还没有将自己从持有最大值中排除的节点。因此，如果我们可以私下计算分离，我们也可以私下计算最大值，这样就可以考虑作为字节的 X_i 了。

不幸的是，私下计算分离并不是那么简单的。一个不起眼的解决方案是计算私有值 $Y=\sum_{i\in[1,10]}X_i$，那么只有在分离量 X 也是 0 时，Y 才等于 0。但是如果节点知道 Y，那它知道的内容就超出了所计划的内容，例如，它能够分辨出其他节点是否持有比特 1。一个解决办法是将总量 Y 分裂成两部分。第一步是在整个网络中私下计算 $x_{white}=(x_1+x_3+x_4+x_5+x_7+x_8+x_{10}+r_2+r_6+r_9) \bmod k$ 作为属于非超级节点的比特，加上随机种子 r_2、r_6、r_9 的总和，这些随机的种子由各自的超级节点生成。总和对于一些足够大的素数 k 是否计算了 $\bmod k$。因为 Y_{white} 是在私底下进行计算的，所以没有信息被泄露，至少只要在攻击者不会串通起来划分网络的情况下。然后就可以用 Damgård 等人[4] 的 MPC 比较协议来测试是不是 $x_{white}+(x_2+x_6+x_4+x_9-r_2-r_6-r_9) \bmod k=x=0$ 作为结果，我们得到一个协议，用于计算总和，从信息理论上来说，这一总和对于被动的、"诚实但好奇"的对手是隐蔽的，其假设继承自用于总和及比较的底层协议，如：

（1）对手不能串通起来分离网络图表；

（2）对手的数量不到超级节点的一半。

6.4　结论

安全原则是基本要求，但安全问题本身要分解为执行选择及可用性、商业模式、管理及对所需内容基本理解之间的权衡。由于未来网络带来范式变革，特别是涉及端到端的原则、基础设施的作用，因此必须要谨慎一点。所有者和政府会像以前那样，希望对资源和使用行使控制。但是因为按照 4WARD 以信息为中心的观点，基础体系结构会发生变化，朝向发布-订阅系统的方向发展，这样我们目前对网络安全的关注可能就不再适用了。信息查找将受到新的安全挑战，其中用户隐私可能不会受到高度尊重。信任和可用性是安全的粒度方面，本章谈到了这些内容，但没有涉及互联和网络中立的相关问题。

 参考文献

1. D. Atkins, R. Austein, Threat Analysis of the Domain Name System（DNS），RFC 3833（Informational）（August 2004）

2. Chord, http：//pdos.csail.mit.edu/chord/

3. B.-G. Chun, A. Ermolinskiy, K.H. Kim, S. Shenker, T. Koponen, M. Chawla, I. Stoica, A dataoriented（and beyond）network architecture, in *Proc. ACM SIGCOMM*, Kyoto, Japan, August 2007

4. I. Damgård, M. Fitzi, E. Kiltz, J.B. Nielsen, T. Toft, Unconditionally secure constant-rounds multi-party computation for equality, comparison, bits, and exponentiation, in *TCC* ed. By S. Halevi, T. Rabin. Lecture Notes in Computer Science, vol. 3876（Springer, Berlin, 2006），pp. 285–304

5. J. Day, *Patterns in Network Architecture：A Return to Fundamentals*（Pearson Education, Upper Saddle River, 2008）

6. Digital Object Architecture（DOA）：Handle, http：//www.handle.net/

7. DNS security extensions, http：//www.dnssec.net/

8. EU Directive 2006/24/EC, http：//www.ericsson.com/solutions/news/2009/q1/090202-adrs.shtml

9. J. Girão, R.L. Aguiar, A. Sarma, A. Matos, Virtual identity framework for telecom infrastructures. irel. Pers. Commun. 45, 521–543（2008）

10. Global Environment for Network Innovations, http：//www.geni.net/

11. ICANN, Internet Corporation for Assigned Names and Numbers, http：//en.wikipedia.org/ wiki/ICANN, http：//www.icann.org/

12. IESG IAB, IETF Policy on Wiretapping, RFC 2804（Informational）（May 2000）

13. I. Ioannidis, M. Blaze, J. Feigenbaum, A. Keromytis, The Keynote

Trust-Management System Version 2, RFC 2704 （Informational） （September 1999）

14. G. Kreitz, M. Dam, D.Wikström, Practical private information aggregation in large networks, in *Proc. NordSec 2010.* Springer Lectures Notes in Computer Science （in press）

15. M. Larson, D. Massey, R. Arends, R. Austein, S. Rose, Protocol Modifications for the DNS

Security Extensions, RFC 4035 （Standards Track） （March 2005）

16. M. Larson, D. Massey, R. Arends, R. Austein, S. Rose, DNS Security Introduction and equirements, RFC 4033 （Standards Track） （March 2005）

17. M. Larson, D. Massey, R. Arends, R. Austein, S. Rose, Resource Records for the DNS Security Extensions, RFC 4034 （Standards Track） （March 2005）

18. A.A. Levy, H.M. Levy, R. Geambasu, T. Kohno, Vanish：Increasing data privacy with self-destructing data, in *Usenix Security Symposium 2009*, Montreal, Canada, 2009

19. Metasploit—Penetration Testing Resources, http：//www.metasploit.com/

20. F. Monrose, G. MacManus, J.Mason, S. Small, English Shellcode, in *ACM CCS09*, Nov 9–13, 2009, Chicago, IL, USA

21. New ETSI standard for EU-compliant electronic signatures, http：//www.etsi.org/website/ newsandevents/200909_electronicsignature.aspx

22. OAuth, An open protocol to allow secure API authorization, http：//oauth.net/

23. Onion routing and Tor, http：//en.wikipedia.org/wiki/Onion_routing

24. OpenID, The OpenID Foundation is an international non-profit organization, http://openid. net/

25. PARC, http：//mags.acm.org/queue/200901/?pg=8

26. Platform for Privacy Preferences （P3P） Project, http：//www.w3.org/P3P/

27. PSIRP, Publish–Subscribe Internet Routing Paradigm, http：//psirp.org/ publications

28. Rochester Institute of Technology：Floating Cloud Tiered Internet Architecture, see http：//www.networkworld.com/news/2010/010410-outlook-vision.html

29. R. Schell, M. Thompson, Platform security：What is lacking （January 2000）

30. J.L. Simmons, Buying You—The Government's Use of Fourth-Parties to Launder Data About "the People", http：//www.joshualsimmons.com

31. SPKI Certificate Theory, http：//www.ietf.org/rfc/rfc2693.txt, https：//wiki.tools.ietf.org/html/ rfc2692

32. Stanford Clean Slate, OpenFlow, http：//cleanslate.stanford.edu/, http：

//www.openflowswitch.org/

33. The US Safe Harbor—Fact or Fiction? （2008）, http：//www.galexia.com/public/research/assets/

34. U.S. European Union Safe Harbor Framework, http：//www.export.gov/safeharbor

35. Web ontology language, http：//www.w3.org/2001/sw/

36. WHOIS domain search, http：//www.ietf.org/rfc/rfc3912.txt

37. P. Zimmermann, Zfone is a new secure VoIP phone software product：Zfone uses a new protocol called ZRTP, http：//zfoneproject.com

Chapter 7

第 7 章
域间的概念和服务质量——我们如何互联网络，以及如何管理服务质量（QoS）

Pedro Aranda Gutiérrez and Jorge Carapinha[1]

摘要： 未来网络的一个主要挑战是对于域这一概念的正确定义和实现。本章引入了域的概念，对网络和目前移动运营商的互联模型进行分析，解决了 4WARD 范围内发展起来的服务泛在性和域间的概念。然后介绍了新的互联模型，以及要求、原则和对等互联模式，另外还涉及架构要素及虚拟网络中的互联问题。还特别关注了仍未解决的多域服务质量的问题，即供应商之间的 QoS 问题、未来网络中 QoS 新挑战和工具问题、网络虚拟环境中的 QoS 问题。

7.1 简介

互联网被划分在自治系统（ASe）[6]中，它们是相互联系的。这种相互联接是通过管理这些自治系统（ASe）的互联网服务供应商（ISP）之间签署的对等互联协议进行治理的。对等互联协议包括互联发生的技术和经济条件。在谈判对等互联协议时，服务等级协议（SLA）占据主要地位。本章对分组网络互联情况中目前的状况进行了概述，并建议扩展目前的模式，以应对未来网络中预计将出现的复杂性。由于 QoS 是 SLA 中最重要的组成部分，所以本章的最后一节专门讨论未来网络中 QoS 的演变。

---

1 P. Aranda Gutiérrez（通信），西班牙马德里西班牙电话公司（Telefonica I+D, Madrid, Spain），E-mail: paag@tid.es。

J. Carapinha，葡萄牙阿威罗葡萄牙电信（PT Inovação, Aveiro, Portugal），E-mail: jorgec@ptinovacao.pt。

7.2 域的概念

什么是域？直观地说，在网络世界中域的概念是与区分和边界紧密相连的。它与商业问题、管理问题，甚至是法律方面的问题也有较强的关联。可以通过域的实体普遍共有的一个或多个属性，对域的特性进行进一步的限定。这样的例子有：

- 技术（如网络接入技术）；
- 协议（如路由协议）；
- 机制（如 QoS 的规定和执行）；
- 名称和/或地址空间（如以太网，IPv4，IPv6，E.164）；
- 组织和业务政策（共同拥有者、供应商、计费原则等）。

这些都是为什么域有其边界的部分原因。尽管上述建议的分类可能意味着一个层级（"一个简单的树结构"），但事实并非如此。网络元件通常是许多不同类型的域的一部分。此外，必须指出的是，域的概念在本质上是递归性的，即一个域名可以包含其他（子）域。

7.3.1 节将互联网看成一个环境的例子，其中所有上述可能性都得到展现。最高的宏观级别的抽象情况是自治系统（AS）。 AS 是互联网的一部分，使用相同的一套策略进行管理。这一定义隐含的意思是，域的自主管理基于其各自的网络管理员认为合适的任何政策（如路由、资源管理和安全性），不管外部条件如何，并且也独立于其他网域。AS 的使用是在全球范围内推动互联网路由可扩展性的关键。

7.3 互联模式

为了研究域的互联，无论是在当今网络还是未来网络，都需要对域的概念加以界定。本节研究互联网的互联模式，以及其在移动世界中和服务导向型架构的观点中的进化。由不同世界所提供的所有概念都汇集在由 4WARD 提出的域间模型中。

7.3.1 互联网中的互联

互联网被划分为称为 AS 的域[6]。这些域相互联接。从技术角度来看，AS 使用边界网关协议（BGP-4）交换路由信息[12]。从政治或商业的角度来看，互联网的域之间的互联互通由互联网服务供应商（ISP）之间签订的对等互联协议进行约束。对等互联协议规定了互联发生的技术和经济条件。

ISP 已经建立了自己的排名，在某种程度上通过他们与互联网核心的接近程度反映了他们的重要性，这被定义为所谓的一级供应商的全网核心层。在这些层级之下，不同级别的供应商之间部分相互联系，为终端用户提供最终的互联网接入服务。虽然一级供应商之间充分交流路由信息，但其他人也可以通过连接他们的 AS 建立一个更加复杂的网络。如图 7.1 所示，AS 之间有两个基本关系：

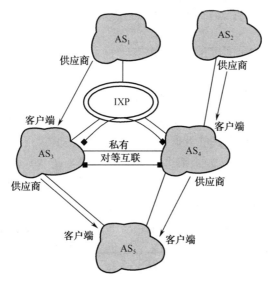

图 7.1　通过互联网交换中心点（IXP）及使用私有对等互联的类型

（1）客户——供应商；

（2）同胞关系（或对等网络，尽管这种定义较少使用，因为所谓的 P2P 文件交换网络会引起混乱）。

AS 之间的这些关系反映了它们的商业关系，以及它们如何交换流量。同胞网络之间交换有关它们自己和客户的路由信息。在一级 AS 的极端情况下，这意味着交换整个路由表。非一级 AS 通常遵循以下规则：

（1）将所有客户的流量发送到客户；

（2）将所有定向给同胞网络及其客户的流量发送给同胞网络；

（3）将其余的流量发送给供应商。

这些规则转化为路由策略，且必须被编入互联网核心路由器[4]，以控制 BGP-4 信息交换。这种对于协议自然行为的干扰，在其聚合特性方面具有严重的副作用[1、2]。

在开始时，使用点至点连接线将 AS 相互联接，后来随着流量的增加，进化到使用点至点连接线束进行连接。最终这些线束被具有更高容量的点至点连接线取代，当传输的流量超过一定的阈值时，再次引入线束进行连接，如此等等。这种演变受到长距离传输供应方的欢迎，因为这些连接线意味着越来越多的收入，但是 ISP 对此却没有好感。互联的成本不仅包括传输成本。ISP 之间对等互联协议的一个重要组成部分是它们之间数据交换的收费过程。

随之诞生了互联网交换点（IXP）这一概念，作为 ISP 降低互联成本的一种方式。ISP 将对共同的基础设施建立一个短连接，而不是使用长途线路。ISP 将使用 IXP 在一个公平的基础上交换流量，而不是支付给上游供应商。尽管如此，根据管理给定 IXP 运作的细则和连接成本，ISP 也会求助于专用的对等互联协议。

7.3.2　移动数据领域中的互联

随着移动数据业务的流行，以及移动终端开始赢得市场份额，GSM 协会（GSMA）认识到需要提供一种有效的方式，以合理的成本来支持漫游用户的数据业务。于是在移动数据领域出现了两种形式的互联：GSM 漫游交换（GRX）和 IP 数据包交换（IPX）。GSMA 建议 IR.34[3]对这两种方式都进行了定义。GRX 是从互联网互联模型发展而来的，目的是为漫游移动用户提供数据服务。GRX 将全球移动通信（GSM）漫游系统的移动运营商 IP 骨干网连接起来。它们为互相连接的 GPRS 和 UMTS 网络提供了一个集中的 IP 路由网络。它提供了一个纯粹的 IP 基础设施，其中客户端边界网关在 IP 层级将不同的运营商骨干网连接到 GRX 骨干网上。可以将这种基本模型看成移动用户的平行网络。GRX 在 IP 尽力服务（BE）的基础设施上提供了一个基本功能。IR.34 还使用 IPX 定义了一个更复杂的网络基础设施，在 IP 服务的基础上需要用这一基础设施来执行 QoS，以及：

（1）用于多媒体信息系统的枢纽服务（MMS）；

（2）用于信号发送的 SMS Sigtran 接口；

（3）VoIP/SIP-I。

GRX 模式面临的挑战是提供一致的服务水平，涉及服务质量和价格，目的是在使用家庭网络和访问国外网络时，对用户体验起到杠杆作用。与单纯的 IP 互联和 GRX 模式相比，IPX 模式提供了一个基础架构来实施服务相互操作。

7.3.3　服务泛在性

IPSphere 模型[9]的主要目标是泛在服务，它为价值创造链上各个方面的业务互通提供了一个框架，重点是消解由新一代网络（NGN）造成的服务消费障碍。为实现这一点，在公开招标中将网络能力以业务参数与技术参数合并的业务相关方式展现出来。IPSphere 使网络服务的消费方式与 IT 服务的提供方式相同，它在很大程度上依赖于面向服务的体系结构（SOA），并定义了融合联合机制的 Web 服务，确保泛运营商无处不在。　IPSphere 还根据性能和信任等级提供了差异化服务。　IPSphere 对基础设施要求很高，但是因为各方相互作用的复杂性，这么做是必要的。

IPSphere 模式超越了互联网的互联模式，互联网的互联基本上是由在带有共同网络层的基础设施上交换路由信息构成的。IPSphere 模式指向在较高层级确定互通的接口，以使不同域中的应用进行通信，并为终端用户构造新的更丰富的应用。为了能够实现支撑未来网络环境的基础设施，这个方向将是必不可少的。

7.4　迈向新的互联模式

上述所有的互联模式有一个共同点，因为它们在协议栈中相当的层级上定义了相当基础设施之间的互联，所以可以把它们看成水平的互联。唯一有助于识别两个网络或网络供应商之间垂直互联的等级关系的是 IP 互联中的供应-客户关系。协议栈中不同层级垂直方面的问题目前暂不考虑，但是如果用通用多协议标签交换（GMPLS）[8]承诺的坍塌协议栈网络成为普遍现象，这一点就是必需的了。

考虑到像根本虚拟化之类的高级功能，作为插件的协议栈和高度异构网络将是未来网络的一个重要部分，可以很明显地看出需要一个比目前互联网的互联模式更加灵活的互联模式。本节探讨了该模式的要求，并通过 4WARD 建议和研发情况对这些要求进行了说明。

7.4.1　互联要求

在这样一个以多层级和多技术为目标的世界中，再加上异构域之间的全面互通，当今网络所采用的水平对等互联模式是不能够满足所有要求的。即便是现在，许多服务都需要进行跨层级交互，典型的例子就是一般的多媒体服务和特别的 IPTV 服务，它们通过逻辑的或物理上独立的网络来实现，这些网络被平行部署在互联网的基础设施中。虽然不是完全不可能，但这种服务不能被部署在目前的互联网中，因为缺乏一贯的 QoS 支持。证明共同基础设施不可行性的另一个例子是 GSM 协会的 GRX 和 IPX，在 7.3.2 节中有简要说明。

在一个异构网络互联互通十分关键的环境中，除了实现互通功能的特定架构元素本身以外，还需要确定基本的互通原则来确保高效有序的设计和部署过程。在 4WARD[17]环境中，网络环境呈现出不一样的异质性，互操作性确保了克服这种异质性的方式已经就绪，保证了应用程序可以按照终端到终端的方式顺利运行。网络中许多不同位置和层级都可能存在异质性。互操作性的范围和重点可能适用于不同的网络，实现这些网络之间互操作性的问题就是在它们的边界提供一个合适的接口。在未来网络的范围内，网络可能不仅具有前面章节中提出的对等和/或中转供应商间的关系，还会有用户–供应商的关系，其中网络（或者说功能）的"层"使用共同的物理基础设施堆叠在彼此的顶部。

为支持互操作性，使应用程序能够端到端地运行，并保证性能，4WARD确定了以下互操作原则。

（1）互操作性原则1：应用程序的特性应保存在网络之间的边界。

在未来的互联网中，将会出现大量应用程序和服务，每一个都有它自己的要求（网络性能参数、安全约束等）。因为假设每个网络和传输网络提供并实现必要的属性、功能和技术用于适当的应用支持，所以域的边界绝不能在用户觉得不满意的水平以下，损害应用程序的特点，从而保证端到端的应用特性。

（2）互操作性原则2：网络边界应该只需要保留那些跨越了网络边界的特定应用程序的特点。为了确保端到端路径上的应用特点，网络将在协商阶段事先同意每个应用程序（及成本）将被保留的特点，并相应地配置域或网络边界。为了避免每个域的边界必须支持任何可能的应用程序这种情况（这将导致一个最大化和通用的解决方案），应该允许根据跨边界使用的应用程序的类型对域的边界进行定制。因此，边界将只保证它们提前知道的应用程序的特点。如果必须保留新的应用程序，就要进行重新协商。这并不意味着对其他应用程序进行过滤或区别对待；而只是说明因为没有就特定的目标进行谈判，所以不能根据这些特定的目标，对它们进行保留。

（3）互操作性原则3：应用程序的特点应该在网络边界进行广泛、明确的常规性编码。

各类应用特点需要被建模成一组通用的特征，以避免随着时间的推移和新的应用程序的出现，而出现直接的应用依赖关系性、可扩展性和复杂性等问题。这样通用特性的例子是端到端延迟、抖动、隐私和数据包丢失/错误率。因此，应用程序应该分成应用程序类型或服务类（如实时服务类和流媒体应用程序，而不是 Skype、Messenger、YouTube 或特定的运营商应用程序）。明确、通用、常见的编码避免了对具体解决方案、技术和标准的依赖，也避免了域中所规定的翻译机制，它通常难以衡量并可能导致性能瓶颈。请注意，在网络中或涉及端到端路径的网络中部署的功能和技术中使用相同的编码技术是可以的。

终端用户也将受益于这一原则，他们不需要调整他们的应用程序规范，来适应正在使用的网络，因为确保这些应用程序类型的域都是通用可理解的。这使得终端用户无论使用任何网络都能够享用得到性能特性优良的应用程序，而无须改变在未来高流动性环境中尤为重要的应用程序说明。

（4）互操作性原则4：每个网络边界应提供必要的能力和方式来构成通过域边界进行连接的网络。

为了保留跨越端到端路径的应用特性，需要对不同的网络进行组合。可组合性涉及动态性和自我管理。通常情况下，网络应该可以跨越域的边界进行组合，即动态地建立令人满意的信任程度，并协商一个 SLA（服务等级协议）来规范如何跨越域的边界来使用每个参与网络的资源和服务（其中可能包括如何完成赔偿，以及涉及安全、管理等其他方面）。不过，在何种程度上建立信任，以及动态地达成 SLA，可以根据具体情况来确定。可组合性的最低水平也有待进一步的研究。

7.4.2　新的对等互联模式

为了克服目前体系架构的限制，需要采用新的互联模式。通过当前的模型可以预见两种主要互联模式：水平对等和垂直对等。这些术语指互联网中的业务关系和层次结构位置。按照这样的思路，同胞关系的 AS 建立了水平对等来交换流量，而 AS 层级上的客户——供应商关系是垂直对等的。然而，在相互联系和相互操作的异构网络中，如未来网络的 4WARD 情形，出于灵活性的考虑，需要对这个模式进行扩展。

1. 架构要素

图 7.2 显示了两个 4WARD 域，包括如文献[16][2]中所定义的层级模型。域由不同的层构成，它们由共同的管理和知识层控制。层就是逻辑节点的集合，由分布在这些节点中的媒介和封装功能连接。这些功能通过两个已知的接口提供给其他层级：

- 服务层级点（SSP）将服务提供给位于顶层或低于该层级及位于同一个域内的其他层级；
- 服务网关点（SGP）为同一类型的其他层级提供对等互联关系。

图 7.2 中有说明，层级通过 SGP 与外界通信。在同一个域中，层级之间采用 SSP 进行通信。考虑到这一定义，可以定义三种对等类型：

（1）通过 SSP 的垂直对等互联，它提供同一个域内层级之间的互操作；

（2）通过 SGP 的水平对等互联，当互联在功能上与层级等效时，它提供域之间的互联（如图 7.2 中的 SGPx↔SGPx 所示）；

（3）横向对等互联，它实现不同的域之间不同功能层级之间的互联（如图 7.2 中的 SGPx↔SGPy 通信所示）。

当使用 Netlet 操作层级时，互操作性是在互操作 Netlet[16]中实现的，这是不同类型网络的专门连接。图 7.3 显示了互操作 Netlet 与常规控制 Netlet 相结合的情况，为了突出其复杂性。为了调节类似的和/或不同的网络体系结构，这种复杂性是必要的，而且必须做好准备以实现：

2　关于 4WARD 的详细描述见第 4 章。

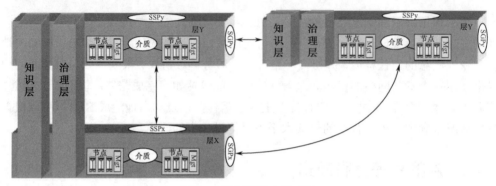

图 7.2　层级模型中的对等

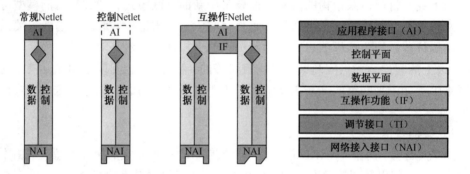

图 7.3　Netlet 类型：提供 Netlet 级别互操作性所需的构成部分

（1）地址映射；

（2）协议转换；

（3）内容转码；

（4）其他的互操作性功能。

2. 虚拟网络世界中的互联

虚拟化将在未来的互联网中发挥关键作用，而且需要采用一些方式将不同级别的技术性异构虚拟网络（VNet）连接起来。这些不同的级别是必需的，因为网络中这些不同的分层级别是与不同提供者的作用相结合的：

● 基础架构供应商（INP）提供硬件基础设施；

● VNet 供应商（VNP）提供这些硬件基础设施之上的 VNet；

● VNet 运营商（VNO）为最终用户提供实际的 VNet。

4WARD 项目认为 VNet 生态系统[18]中存在两种不同类型的互联点。图 7.4 所示的折叠节点（FNS）将连接异构基础架构，在这些架构之间提供互通功能。如果主要目的是在同质基础架构的管理边界上提供连接，则使用折叠链接（FLS），如图 7.5 所示。

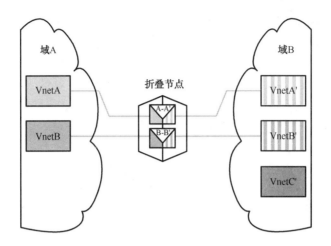

图 7.4　折叠节点概念

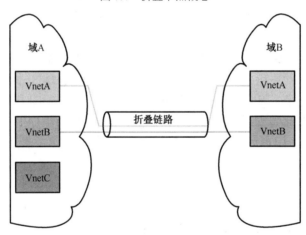

图 7.5　折叠链接概念

水平和横向对等发生在这些点上。折叠节点可能在不相似的 VNet 之间提供互通功能，从而实施 SGPx↔SGPy 接口功能。折叠链接具有一组相等 VNet 的节点，这可以被建模为一个 SGPx↔SGPx 接口功能。

7.5　域间 DoS

7.5.1　简介

毫无疑问的是，服务质量（QoS），或者作为用户体验的质量的测量方式，或者作为一组确保可预测性能的工具，将构成未来网络的关键要求。基于网络的应用程序的普遍性和一些依赖可预测网络性能的新趋势，如云计算，将进一步强化对 QoS 的要求。

显然，QoS 问题及各自的解决方案，将不会维持不变。QoS 一直是，并将有可能继续成为一个移动的目标，这取决于服务和应用程序，以及底层网络基础设施的特性。解决 QoS 问题的新方法将通过新的网络概念和技术得以实现。新的挑战和要求也一定会出现。

多年来，QoS 一直代表了网络研究中最活跃的领域之一。这项工作的主要成果是一个工具包，或一组构建模块，网络运营商可以结合并使用它们来完成单个网络域中的特定服务要求[13]。

到目前为止，一个为大规模异构网络提供 QoS 的普遍的、端到端的框架还没有实现，而且它能否被实现也值得怀疑。在很大程度上，这是由互联网的分散性造成的，因为没有任何一个单一的组织能够负责管理全球的互联网，如果有可能，跨越多个异构网络域执行共同的资源管理政策是十分复杂的。不幸的是，从最终用户的角度来看，体验到的服务质量始终是端到端的，并且取决于跨越从来源到目的地每一个网络域这一过程中质量减损的累积效应3。还有一点也很清楚，就是 QoS 本身并不一定反映用户所感知的服务质量，因此就需要一个额外的概念来恰当地描述用户的体验，这个概念通常被称为体验质量（QoE），而且应该提供一种主观的用户体验的测量方式。与 QoS 相比，QoE 的范围更加广泛，因为它考虑到了可能导致用户满意度的每一个因素，并最终决定用户对于服务价值的感受，如灵活性、机动性、安全性和成本。

目前，域间情形下的 QoS 仍然是一个挑战，而且未来网络将有可能带来额外的挑战。下一小节讨论一般性的域间 QoS 问题，随后的小节将集中于未来网络想定，并评估网络虚拟化可能会对域间 QoS 造成的影响。

7.5.2　供应商之间的 QoS 问题

在一般情况下，从来源到目的地的端到端路径将经过多个网络管理域，它们由不同的、独立的（通常是竞争者）运营商管理。

在每一个网络域中，最终将由网络资源如何管理及如何分配给每个业务流量来确定 QoS。在单个管理域中，相应的网络运营商应该定义并执行充分的资源管理政策，以实现特定的 QoS 目标。可以通过适当的组合资源调整、流量准入控制和流量类型划分，为特定类型的流量提供一定的 QoS 保证。

在多域情况下控制端到端的 QoS 通常更加复杂。图 7.6 显示的是一般情况，其中

---

3 ITU—T 建议 Y.1541 从延迟、延迟变化、损失和错误率的角度定义 QoS 目标值为 5 个不同的 QoS 等级。

两个端点之间的路径穿越了 n 个域。整体端到端的目标延迟、延迟变化、丢失概率和吞吐量值分别表示为 D、J、P、T，而在 QoS 域 i 中相应的值为 d_i、t_i、p_i、t_i。对于任何单独的数据包来说，要实现端到端的目标值，必须满足下列条件：

- $\sum d_i \leq D$；
- $\sum j_i \leq J$；
- $\pi(1-p_i) \geq 1-P$；
- $t_i \geq T$。

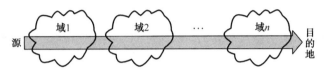

图 7.6　多域情形中的 QoS

为了实际支持跨越多个域的 QoS，至关重要的是，QoS 的度量方式要一致。在实践中，服务等级协议（SLA）通常以测量足够长时间内平均网络行为的统计信息为基础（例如，10 分钟内 99.9% 的数据包的延迟不超过 20 毫秒）。

已经提出了一些建议来部署多域情形中端到端的 QoS 控制：

欧盟第 5 框架计划（FP5）中的 Mescal 项目[7]提出了一些解决方案用于域间 QoS 的部署和交付。在服务级别规范的基础上，MESCAL 专注于客户和 IP 网络提供者之间及各 IP 网络提供者之间的商业关系，来实现以 QoS 为基础的 IP 连接服务。每一个网络供应商与直接的邻居建立协议，允许在多个域内扩展 QoS 保证。在服务层级和网络层级都采用了逐级跳连的模式，用于供应商之间的互动。在增强型 QoS 变体中，可以使用域间路由协议 BGP-4 来支持动态的域间流量工程。这样就可以从源头到可能远在多个域之外的目的地之间提供 QoS 了。

欧盟第 6 框架计划（FP6）EuQoS 项目在虚拟网络层定义的基础上提出了一种解决方案，将网络决定从网络技术中分离[11]。在每一个网络域中，资源管理器负责管理 QoS，协调接入控制决策，与相邻的域一起管理对等互联协议，并控制域间路由过程。EQ-BGP 是域间协议，用来选择并通知不同服务类型的路径。除了其他方面，EQ-BGP 还扩展了标准的 BGP-4，通过纳入一个可选的路径属性，QOS_NLRI，它传达了有关路径 QoS 特性的信息。

上述方案的一个潜在问题是，它们都是在对 BGP 进行扩展的基础上携带具体的 QoS 信息，这就引起了有关融合和测量方面的问题。另一个问题是，通过将在所有的网络域中定义并使用哪一组通用的服务类型，而引起的对于一种"共同语言"的依赖。考虑到技术和架构的异质性，以及主要是各不同网络供应商的域中不同的资源管理政策，这将是一个非常难以实现，而且很可能是不现实的目标。

除了技术上的障碍，缺乏完善的商业模式，以及可行的 QoS 结算和计费方法，都阻碍了服务供应商部署域间 QoS 解决方案[10]。事实上，QoS 不是单纯的技术问题，因此，不能完全依靠技术手段加以解决。确定充足的商业模式是成功部署 QoS 的一个基本要求，特别是在域间情形中：没有具有吸引力的商业模式，对于各参与方履行 QoS 要求的鼓励就不够明确，因此域间端到端的 QoS 就很有可能从来不会实现。

7.5.3　未来网络中的 QoS——新的挑战和工具

应根据新兴的网络概念重新审视 QoS 机制和工具。未来网络应支持无数的应用和服务，具有非常广泛的特点和要求。确定性的性能往往包含在未来网络的"愿望清单"中。

人们普遍认为单独过度配置网络容量将足以保证大多数情况下的 QoS，从而绕过对复杂、昂贵的 QoS 机制的需求。然而，不管是出于经济原因（如在接入网络中广泛部署光纤所需大额投资），或是固有的技术限制（如无线网络中的频谱可用性），都不能把过量的网络资源当成是理所当然的。另外，即使过量配置作为一种可行性方案，网络中某一点上发生拥塞的可能性也无法消除，而且实际上可能由于多种原因导致这一情况发生，如多个流量源恶意联合作用的结果［如分布式拒绝服务（DDoS）攻击］，由于流行内容所产生的网络内的流量变化，网络故障引起的流量重定向，甚至是链接上正常随机的流量波动。另一方面，历史事实证明，伴随着用户带宽需求的相应增加、网络容量也会增长。十多年来，固定和无线的网络平台已经见证了容量和流量至少50%的年增长量[5]。

由于资源过度配置本身并不是解决 QoS 问题的办法，所以很明显未来网络需要某种形式的 QoS 控制。不幸的是，对于网络运营商来说，大规模地实施 QoS 技术远不是一件小事，而且通常许多网络运营商都倾向于避免，或至少将这项成本最小化。许多网络管理员选择在他们的网络中不启用 QoS 功能，因为难以对这些功能进行适当的配置，这需要充分理解其背后的复杂机制和流量的动态变化。

在这种情况下，网络内管理（INM）就构成了一个有效的工具，来简化和提高 QoS 管理操作的可扩展性。INM 通过实时监控功能和自动配置管理，克服了传统网络管理的限制。 INM 可以支持大型网络根据外部事件进行适应调整和自我配置，并允许进行低成本的运行[14]。通过将与 QoS 相关的管理功能推进到整个网络，并在所有节点分配 QoS 管理逻辑，可以使用这些功能来简化 QoS 管理。在 INM 中，每个网络节点的架构包含一个专用的 QoS 管理功能组件（QoS DMFC），它负责处理的功能与用户享受到的特定水平的 QoS 保证相关，其根据是三组管理功能：访问物理资源、交叉层叠 QoS 参数和/或数据、复合度量计算[15]。

像之前讨论的那样，用户的满意度不能仅由 QoS 进行测量，因为它需要一组更加宽泛的测量指标，通常与 QoE 的概念相结合。在这方面，NetInf 可以在升级用户感知的质量方面带来重要的好处[19]。

- 高效的大规模分布：NetInf 为大规模范围内的信息分布提供了一个独立于应用的服务，这对于迅速变化的需求来说是十分强有力的。
- 提高的信息可用性：因为 NetInf 中对于信息的需求可以由任何持有该信息的主机来满足，因此不会依赖于特定的一个或一组服务器。此外，因为信息的标识符独立于它们自己的位置，所以信息的可用性也得到了改善，这意味着该信息可以被重新定位。
- 增强的安全性：作者认证和来源认证机制，以及用于检查内容完整性的机制，这两者都集成到网络服务中（与当今网络中主要以信任服务器递送信息为基础的机制相反）。

最后，下面章节中讨论的网络虚拟化提出了一个抽象层，隐藏了网络基础设施的特殊性，形成了有关分布在多个域的网络资源的同一看法，从而克服了这种情形中 QoS 控制的传统上的局限性。

综上所述，很显然，控制 QoS 的能力仍将是未来网络的基本要求。新网络概念和技术将实现应对 QoS 的新方法，提供改进 QoE 的新工具。然而，必须从新兴网络概念和工具的角度对几个问题重新评估：如何动态地控制和共享网络资源？如何在异构网络或跨多个供应商的域中提供端到端的 QoS？如何保证可扩展性？QoS 如何与流动性和安全性这样的特性毫无障碍地共存？

7.5.4　网络虚拟化环境中的 QoS

网络虚拟化有可能成为未来网络的一个重要组成部分。如前所述，许多网络域都是由虚拟而不是物理的网络资源构成的。这将对如何在域内和域间环境中配置及控制 QoS 产生显著影响。

图 7.7 展示了基本的网络虚拟化环境。之前已经讨论过其中每个部分的作用，这里不再重复。在这种情况下，在 QoS 参数指定的 SLA 的基础上，可以建立几种类型的业务关系：终端用户和 VNO 之间的关系，VNO 和 InP 之间的关系（为简单起见，在虚拟网络运营阶段假设的一个 VNO 和 InP 之间直接的业务关系，即一个 SLA），以及在虚拟网络跨越多个物理域的情况下，各 InP 之间的关系。

虚拟化提出了新的 QoS 要求。比 QoS 差异更多的是，虚拟化要求虚拟网络之间的 QoS 隔离。事实上，虚拟网络应该复制由物理资源支持的网络行为，在所有方面，包括确定性的性能。因此，必须在虚拟化环境中两个不同的层次上来讨论 QoS。

- 在虚拟网络中，原则上任何 QoS 政策都可以由 VNO 自主地确定和部署（例如，语音和数据的服务差异等级）。VNet 内的 QoS 机制必须不受底层特性或其他共享相同资源的 VNet 内运行流量的约束。从 VNO 的角度来看，网络资源是虚拟的而不是物理的这一事实不应该强加任何具体的限制。

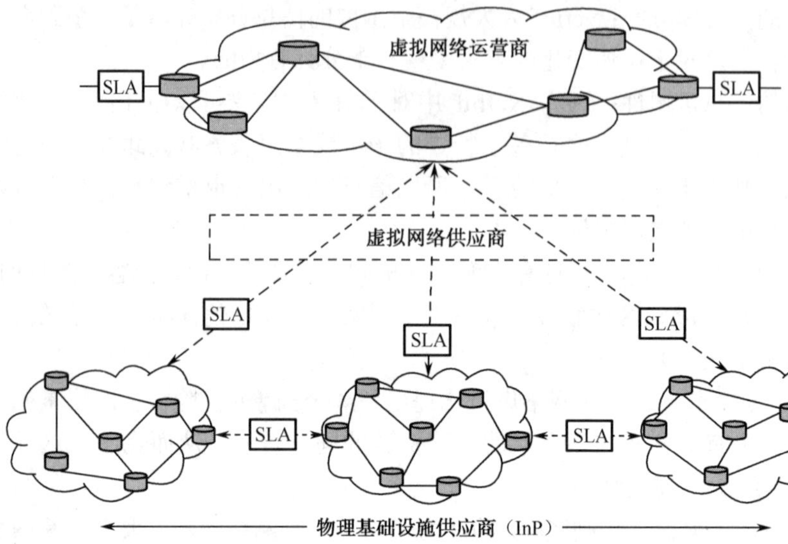

图 7.7 单一虚拟网络域，多基础设施域

● 在基底层，虚拟网络之间的 QoS 隔离是一个关键的要求，因为在 VNet 内任何 QoS 政策和机制都无法建立在可用资源没有充足保证的基础上。这意味着，由 VNO 认购的充足容量应该永久可用，不管由共享同一物理资源的并发虚拟网络所发起的流量如何。与 VNO 签约了网络服务的顾客应该希望获得与独家物理资源提供的服务类似的性能水平。

这一双层问题使域间 QoS 复杂化了。虽然许多由网络虚拟化所带来的 QoS 有关的问题可以通过使用经典的 QoS 方法来解决，但是复杂性的增加和对可扩展性可能产生的影响值得进一步分析和评估。即使在单个 VNO 提供客户地址之间端到端路径的情况下，底层路径也可能建立在多个不同物理网络域的基础上，这就使得在涉及端到端服务传递的多个参与者间认定违反 SLA 的责任特别具有挑战性。

从不同的角度看，网络虚拟化可能通过将虚拟网络从底层网络基础设施中分离出来，从而有利于 QoS 管理。如果涉及多个物理基础设施域，这一点尤为重要。在这种情况下，从传统的角度来看，跨越多个异构网络建立一致的 QoS 政策代表一种复杂的挑战。通过提供一个隐藏了基础设施物理特征的抽象层，网络虚拟化实现了平滑、简化的 VNO 资源管理过程。此外，网络虚拟化使得对分配或取消分配虚拟资源（如链路带宽）、修改响应式网络拓扑成为可能，这代表一种动态控制网络资源并最终控制 QoS 的强大工具。

总之，由于抽象层将虚拟资源从物理资源中分离出来，当网络资源位于多个基础设施域中的情况下，网络虚拟化就成了一种很有前途的处理 QoS 的工具。但是，虚拟网络的隔离和资源细粒度控制的要求引起了可扩展性的问题，值得进一步研究。

7.6　结论

互联是当前互联网成功的基石之一。尽管存在局限性，但是过去 30 年里，它已经成为可持续增长的工具。未来网络蕴涵的模式转变对于必须要解决的互联方式有很大影响。虚拟化将加剧提供无干扰互联的一个重点问题：为实现商业性牢固互联和供应商之间服务等级协议的可追溯性问题。从这个意义上来说，提供多域服务质量（QoS）是电信领域的新前沿之一。

为应对所有这些挑战，4WARD 已经确定了一套原则，这将有助于克服许多在目前互联网中观察到的增长问题。另外，无论是从纯粹的架构性观点，还是应用于虚拟化网络环境的互联，它都提供了域间互联的第一类概念性构件。

然而，未来网络设计理念中最显著的变化是：域间问题被视为设计中的一部分，而不是一个后来增加的待检验问题。

 参考文献

1. T.G. Griffin, G. Wilfong, An analysis of BGP convergence properties, in *Proc. of SIGCOMM' 99* （ACM, New York, 1999）, pp. 277–288.

2. T.G. Griffin, F.B. Shepherd, G. Wilfong, The stable paths problem and interdomain routing, IEEE/ACM Trans. Netw. **10**, pp. 232–243.（2002）

3. GSM Association, Inter-Service Provider IP Backbone Guidelines, IR.34 （2008）, http：//www. gsmworld.com/documents/ir3444.pdf

4. S. Halabi, *Internet Routing Architectures*, 2nd edn. （Cisco Press, Indianapolis, 2000）

5. F. Hartleb, G. Halinger, S. Kempken, Network planning and dimensioning for broadband access to the Internet regarding quality of service demands, in *Handbook of Research on Telecommunications Planning and Management for Business* （IGI Global Publishing, Hershey, 2009）, pp. 417–430.

6. J. Hawkinson, T. Bates, Guidelines for creation, selection, and registration of an Autonomous System （AS） （1996）, http：//tools.ietf.org/html/rfc1930

7. M.P. Howarth, P. Flegkas, G. Pavlou, N. Wang, P. Trimintzios, D. Griffin, J. Griem, M. Boucadair, P. Morand, A. Asgari, P. Georgatsos, Provisioning for interdomain quality

of service：The mescal approach, IEEE Commun. Mag. （2005）

8. IETF Multiprotocol Label Switching （MPLS） Working Group, http：//www.ietf.org/dyn/wg/charter/mpls-charter.html. Accessed 14 Feb 2010

9. IPsphere. http：//www.tmforum.org/ipsphere/. Accessed 14 Jun 2010

10. C. Macian, L. Burgstahler, W. Payer, S. Junghans, C. Hauser, J. Jaehnert, Beyond technology：The missing pieces for QoS success （2003）, http：//www.ikr.uni-stuttgart.de/Content/Publications/Archive/cm_RIPQoS03_SIGCOMM_36310.pdf

11. X. Masip-Bruin, M. Yannuzzi, R. Serral-Gracià, J. Domingo-Pascual, J. Enríquez-Gabeiras, M. Ángeles Callejo, M. Diaz, F. Racaru, G. Stea, E. Mingozzi, A. Beben, W. Burakowski,

E. Monteiro, L. Cordeiro, The EuQoS system：A solution for QoS routing in heterogeneous networks, IEEE Commun. Mag. （2007）

12. Y. Rekhter, T. Li, S. Hares, A Border Gateway Protocol 4 （BGP-4） （2006）, http：//tools.ietf.org/html/rfc4271

13. J. Soldatos, E. Vayias, G. Kormentzas, On the building blocks of quality of service in heterogeneous IP networks, IEEE Commun. Surv. Tutor. （First Quarter 2005）

14. The 4WARD Consortium, D4.1 definition of scenarios and use cases （2008）, http：//www.4WARD-project.eu/

15. The 4WARD Consortium, D4.2 in-network management concept （2009）, http：//www.4WARD-project.eu/

16. The 4WARD Consortium, Deliverable D-2.2 "Technical Requirements"（2009）, http：//www.4WARD-project.eu/

17. The 4WARD Consortium, Deliverable D-2.3.0 "Architectural Framework：New Release and First Evaluation Results" （2009）, http：//www.4WARD-project.eu/

18. The 4WARD Consortium, Deliverable D-3.1 "Virtualisation Approach：Concept" （2009）, http：//www.4WARD-project.eu/

19. The 4WARD Consortium, Second NetInf architecture description （2010）, http：//www.4WARD-project.eu/

Chapter 8

第8章
网络管理

Daniel Gillblad，Alberto Gonzalez Prieto[1]

摘要： 我们提出了一个用于管理的解决方案：网内管理。它建立在分散化、自我组织和自主管理流程的基础之上。其核心思想是，网络外部的管理工作站将管理任务委托给网络本身，以支持那些自我配置、动态适应的外部事件，并允许低成本运营的大型网络。我们讨论了网内管理的挑战、益处和方法，提出了一个架构框架，适宜于在网络元素内嵌入不同的层次。另外还描述了以分布式方式支持实时监测的新颖算法的例子，讨论了用于资源控制的自适应方案。我们还大体介绍了全网矩阵、组规模估算、数据搜索和异常检测的实时监控。我们的结论是，稳健的分布式算法可以用于多种管理任务，但不会带来网络设备方面的过量负载。

8.1 简介

为了应对维持越来越大的异构网络化系统所面临的挑战，4WARD 项目已经朝向操作未来网络的新型管理手段进军。我们已经定义了：

（1）一种支持分布式管理运行的新框架；

（2）一种用于网络监控和自适应的分布式管理算法。

这些构建模块为执行自主网络管理提供了基础，并分布在网络之中。

---

1 D. Gillblad（通信），SICS—瑞典计算机科学研究所（Swedish Institute of Computer Science, Stockholm, Sweden）。Alberto Gonzalez Prieto，瑞典皇家理工学院（KTH—Royal Institute of Technology, Stockholm, Sweden）。

8.1.1　现有方法的局限性

传统的管理解决方案通常在网络之外的管理工作站执行。这些站点与被管理设备进行交互，主要是以每台设备为基础，以执行管理任务。例如，在网络运营期间，管理站会定期调查各个设备在其域中本地变量的值，如计数器或性能参数。然后管理站的管理应用程序对这些变量进行分析，以确定在每个被管理的设备上执行哪些动作。

管理体系和被管理网络之间的这种互动模式用于传统的管理框架和协议中，包括SNMP、TMN、OSI-SM。该模式已经被证明对于大小适中、状态进化较慢的网络是成功的。特别是，它们的配置很少需要改变，而且也不需要进行快速干预。然而，今天许多新兴的网络背离了这些特点。我们设想在未来网络中，特别是由于其无线和移动扩展及接近物联网的特性，网络将包括数以百万计的网络元素，其状态将是非常动态多变的，其配置也需要持续不断地进行调整。

我们首先要解决的是传统管理模式中扩展性差、对于变化的网络环境反应较慢，以及需要密集的人工监控和频繁干预这几个方面的问题。

8.1.2　INM 法

现如今部署的管理解决方案有两个主要特点。首先，被管理的设备一般呈现出简单和低层次的接口。其次，管理站被管理的设备通常在每台设备上直接交互。被管理的设备之间不存在为管理目的进行的交互作用，这些设备没有管理决策的自主权。因此，从管理的角度来看，这些设备是"哑"的。

以往设计的管理解决方案都具有两个特点，目的是使其网络元素不要太复杂，并将提供服务的被管理系统和执行配置与监督的管理清楚地分离开来。这也使得管理系统简单，结构层次分明。

针对网络管理，我们提出了一个"革命性"解决方案。它指的是这样一种方法，即构想并设计出摒弃上述两个特性的管理概念和能力。

我们提出的这种方法称为网内管理（INM）。其基本概念是分散化、自组织和自主性。我们的想法是将管理任务从网络外部的管理站委托到网络本身。因此，INM 方法涉及在网络中的嵌入管理智能，或者，换句话说，让网络更加智能化。现在被管理的系统自己执行管理功能。它自主执行重新配置和自我修复。

为了实现这一愿景，管理功能与每个网络元素或设备都有关系，它们除了监控和配置本地参数外，还与其附近的对等实体通信。将这些实体集合起来可以创建一个管理平面，它是执行监测和控制任务的网络内部具有管理功能的一个薄层级。

根据传统的 FCAPS（故障、配置、计费、性能和安全性）电信网络管理模式，我们集中在网络本身内部的执行故障、性能、配置和管理任务。我们开发的解决方案还可以用于支持计算和安全性，如通过提供用于计费的关键信息。

INM 模式的潜在好处包括以下特性：

● 管理系统的高度可扩展性，例如，在短期执行时间和大型系统中上级的低流量方面，可以对大型网络实现有效管理；

● 对于故障、配置变化、负载变化等实现快速响应，增加了网络的适应性，导致被管理系统具有高的鲁棒性；

● 通过降低资本和运营支出而实现 INM 技术的高商业价值。

这种模式的一个可能的缺点是，为实现管理目的，必须在网络元素中进行资源处理，这就潜在地增加了成本和网络元素的复杂性。然而，减少这样一个系统的运行成本可能会抵消增加的初始资本支出。

8.1.3　范围和贡献

可以将网络管理系统看成执行一个闭环控制的周期，由此，可以在连续的基础上估算网络状态（即态势感知），而且根据估算的结果，动态地确定将在网络上执行哪些行动，以实现业务目标（即调整）。

4WARD 中开发的工作有助于控制周期的两个部分。具体来说，我们已经开发出用于态势感知的算法，用于全网矩阵、组规模估算、拓扑发现、数据搜索和异常检测的实时监控，8.3 节中将给出相应的例子。我们还开发了自适应的算法，8.4 节中有简要讨论，它特别关注了 4WARD 中其他研究领域的自适应，如 VNet 和全球定位系统。此外，我们已开发了自适应的解决方案用于管理平面的自组织，协助进行配置规划。最后，也是在自适应的背景下，受化学流程模型的启发，我们已经开发出了一个用于设计自适应网络协议的框架。

为了支持 INM 算法，我们已经创建了一个 INM 框架，在 8.2 节中有具体的讨论。该框架实现了管理职能，而且它定义了一组架构要素，用这些要素可以创建任何分布式和嵌入式的管理结构。

8.2　INM 框架

4WARD INM 框架以高度分布式架构来支持未来网络的管理操作。其主要目的是设计接近管理服务的管理功能，在大多数情况下它们位于相同的节点内；这些功能将作为目标做法，与服务共同进行设计。在这一目标中，我们确定了网络中嵌入式管理功能的 INM 模式。

按照革命性方法，该框架提出了一些基本原则和构造，表明如何根据 INM 模式设计并操作具体的网络。这是一个基础，用来确定 8.3 节和 8.4 节中的模式作为分布在网络中的功能，并从它们开始，通过自组织机制构建管理操作。

8.2.1 INM 原则

INM 框架规定了五项基本原则，指导未来网络管理能力的设计。这些设计原则是设计管理框架基本要素的共同基础。此外，INM 框架将技术成果与一种采用新型 INM 功能的渐进式非破坏性方法结合起来。第一个原则解决了 INM 模式的基本思路，并捕捉了所有自我管理功能的潜在发展。

（1）内在原则：管理是网络所固有的。该基本原则描述了这样一个事实，即网络同时也是管理实体。同样，这一原则也规定了 INM 框架中所有的架构考虑内容。

以下三个原则是内在原则的结果，并支持未来网络中嵌入式管理功能的设计。这些原则是实际情况下一般性放松情况的极端例子。

（2）固有原则：管理是网络元素、协议和服务固有的一部分。因此，管理功能是网络不可分割、共同设计的一部分。例如，在一个结构化对等网络中，覆盖管理本来就是由对等机械实现的，而且可以被认为是一种固有的管理能力。

（3）自主原则：这一原则导致采用一个完全自组织的管理平面，它也会自动执行高级业务目标，并进行物理干预。显然，这一原则的纯粹形式是不可行的，但它确定了未来网络自动化研究的长期目标：自我管理功能将超越单纯的设备参数调整，并努力包含以往被排除在外的域，如在业务目标指导下的网络管理。

（4）抽象原则：外部管理操作发生在尽可能高的抽象层次。在理论上的极端情况下，网络可能在生命周期开始时由外部刺激引发一次。从自主原则的意义上来说，所有后续管理行为和过程都是隐藏的，而且是自主的。这一原则指导我们为操作人员定义管理接口，与今天的方法相比，它将内部自我管理流程隐藏得更深。

此外，INM 框架定义了以下架构原则来解决渐进的架构设计方法。

（5）过渡原则：应以渐进式采用的方式将架构设计原则（2）～（4）应用于可操作网络，并加以发展。这一原则是至关重要的，因为它能够逐步部署 4WARD 自我管理技术，特别是保证了 INM 成果的市场性。

8.2.2 INM 过渡程度

虽然架构原则（2）～（4）在本质上是理论的，但是过渡原则将它们分解成了相应的功能设计空间（见图 8.1）。该原则支持在各种实用的程度上逐步采用这些原则。在图的中心，INM 设计了极端的例子，在这个例子中，以纯粹的形式采用了原则（2）～（4）。

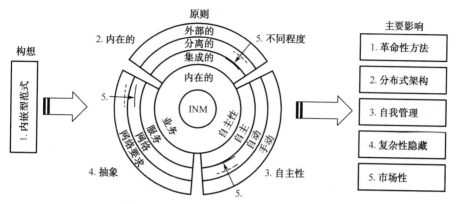

图 8.1　过渡图：功能设计空间的三个方面

连同嵌入度，INM 框架为固有原则提供了一个放松度的范围。可以将管理过程作为外部的、分离的、集成的或固有的网络管理功能加以实施。集成的管理功能弱于固有的管理功能，因为它并不是一种无法区分的管理功能，而是设定了可见的和模块化的管理功能，这些功能仍与特定的服务密切相关并集成在一起。分离的管理过程是那些与服务更加分离的管理过程，如弱分布式管理方法。外部的管理过程包括今天广泛使用的传统管理范式。

包括自主度，INM 框架还允许不同程度的自治管理，从人工手动到全自动的过程。人工手动指直接手动操作管理参数，如手动路由配置。自动化管理通常在管理脚本应用程序中。自主和自治程度包括智能程度，它允许系统在网络管理方面管理自己的行为。

连同抽象程度，可以根据电信管理网络（TMN）功能层次结构采用不同级别的管理。这导致外部管理互动的数量减少，而外部管理互动的数量对于将人工手动互动最小化，以及维护大型网络系统的可管理性来说是十分关键的。具体来说，可以将这一点理解为从受管理的目标这一范式转移到由目标进行管理的一种范式。

根据图 8.1 的建议，在可行性、具体目标和其他要求的基础上，网络的不同部分可以采用特定的嵌入度、自主度和抽象程度。INM 原则从功能维度对转变进行指导。如果在设计新组件时考虑设计问题，这些组件可以用无缝过渡到纯粹 INM 情形的方式囊括现有的管理功能。

8.2.3　INM 框架架构

INM 原则和过渡程度转化为以下实施网络管理时 INM 框架遵循的四个关键设计方法。

（1）协同定位（结构）：INM 框架使管理功能得以实现，它与服务主题一起定位到管理。从结构的角度来看这一目标强调紧密集成。

（2）合作设计（功能）：与协同定位互为补充，INM框架采用了一种风格的管理功能设计，结合了被称为合作设计的服务功能，从功能的角度强调紧密集成。

（3）协作（功能、协作）：为了实现高度分布式和自适应管理功能操作，INM框架清晰地定义了被称为管理能力的管理功能构件之间如何进行协作。

（4）由目标进行管理（功能、组织）：INM框架遵循由目标进行管理的范式，而不是受管理目标的范式，定义了如何通过管理域、自我管理实体和管理能力，以分层的方式执行和报告高级别目标。

在介绍遵循这些指导原则的INM模块化、分布式架构的主要概念时，有必要了解主要的参与者，以及它们如何联系。为简单起见，我们参考了一个包括两个角色的模型，这将有助于确定INM的主要受益者，如图8.2所示。

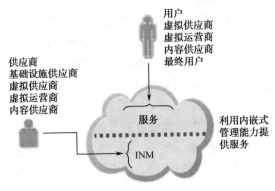

图8.2　INM中的主要行为人

（1）供应商：负责和经营网络资源的实体，要么是实际的，要么是虚拟的。供应商映射到不同的商业角色，如基础设施和服务供应商，以及虚拟网络运营商。每一个都需要INM来经营其各自的资源域。对于供应商来说，INM提供了一组接口来操作这些资源，并遵守与用户之间的服务等级协议（SLA）。

（2）用户：请求并使用供应商提供的资源的实体。承担供应商职责的实体，在使用另一个供应商的资源作为服务时，同时能够承担用户的角色。

鉴于供应商和用户之间的法律关系，用一个SLA来定义提供给用户的服务类型，并保证服务质量。因此，INM使用SLA的技术描述作为输入来配置服务。这些描述可以采取XML文档的形式，它具有明确的，经过协商的网络性能。

图8.3显示了INM框架的主要概念。在操作者一侧，全球管理点（GMP）是网络管理的高级别入口。GMP认证是操作员唯一可见的管理界面，通过目标提供了最高水平的抽象化。

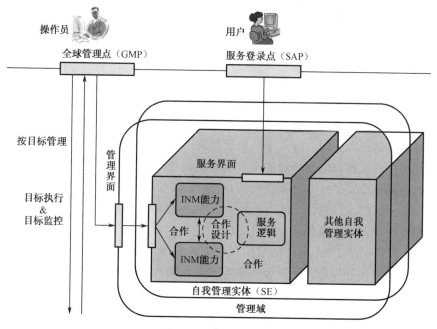

图 8.3　INM 框架概况

在第一个细化层次，全球管理点提供接入一个或多个管理域，每一个都允许访问嵌入式管理平面中的一个定义明确的子集。在网络运行期间，多个域可以在任何时间内存在，它们的配置可能会改变，它们可以随着时间动态地被建立和拆除。对于虚拟网络的嵌入式管理平面进行进一步的细分，可能会发生在结构和功能方面，如由自我管理实体（见下文）进行的细分，以及仅与性能相关的管理功能之间的分离。

虽然管理域的目的是从结构和功能特性方面，提取定义明确的管理主体，但是自我管理实体（SE）却囊括了单个服务的自我管理功能，如信息联网。它们是包含了一些必需性能的逻辑结构，这些性能能够实现未来网络以服务为中心的网络基础设施的自主操作。SE 提供了一种方式来嵌入一组通用属性，这些属性使得只具备运营商高级别干预的网络操作得以实现。为此，SE 相互协作，在服务级别执行目标，以满足操作者高层次目标所规定的特定服务目标。然而，如何将其分解到较低级别的目标仍是一个悬而未决的问题。

每一个自我管理的实体都包含多种管理能力（MC），在非常精细的级别实施准确的自适应管理算法。8.3 节和 8.4 节描述的所有算法都在这个级别贯彻落实。虽然在 SE 中包含 MC 是一种可能，不过管理能力也可能存在独立。这种配置对于包含更多一般管理算法的管理能力是有用的，如一般的监控功能。这些可能性反映了8.2.2 节描述的嵌入度，适当的 MC 接口也允许在同一个管理系统中混合不同程度的嵌入度。

每个管理域都包含了一些自我管理实体（SE），更精确地说，是一组 SE 的结构或功能子集。换句话说，就是一个管理域使用将有限的管理能力进行分离的方式，对一组 SE 进行划分。例如，允许操作者只访问一个定义明确的、有安全保证的管理功能的子集。这两个最基本的部分会对 SE 的组织和协作接口做出回应，更具体来说，划分的部分可以对任何一个由 SE 限定的自我管理实体做出回应。图 8.3 展示了由横穿同一组自我管理实体的多个重叠平面所划分的部分。需要注意的是，这种划分只适用于通过接口从外部访问的嵌入度，也就是说，不包括固有的嵌入度。

目标执行和监控与前面所述的元素层次结构是同步的。关于执行，操作者在全球管理点的层面上指定了一个抽象级别的目标，并通过管理域和自我管理实体分成一些子目标，直至达到各自的管理能力。另一方面，目标受到监控，并以与元素顺序相反的顺序朝向全球管理点聚集。

图 8.3 也说明了 INM 框架瞄准的四个主要目标。特别是管理和服务功能之间的协同定位和合作设计操作，后者经由服务接入点接入（SAP）。

8.3 INM 实时态势感知

网络性能实时监控和异常与故障检测，对于自主网络管理至关重要。在为网络运营商提供输入的同时，它们也进行自我调整以适应网络内变化条件的基础，如自适应路由、搜索和 QoS 管理。我们已经开发了一些解决方案用于分散阈值检测[16]和概率性网络管理[1]，如实时自适应监控[4,6]。这里，我们提供了四个关于实时网络监测的分布式算法例子：从鲁棒性和性能方面比较基于 gossip（闲聊）方案和树基方案的网络测量聚集；分布式故障和异常检测方法；避免由大量节点响应查询或事件导致网络内爆的统计方案和算法；自组织网络中关于搜索挑战的简短讨论。

8.3.1 实时监控的算法问题

对大量的网络实体提供实时、连续的全球指标估值，如总和、平均值或最大值，对于高效的网络监控和 INM 来说是十分关键的。INM 中一个重要的方面就是评估和比较全球指标分散聚合的不同算法。这一评估和比较应该以一定数量的关键属性为基础。

（1）根据精度和响应时间，在实际、"正常"的操作条件下的表现。

（2）可控性，用可预测的方式以性能抵消管理费用的能力。

（3）可扩展性。这个属性涉及的运算能力解决网络配置规模不断增加的问题，且不会带来不可解决的瓶颈问题。通常把它理解为管理费用次线性增长的一个要求，作为网络规模的一个功能。

（4）鲁棒性。该算法能够在不良操作的条件下保持功能，包括随机故障（如节点故障），网络中出现的当地过载情况和各种安全攻击。

我们主要集中在网络上本地测量分布聚集的算法方面。具体来说，我们主要集中在两种算法上：树基和基于 gossip 的算法。我们已经解决了以下目标：两种方法的比较，它们对于不同聚合任务的适应性，以及对于上述比较属性的评估。我们的发现主要基于：

（1）对于树基和基于 gossip 协议的设计和评估，它们对于随机的节点失败适应性强，这种适应要么是全部，要么是部分[16]；

（2）针对分布阈值检测，设计和评估树基和基于 gossip 的协议[14、16]。

总的来说，我们的理论和实验研究表明，在很多方面树基协议优于 gossip 基的聚合协议，所涉及的方面包括：

（1）管理费用/准确性比率；

（2）从随机故障中恢复的能力；

（3）在稳定配置中聚合精确值的能力，这一点十分重要，如在需要对加密信息进行聚合时，在隐私应用程序中这是必需的；

（4）支持范围广泛的聚合功能的能力；

（5）快速聚合；

（6）易于分析。

例如，从基于 gossip 的解决方案到树基解决方案的过程中，我们总是发现估算参数减少了将近 10[16]。在图 8.4 中，使用真实的网络数据[16]，我们根据稳固的闲聊协议 GGAP（闲聊—通用聚合协议）和早期开发的树基聚合差距（泛型聚合协议）设计了估算误差。其他的实验，如根据网络规模、失败率或协议管理费用，测量估算误差，提供的结果与观察到的内容是一致的。这也适用于针对分布式阈值检测的 gossip 基和树基解决方案之间的比较。

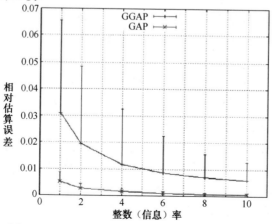

图 8.4　树基和 gossip 基算法的鲁棒性及性能比较

我们首先注意的是，有标准、简单的解决方案，使得树基协议在应对随机节点故障时更加稳健，代价是巨大的瞬态误差[3]。我们发现使 gossip 协议更加稳健的挑战性巨大。的确，我们不知道具有可比较范围的 gossiping 版本，如基本差距协议。事实上，我们已经开发出的解决方案只有在应对随机故障时是稳健的，这种随机故障是不连续的，因为不允许给定节点的两个相邻节点在同一个回路里发生故障[15]。一般来说，众所周知的标准是支持树基算法的。

然而，也有人明显反对树基方法。这包括将管理流量集中到几个网络链接的倾向，以及有时可能出现的戏剧性瞬态误差，这是由于响应节点故障的树重构引起的。同时，我们遇到了一些迹象表明，在高度动荡的情况下，树基协议的性能开始显著恶化，以至于被 gossip 基协议超过。不过对这一点的认识尚不足够，还不能得出确定的结论。

根据上述原因，我们的结论是，在合理的节点故障率假设下，对于网络管理应用程序来说，树基方法优于 gossip 基方法。

8.3.2 分布式异常检测

在针对 INM 的 4WARD 项目中，已经开发出了一种分布式方法用于自适应异常检测和协作式故障定位。分布式算法的目的是从每个链接上通常观察到的响应延迟和丢包情况中，统计检测通信故障和偏差。通过分布式监测得到响应延迟率和丢包率，在监测中每个节点通过发送探头监测相邻节点。与前面提到的用于粗粒度异常检测的 GAP 算法的跨阈值检测能力相比，该算法试图将检测到的异常定位到网络的特定部位。未来查明检测到的异常行为源于哪个节点或链路，需要使用相邻节点进行协作式故障定位[12]。

分布式异常检测方法专注于实现以下三个目标：第一，算法参数的自适应性应该大大降低对手动配置的需求；第二，调查机制的适应性应该使带宽使用的效率提高，如与传统的基于固定间隔探测的监控相比；第三，该算法在没有严格修改的情况下，应该可以运行于不同类型的网络、网络层和数据输入。

这个想法的目的是统计性地模仿每个节点每一次连接的预期探测响应延迟和丢包率，使用估算模型用于参数调整，以使算法使用的网络资源适应本地条件。与间隔探测中指定算法参数，应该将流量偏差视为异常的特定阈值不同，这里将手动参数设置看成预期链接延迟或获得探测响应概率的成本或一部分。与具有固定探测间隔的监测方法相比，这里提出的异常检测算法，在本地观察到的探测响应延迟的基础上，不断调整探测间隔。这样可以减少由探测流量引起的总链路负载。

分布异常检测的方法能够适应观察到的探测响应延迟中的长期变化。通过了解循环方案中暂时重叠的统计模型，可以实现对于观察到的探测响应延迟的调整，在这一方案中将之前的模型用于对下一个模型的前期输入。这种类型的学习机制包括暂时性的重写本属性，并允许顺利适应长期变化，而逐渐遗忘早期观察的内容。

检测机制是为了更加确定观察到的行为是否真的异常。例如，通信故障的检测包括发送一系列的探测结果，其目的是增加检测的确定性。探测数量和探测之间的时间间隔会自动调整以适应观察到的探测响应延迟和丢包情况（见图 8.5）。对于预期探测响应延迟中检测到的变化，经常使用伽马分布对称 Kullback-Leibler（KL）散度作为指标，来对比现在和以前的响应延迟模型[11]。

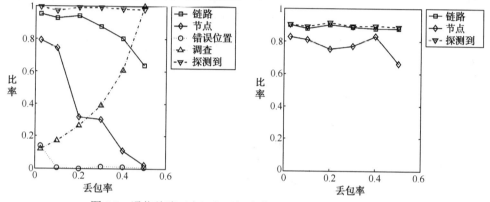

图 8.5　通信故障（左）与延迟变化（右）的检测性能与定位

对于扩展的异常检测算法的初步评估表明，由预期延迟变化或通信故障引起的链接和节点异常可以被检测出来，并定位到某个链接或节点。图 8.5 中显示了对于网络中上升的丢包率的检测和定位性能。使用无尺度网络作为输入在 OMNET + +模拟器中进行了实验研究。我们看到，超过 90%的异常事件被检测出来，而且每种类型中超过 80%的事件可以正确地定位到某个节点或链接。

由于该方法的分布式特性，随着数据包的数量（包括控制消息和探测流量）及连接的数量进行线性调节，它能够在不同类型的网络和网络层（如链接层或服务层）上运行，同时根据网络规模很好地进行调节。

8.3.3　避免网络崩溃

Not All at Once!（不是毕其功于一役）（NATO!）算法[2]解决了许多现代网络中出现的一个问题，如传感器网络、栅格网络、卫星网络和宽带接入无线网络。这些网络由成千上万的终端设备（节点）组成，它们由一个网关进行控制和管理。有时，由于状态变化或本地事件，大量的终端节点必须向网关发送反馈消息。

前面提到的 GAP 算法可用于计算一个组内节点的数量。NATO!是一种替代方法，用于准确估算一组节点大小的统计方案，这组节点受同一事件的影响，却没有来自每个节点的明确通知，从而避免了反馈内爆。主要的想法是在事件发生后，每个受影响的节点在发送报告消息（RPRT）之前，等待一段随机的时间，这一时间取自预定义的分布。当网关接收到了足够数量的RPRT来精确地估算受影响的节点数量时，它就会发出一个停止消息，通知还没有进行报告的节点，不要发送它们的RPRT。这就有效地调整了当前网络状况所需的RPRT信息数量。接下来，网关分析接收到的RPRT的传输时间，定义一个似然函数，并使用Newton–Raphson方法找到受影响的节点的数量，再用似然函数对这些节点进行最大化。

使用数学分析，我们可以提供估算误差的上限和下限，误差约为 $1/(N-1)$，其中 N 是发送的RPRT的数量，这个数字总是被高估。可以利用这个属性使估算误差非常接近于零。仿真结果表明，只有20个反馈消息来自100或10000个受影响的节点，估算误差约为5%，在进行误差校正后，误差就被消除了。

NATO!适用于符合下列要求的网络和系统。

（1）网络由大量向单一网关报告的终端节点组成。每个受影响的节点向网关发送一个单独的RPRT消息将导致以下内爆效应中的一个：

① 网络资源不足以将消息发送到网关；

② 网关CPU资源不足以处理所有这些消息；

③ 网关延迟响应事件。

（2）RPRT是相同的（如 Ack、Nack），如果不是这样，网关应该形成一个广播开始信息，包括期待这类RPRT的查询信息。如果RPRT包含每个发送者所特有的数据，NATO!是无用的。

（3）为了正确地回应事件，网关需要对经历过这一事件的节点的数量有良好的估算。

（4）应该及时完成估算过程。

（5）网关能够对所有可能受到事件影响的节点发出停止消息，以停止它们的RPRT的进一步传播。

（6）设置允许精确计时。也就是说：

① 事件在同一时间发生，或者服务器可以通过一个发出的"开始"消息启动NATO!；

② 所有的节点是时间同步的，或者网络延迟是已知的。

只要满足这六个要求，就有不少针对NATO!的INM应用。例如，INM QoS管理可以利用NATO!方案。跨层QoS管理能力需要从其域中的所有节点收集信息，包括可用的传输速率、单向延迟、BER等。然而，这并不总是可能的，因为并不是所有的节点都整合了要求响应这一请求的复杂机制。NATO!方案可以实行另一种方法，而不是为QoS任务收集行信息，QoS MC发布一个特定的查询，如哪些节点可以容纳具有特定 QoS 要求的流量。只有那些有能力应对这种查询并能适应这种要求的节点才能启动NATO!（针对延迟的积极回应）。NATO!网关算法精确估算了可以满足这种要求的节点的数量，而不需要来自每一个节点的明确通知。根据这些信息，就有可能确定对 QoS 敏感的路由对于一个给定的请求是否可行。

动态搜索和路由，自组织网络通常不能依靠产生搜索表、最短路径和其他优化访问技术的稳定拓扑。如果没有可靠的指标或路由表，就要考虑使用洪泛法、随机漫步算法或 gossip 基算法来探索网络。这些方法可以利用网络节点上的部分知识达到目标，但由于网络动态造成的精确信息不足，搜索工作会自然而然地增加。这个问题尤其与对功耗有严格限制的无线技术密切相关。我们基于模拟和瞬态分析的案例研究，解决了随机漫步算法和洪泛法关于网络探索的效率问题。这样，在将最短路径路由与随机化技术相结合时，对性能权衡进行了论证。至少有三个网络情形在融入未来网络架构时导致了动态的不断增加：

（1）点对点（P2P）和其他自组织覆盖；

（2）移动专用网络（MANET）；

（3）传感器网络。

搜索适用于驻留在网络资源上的任意种类的用户、网络节点、信息、内容或服务，这些网络资源以唯一的标识符为基础，如 IP 地址，或经常用于 P2P 网络的散列值。P2P 系统的高端发展已经拥有先进的分布式数据库系统，它们可以通过可扩展的有效方法建立起来，即使是在非结构化的网络拓扑结构上，以及在存在不可靠节点的情况下。

彩球风暴（bubblestorm）方法[13]建立了一个随机复制方案，其中数据项分布在形成一个数据泡的节点中。保持每一个数据泡的大小与网络规模的平方根成正比，可以由上面所讨论的 NATO!算法有效估算网络规模。通过启用多源下载，复制方案实现了高度的可靠性，提高了搜索性能和通量。大型网络中的彩球风暴（bubblestorm）架构经验已经表明，即使高达 90%的节点同时消失，如由潜在交通网络故障所造成的状况，剩余的网络和数据库系统仍然能够保持完好无损。

为了利用自组织网络，可以通过洪泛法或随机漫步算法完成搜索。在洪泛法中，消息传递负载由于一个预定义的跳动限制 h 而降低，限制了洪泛规模，这是根据网络架构知识和覆盖要求而设定的。另外，如果搜索半径不够，数值很小的 h 初始值可能逐步增加。但是在这种情况下，新的一步会再次访问上一步的所有节点。另一个不利的情况是，在更大搜索半径范围内被搜索的节点数量是未知的，而且通常在非结构化的或无标度网络中呈指数倍增。

为此，随机技术是有用的。一个基本的随机漫步法将网络用作一个逐步渐进的过程，从一个节点到下一个相邻节点，在随机抽取的拓扑中它们具有相邻边缘。单一随机漫步法的一个主要缺点是长时间的延迟，因为它可能需要一个通过网络的、盘绕的路线。这促使我们提出一种新的路由方案用于传感器网络，或将洪泛法与随机漫步法结合起来。

组合变量包括：

（1）具有额外洪泛步骤的随机漫步法，具有从所有被横贯的节点开始的小半径，或从最后一个节点开始的半径；

（2）开始几个并行的随机漫步或将一个随机漫步分入多条路径。

作为一个严格、自适应的负载控制方案，随机漫步法、洪泛法或组合法中的消息数量可以通过实况广播的时间进行限制，也表示为预算控制搜索[5]。如果搜索被分割为并行横贯的多条路径，预算也必须分开。并行的多个随机漫步法可以用于低延迟和低负载要求之间的折中解决办法。

彩球风暴数据库体系结构中数据的随机复制为随机漫步搜索提供了一个有利的环境。一些研究显示，随机漫步法在大型非结构化网络中具有良好性能，除此之外，其他调查也有利于随机方案在专网和传感器网络中的应用。此外，已知的一个情况是，随机漫步法能够有效地利用并不精确且仅仅是部分有效的信息来支持搜索，或者是在网络中的许多节点都能够响应，足以到达更大的组中的一个节点。

8.4　INM 中的自适应

使用 INM 方法进行网络管理，网络本身必须采取主动灵活的网络管理操作来恢复故障、避免预测故障、优化网络运行，或执行网络运营提出的新的或修改过的目标。这通常通过更改网络配置、设置或资源分配而实现。基于先前讨论的实时监控和异常检测技术，它们是了解当前网络状态及其运行的基础，现在我们将注意力转移到如何利用这方面的知识上来，以便采取矫正措施。在本节中，我们讨论两个 INM 自适应的具体例子：如何在配置更改的情况下保证网络的稳定性，和基于突发行为的阻塞控制。

8.4.1　确保 INM 稳定性

由于 INM 过程完全是自动运行的，因此在初始化阶段和运行期间都需要配置机制。一个完全自动化的系统在某些情况下可能并不适合，如安全系统。然而，INM 内的人工干预可能是难以处理的，因为通过外部实体进行错误配置更改，对于一个自动系统来说可能是无法操作的。

由于这些原因，必须规划模块配置。配置组件便于进行 INM 内的人工干预，而预测组件防止了不稳定变化，从而保证了网络的稳定性。这种配置/计划模块在系统进行自我干预后开始运行——由于缺乏实际现场数据，预测模块在启动期间不能执行，而只有新的配置可以通过配置组件来应用。

配置计划由被称为管理员的外部实体来完成。他与 INM 的互动通过 API 产生，API 使他能够检查系统状态并修改设置。重置请求由配置模块处理，它利用预测模块来模拟修改建议的结果。

预测模块实施马尔可夫状态链（Markov chain of states），其中系统的未来状态只取决于当前状态。目前的网络状态由所有活跃的节点数据组成，包括：

（1）现场（活跃的）连接数量；

（2）每个节点的负载量；

（3）负载连接数量（使用带宽最多的活跃用户）；

（4）连接的平均寿命和包延迟；

（5）报警和错误（如果有）；

（6）当前政策（如高优先级的路由策略，如 VoIP，它们在任何情况下都将保持活力）。

预测模块运行如下。假设一组系统可能处于给定状态。系统可以从一个状态进入另一个具有某种过渡可能性的状态。一个稳定的网络状态的特点是相等或更多的现场连接，以相同或更好的连接速度，同时保持所有网络节点之间目前的现状。状态以时间顺序排列，过渡概率计算限定了系统从一个稳定状态到另一个稳定状态的概率。过渡概率是系统所具有的任何处于不同状态中的变量的概率总和。过渡矩阵构造为每个系统变量。节点被认为是相互独立的，并且为每一个节点构建了大量的矩阵。

最后，为每一个系统变量构建了一个总体的系统矩阵。这一矩阵使用每个独立节点计算出的概率，并用于每个系统变量，为每一个相关系统变量设置了阈值。如果阈值越过或低于运行水平，也就是如果检测到了较小的概率，预测模块报告就会报告结果，网络管理员就会得到通知。

该方法允许快速、飞跃式和按需进行模拟。这样可以节省宝贵的存储空间，因为不需要网络历史记录。由于快速地计算时间，这种机制适合于合并网络。它也有利于任务关键应用程序，因为它允许快速访问资源以维持活力，同时对现有硬件基础设施的影响极小。

8.4.2　基于行为的紧急拥塞控制

当今互联网使用的拥塞控制的基本原理依赖于终端系统和路由器的隐性或显性合作。它可以被描述如下：如果路由器队列的填充水平达到了预定配置的阈值，就应用队列管理策略，以随机的方式丢弃数据包。受这些人工数据包丢失影响的终端系统的 TCP 连接减少其发送速率，以避免即将发生的拥塞。如果是基于 UDP 的通信，就由受影响的应用程序来实施一个合适的流量和拥塞控制原理。实际上终端系统和路由器之间所需的交互，可能导致不公平的网络资源共享。为了解决这些问题，我们专注于一个 INM 拥塞控制方法，它不依赖于终端系统和路由器之间的相互作用。为了将所需的配置和管理负载降到最低，我们采用了一个被称为拥塞控制紧急行为的原理，更具体地说是脉冲耦合振荡器的紧急相位同步现象，它在生物学和物理学上是众所周知的一个现象。为了将这种同步性应用到拥塞控制，我们开始：

（1）使用基于 Mirollo 和 Strogatz 模型的振荡器在路由器中关联每个队列[9]；

（2）使用相应的振荡器频率（通过使用一个线性函数）识别队列的填充水平[7]。

在 4WARD 内，该方法的适用性已经在多路径路由方案中进行了研究。在多路径路由中，数据源和接收端之间的多个可选路径被计算出来，可用于实际的数据传输。在我们的方法中，每个被计算出的路径定义一组与相应路由器队列相关联的振荡器 [如图 8.6（a）中的 g_1、g_2 和 g_3]。假定每组中的振荡器在路径计算期间或之后被连接在一起。

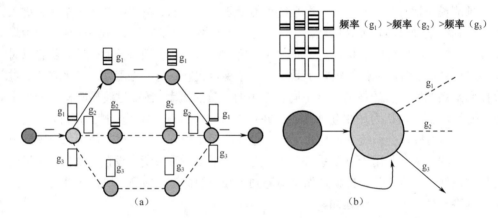

图 8.6　最畅通路径优先的想定

该方法的想法是，在对应振荡器同步属性的基础上，g_1、g_2 和 g_3 中的最高振荡频率限定了整组的频率。因此，如果出现拥塞状况，如图 8.6（b）所示，边缘路由器能够通过比较其振荡器的频率，来确定下一个包的最低的最大填充水平路径。

利用评估工作的结果，我们可以说明：

（1）选择了一个与参数相关的合适的振荡器以后，在目标多路径方案中就会显现出同步属性，我们以多达 100 个路由器的路径长度来评估这些方案；

（2）对于这些得到解决的方案，在频率变异的情况下也会出现同步性，所得到的组频率是最快的振荡器的频率。

因此，所得到的组频率可以用作拥塞控制的基础。

8.5　与其他 4WARD 技术的关系

这里介绍的关于 INM 的工作有助于 4WARD 中其他几个领域所进行的工作，并对它们有一定的影响。一般来说，4WARD 探索将现有或特定的新网络与定制架构结合起来的设计开发过程。在治理和知识层，INM 适合这个设计过程。治理层与管理域及其内部存在的自我管理实体相关，并指定域管理目标。由管理功能所产生的信息被反馈到知识层库，它处理信息，将其呈现给操作人员，并将其反馈给管理层。此外，为 INM 开发的管理算法用于解决不同监测和适应问题的设计模式。这些算法可以是设计模式存储库的关键组件，并包含于网络设计阶段。

通过运行期间决定系统状态的计数器、事件/报警和配置参数，网络管理功能产生了大量信息。4WARD 提出了一种通用的以信息为中心的方法，用于信息联网，其中信息对象的身份被用作参考，以从任何可能存储完整信息对象的节点取回检索。我们已经制定了一套初步的指导方针，关于如何将 INM 原则用于信息联网[10]。由于 INM 流程以分布的方式加以实施，并需要高效的接入和信息存储，因此信息联网是管理信息传播的一个合适选项。

在虚拟网络中，INM 概念适用于两个方面。第一，INM 为基础架构提供了管理操作。第二，根据虚拟网络中运行的网络架构实施 INM 的功能。这两个方面的管理能力可能都需要进行交互，如用于优化或定位一个网络扰动。INM 潜在地解决了虚拟网络设置中的几个问题。基础设施的分散操作实现了资源平衡应用，并有可能对虚拟节点重新定位。在该项目中，我们已经开发出用于虚拟网络资源的分布式再分配方案[8]。另外，虚拟链路受到资源管理行动的支配，以保证带宽和 QoS 要求。最后，涉及根源问题的分析和故障管理在商级（carrier-grade）虚拟联网环境中是非常重要的。

对于通用路径来说，INM 提供了两种主要机制：分布式实时监测和资源调整。在路径管理中这些机制可用于多种目的，如网络状态评估、分布式资源管理、路由策略决策、异常或故障检测、快速故障恢复。通过提供关于路由路径质量的信息，INM 也有助于通用路径路由策略，例如，通过提供准确的链路可用性统计数据，以及通过合作测量，它们与目前路由协议中简单的路径估算办法有显著不同。通用路径机制将与 INM 实体合作，支持实时交通路径和资源可用性监控，也贯穿复合的通用路径。

8.6　结论

随着网络越来越大、异构性越来越强，INM 技术有可能变得更加重要。这是由于需要更少的手动干预以降低运营成本，以及需要可扩展的解决方案来管理更大、更复杂的网络。INM 解决方案是可扩展的，而且是自主的，将在以后应用于所有类型的联网系统。

4WARD 中关于 INM 的主要成就和工作结果就是支持管理操作的 INM 框架和一组分布式管理算法。该 INM 框架是管理职能的使能力量。通过定义三个主要部分，即管理能力、自我管理实体和管理域，可以构建复杂的管理功能，并在框架内建模。该项目的原型实现说明了关键的功能，这些关键功能允许执行并监控目标，并在协作管理能力内诱发自适应行为。

对于网络状态估算来说，它是自适应机制的一个必要输入，我们集中于涉及态势感知的管理任务子集。具体来说，我们已经开发了用于全网度量、群规模估算、数据搜索和异常检测的实时监控。自适应的多个方面也已经得到开发，包括在控制变化和基于突发行为的拥塞控制中，确保网络的稳定性。我们已经看到，稳健的分布式算法可以被设计用于多种管理任务，而不会造成联网设备方面的过多负载。

参考文献

1. M. Brunner, D. Dudowski, C. Mingardi, G. Nunzi, Probabilistic decentralized network management, in *Proc. 11th IFIP/IEEE International Symposium on Integrated Network Management* （IM 2009）

2. R. Cohen, A. Landau, Not All aT Once!, A generic scheme for estimating the number of affected nodes while avoiding network implosion, in *Infocom 2009 Mini-conference*, Rio de Janeiro, Brazil

3. M. Dam, R. Stadler, A generic protocol for network state aggregation, in *Proc. Radiovetenskap och Kommunikation*, Linköping, Sweden （2005）

4. A. Gonzalez Prieto, R. Stadler, Controlling performance trade-offs in adaptive network monitoring, in *Proc. 11th IFIP/IEEE International Symposium on Integrated Network Management* （IM 2009）

5. G. Haßlinger, T. Kunz, Challenges for routing and search in dynamic and self-organizing networks, in *Proc. 8th Internat. Conf. on Ad Hoc and Wireless Networks* （Ad Hoc Now）, Murcia, Spain. LNCS, vol. 5793 （Springer, Berlin, 2009）, pp. 42–54

6. D. Jurca, R. Stadler, Computing histograms of local variables for real-time monitoring using aggregation trees, in *Proc. 11th IFIP/IEEE International Symposium on Integrated Network Management* （IM 2009）

7. M. Kleis, Sync：Towards congestion control based on emergent behavior, in *9th*

Joint ITG and Euro-NF Workshop Visions of Future Generation Networks （*Euroview 2009*）

8. C. Marquezan, L. Nobre, G. Granville, G. Nunzi, D. Duduwski, M. Brunner, Distributed reallocation scheme for virtual network resources, in *Proc. IEEE ICC09*, Dresden, Germany,2009

9. R.E. Mirollo, S.H. Strogatz, Synchronization of pulse-coupled biological oscillators, SIΛM J.Appl. Math. **50**（6）,pp. 1645–1662 （1990）

10. K. Pentikousis, C. Meirosu, M. Miron, M. Brunner, Self-management for a network of information, in *Proc. IEEE ICC09*, Dresden, Germany, 2009

11. R. Steinert, D. Gillblad, Distributed detection of latency shifts in networks, in *SICS*, Kista,Sweden, Rep. T2009：12 （2009）12. R. Steinert, D. Gillblad, Towards distributed and adaptive detection and localization of network faults, in *Proc. of the 6th Adv. Intl. Conf. on Telecommunications* （*AICT 2010*）

13. W. Terpstra, J. Kangasharju, C. Leng, A. Buchmann, BubbleStorm：Resilient, probabilistic and exhaustive P2P search, in *Proc. ACM SIGCOMM 2007*, Kyoto, Japan, pp. 49–60

14. F. Wuhib et al., Decentralized detection of global threshold crossings using aggregation trees, Comput. Netw. **52**, pp. 1745–1761 （2008）

15. F. Wuhib et al., Robust monitoring of network-wide aggregates through gossiping, IEEE Trans. Netw. Serv. Manag.（TNSM）**6**（2）（2009）

16. F. Wuhib, M. Dam, R. Stadler, A gossiping protocol for detecting global threshold crossings, IEEE Trans. Netw. Serv. Manag. （TNSM）**7**（1）（2010）, doi：10.1109/T-WC.2008.I9P0329

第9章
如何建立和管理连接

Hagen Woesner and Thorsten Biermann[1]

摘要： 描述了数据传输架构，它使技术和管理域（分隔间）成为共享信息的保管者。在通信实体之间建立了路径，这些实体是在互联网不同层级上再现的基本功能模块。我们解释了某些功能，如路由、访问控制和资源管理如何在实体的所有层级上反复出现，因此得到了一个以对象为导向的实体和路径的定义。分隔间和通用路径限制了范围，在这个范围内状态信息需要保持一致。分隔间分层与已建立的 ISO/OSI 模型有根本的区别，本章讨论了几个例子，显示传输发生在超过传统上两个端点之间合作的情况。

9.1 简介

促使我们开发数据传输架构的主要因素是我们观察到难以将新的功能/协议引入今天的网络堆栈。其中的一个原因就是没有一致的方式来识别并控制网络中的通信实体。

今天的网络已经发展成为高度复杂连接的传输技术，其中唯一可见的实体——互联网协议（IP）路由器只是单个用户看到的一部分。潜在的连接，不管是 MPLS、以太网还是光学转换波长，似乎只限制相邻路由器之间的关系，减少这种相邻关系管理的复杂性（例如 IP 路由）。然而，复杂性降低的同时也限制了网络中路径选择的自由度。应用程序网关、防火墙、NAT 和伪装进一步限制了这个

---

1 H. Woesner（通信），德国柏林理工大学和EICT公司（Technical University of Berlin & EICT, Berlin, Germany），E-mail: hagen.woesner@tu-berlin.de。

T. Biermann，德国帕德伯恩大学（University of Paderborn, Paderborn, Germany），E-mail: biermann@ieee.org。

选择。

需要一个更灵活，功能更强大，且重复可用的数据传输架构，我们将识别和操作数据流作为这一方法的基础。然而这种方法必须是通用的，足以伸展到各种技术水平，并且应该在终端系统以及中间节点中包含一个广泛的数据处理和转发功能。除了数据流本身外，我们还必须满足管理、控制，并实现这些数据流的实体；例子包括终端系统中的协议引擎或路由器中的转发引擎。

根据这些要求，不可能找到能够适合所有数据流类型的单一解决方案。因此，我们决定选择一个设计过程，组合用于所有不同类型数据流的统一外观和界面，并支持尽可能多在不同环境中的多种类型数据流的灵活性。

我们选择了以对象为导向的方法来设计网络组件，同时保持它们在接口和基本结构上一致。与目前的网络架构相比，这使得新的网络技术更加灵活地结合起来，因为网络可以由组件任意组成。此外，在运行时，由于具有统一的接口，可以根据任何跨层信息对网络进行调整。已经被修改或集成到我们的架构中的数据传输方面的例子包括路由、移动性[1]、合作和编码技术[3]，以及资源分配。

大规模的通信通常不会连续发生，而是需要大量的中间节点来转换电路，或沿着通常都是预先建立的路径转发数据包。路由，也就是在分布式系统中建立路径，就是邻居发现以及随后资源信息交换的结果。在有或没有明确信号的情况下都可以建立路径，任何最佳的数据处理通常需要路径标识符的信号和所要求的服务质量（QoS）参数。从概念上以及技术上将路由与转发分离开来是有益的，因为后者的操作没有那么复杂。路由的复杂性取决于图形的大小和可用资源的变化频率（如移动性），而转发是由路径的性质所决定的。纯电路交换不需要任何地址评估，而像 IP 这样的无连接数据包服务具有很复杂的最长前缀来匹配每个数据包的操作。

流量是一系列的数据包，它们具有某些共同的特点（如源/目标或 QoS 参数）。互联网上流量的大小遵循重尾式分布，但一般观察到的都是"老鼠"和"大象"。这意味着有大量的短（甚至是单包）流量和一小部分很长的流量。在过去几年，由于宽带链接中更高的带宽和宽带饥饿应用程序，"大象"流量的规模增加了[2]。在每周网络数据统计中可以发现证据[8]。这实际上意味着大量的数据包遵循同样的路径，这些数据包转发的优化过程会从无连接数据包传输中预先打包的过程中卸载一个路由器。

---

2 以前是 E-mail，现在是 Facebook；以前是 MP3，现在是高清视频，所有这些的单帧大小都限制在 1970 年以太网的 1500 字节。

9.2 以路径为中心的网络架构组成部分

本节介绍构成数据传输架构的组件：分隔间（CT）、通用路径（GP）、实体、终点（EP）和插件接口。两个关键概念（CT 和实体）已经在第 5 章"命名与寻址"（该章是本章的基础）一章进行了介绍，但为了完整我们在此会重复一下。图 9.1 给出了一个它们之间相互作用的例子。该场景由 4 个实体（E1～E4），4 个 CT（C1、C2、N1、N2），形成两个 GP 的 5 个 EP（EP1～EP5），以及 4 个插件接口构成。C1（如 IP）中 EP1 和 EP2 之间的 GP 通过 C2（如以太网）中 EP3 和 EP4 之间的 GP 实现。实体 E2 有两个活动端点（EP2 和 EP5），并实施可选择的 ForMuxer。

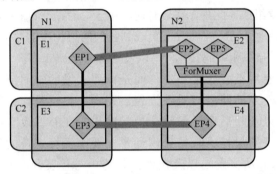

图 9.1　GP 架构组件概述与互动（实体被绘制成矩形，CT 为圆角矩形，
EP 为菱形，GP 为水平线，HOOK 为竖线）

9.2.1　实体

实体是资源管理应用程序的一般形式。根据实施，它可能是一个过程、一组进程/线程。实体控制的资源可以是多方面的：信息对象（网页、视频流），光发送器的比特率，甚至电能或食品都可以作为这里所说的资源的图片。

实体控制并管理资源,而对资源的实际访问——通信——是由 GP 的端点提供的。

实体保留多个 GP 之间共享的状态信息，并运行管理该状态的流程或线程。这种状态信息的例子是路由表、解析表和访问控制表。在传统的网络模型中，实体属于控制平面，而实际的通用路径进入了数据平面。这里的根本区别在于，推动通信的不是"上面的应用程序"，而实实在在就是实体本身。不过，这仍然意味着一个实体可能需要由其他实体提供的服务（资源）。视频流传输所需的带宽可以说明这一点。虽然一个实体控制了视频流（它可能是拉电流、灌电流或两者），但它需要下层的实体来传送视频流。因此，一个资源可能会需要另一个资源。

9.2.2　分隔间

分隔间（CT）是满足下列要求的一组实体：

- 每个实体从 CT 特定的名称空间（如以太网 CT 中的 MAC 地址）携带一个名称。这些名称可以是空的，并且不需要是唯一的。如何将名称分配给实体的规则具体到每一个 CT。
- 一个 CT 内的所有实体都可以通信，也就是说，它们支持最少一组的信息交换通信基原/协议。这些协议实现为不同的 GP 类型。因此，要加入一个 CT，实体必须能够以实例显现 CT 所要求的 EP 类型。
- 一个 CT 中的所有实体都可以进行通信，即不存在物理边界或禁止它们通信的控制规则。

特殊 CT 是节点 CT（图 9.1 中的 N1 和 N2）。它对应一个处理系统，通常也就是操作系统，允许不同进程之间的通信（例如，通过使用 UNIX 域插座）。通过虚拟化手段，可以在一个物理节点上创建多个节点 CT。

一个实体往往至少是两个 CT 中的构件，一个"垂直的"节点 CT 和一个"横向的" CT。此外，该实体在每个相应的 CT 名称空间中有一个名称集（可能为空）。

9.2.3　通用路径

通用路径（GP）是位于同一个或远程节点内通信实体之间数据传输的抽象概念。实际的数据传输，包括数据的转发和处理，由 EP 执行。

9.2.4　插件接口

插件接口是节点分隔间内的 GP。在使用其中某一种选项的情况下，它实现了两个端点之间，或一个端点和一个 ForMuxer 之间的绑定。除了交换数据外，插件接口还向其他 CT 隐藏了名称，以允许以后改变 GP 的实现。插件接口号等同于端口，但插件接口本身比端口号多，因为它具有两个标识符（在其两端）。对于各个实体来说这些标识符（插件接口号）是本地的。更容易改变绑定是保持一个标识符而不是两个标识符的原因。对于一个实体来说，基本上，当本地插件接口绑定被改变到另一个端点时，本地插件接口号保持不变。

9.2.5　端点

端点（EP）保持一个特定 GP 实例的本地状态信息，即它是一个线程或进程，执行一个数据传输协议和任何一种流量改造。 EP 由一个实体创建，并且可以访问该实体共享的信息。

通常情况下，GP 需要其他 GP 提供他们的服务。例如，TCP / IP GP 需要另一个提供不可靠单播的 GP，比如说一个以太网 GP，在终端提供一个可靠的单播服务。因此，EP 就通过插件接口绑定到同一个节点内的其他 EP。

需要注意的是，由于可能有不同的名称空间、协议等，GP 不能跨越 CT 界限，始终驻留在单一的 CT 内。

9.2.6 选项：ForMuxer

转发和多路传输是一个本质简单的函数，由三个步骤构成。第一，输入仲裁器决定在可用端口中的什么地方获取下一个数据。第二，基于在一个帧头内传输的一些内部状态和名称（标签）的组合，咨询转发信息库（FIB），提供了有关输出端口的规则。第三，数据框被放入相应的输出队列。在分割控制与数据的架构中，formuxing 会明显地转到数据路径，这意味着它可以被委派到 EP 功能。这就意味着在一个端点内有多个进出的插件接口，除了编写或除去首标信息，这一端点还执行转发决策。第二个选择是要拿出一个清楚地表达转发和多路传输的专门的构建模块——ForMuxer。该模块对应于由实体控制，并通过数据路径（也就是插件接口连接到端点）的一个哑开关，端点和 ForMuxer 之间的分离使得问题以及接口之间分离得更清楚。这种清楚的分离可能意味着修改帧头的所有功能可以在一个端点被执行，而 ForMuxer 只转发。在考虑 IP 路由器中的生存时间（TTL）递减的情况时（以及随后的报头校验和的重新计算），可以清楚地看到，处理和转发之间的彻底分离并不总是合理的。

9.2.7 选项：中介点

一个中介点映射到一个实体和相应的数据处理和转发部分。这一实体属于多个CT，并具有"调解"能力，即在相应的端点之间转换。从技术上来说（在映射方面），它可以通过将所有附加的数据格式转换成一个单一格式和控制一个大的 ForMuxer 做到这一点。在外部（配置级别）看来，这像是一个点，在这里任意的 GP 可以被合并，互相缝合和转换。为此，中介点（MP）需要成为一个 CT 中的成员，这个 CT 跨越客户节点中的实体，并创建一个"统一的控制平面"，这是目前在 GMPLS 中可以找到的一种方法。在考虑两个属于不同 CT 的实体时，对于 Uber-CT 的需要是很明显的。例如，名称空间，位于使用 48 比特位地址和电话网络的局域网中。只要一个实体不加入另一个实体的 CT，或者两个都加入一个常见的，比如说，时域初始化协议（SIP）CT，那么这一局域网中的实体将无法与其在另一个 CT 中的对等体通信。因此 MP 就是一个实现选项，如图 9.2 所示。

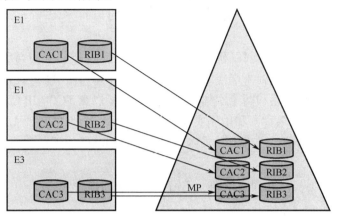

图 9.2 调解点是几个实体的联合

MP 有利有弊，也导致了 4WARD 中大量的跟踪讨论。可以简要地说，这之间的权衡，基于在跨 CT 优化和灵活引入新的 CT 和可伸缩性。MP 可以被建模成一个或几个实体的集合体（将它们的控制功能委托到一个），并具有一些附带的端点。

9.3 功能映射到架构构建模块

以下部分展现一种方法，使用 GP 架构来实际建立实体之间的通信。我们负责控制、处理、转换和在多路传输数据的模块中区分并映射某些功能。将控制和数据分离到不同的"平面"可以干净利落地执行这种方法，允许定位到"什么到了哪里"。

9.3.1 端点和实体——状态信息保留者

建立任何通信都会在通信方内部产生状态信息。属于某个通信关系（GP）的状态信息包含在它的端点之中。然而，也有保存在端点之外的状态信息，因为它关系到建立新的 GP 和现有 GP 的管理。这个信息属于控制，我们给它一个占位符：实体。所以实体和端点都是状态保留者，一个在控制，一个在数据"平面"中。实体不仅创建和管理端点，还通过它们插入和检索数据。事实上，GP 的 API 在一个实体及其端点之间执行。实体控制的端点可能不止一个，对应 CT 和/或不同服务中通往不同目的地的 GP。在 GP 和用于多协议标签转换（MPLS）的转发对等类（FEC）之间有一个相似之处，实体和端点共存于 CT 中，不控制或不理解它们自身 CT 之外的名称或数据格式。实体被命名，而且根据之前的定义，CT 定义了名称在其中有意义的空间。端点具有标识符，这些标识符在本地作为实体的参照物。

9.3.2 端点和实体——数据处理与控制

除了状态信息外，还有创建和管理这一信息的过程。这意味着与转发数据相关的过程和对相数据流的控制处于端点之中。例如，通常每一个 TCP 连接都有一个状态机，由这种连接控制错误和两个实体之间的流量。所以在 TCP / IP CT 内的分离是一个实体（具有一个 IP 名称）和由该实体控制的一个或多个 TCP 或 UDP 端点之间的分离。端点由它们的端口号确定，具体到这些端点的功能如下。

- 错误控制；
- 数据流控制（TCP 拥塞控制形成错误和流量的结合）；
- 标头处理；
- 数据操作［加密、（反式）编码、网络编码等］。

实体内的流程涉及 GP 的控制和管理，就是它们各自的端点。实体内待执行的功能为：

- 服务发现；
- 路由；
- 名称解析；
- 访问控制；
- GP 使用资源的记录管理。

9.4 建立通用路径的先决条件机制

创建一个通用路径的必要先决条件就是存在一个实体（作为信息源或集合）。在创建实体时（例如，安装/启动一个网卡或 Web 服务器的驱动程序），它创建了一个初始 GP 插入节点 CT 的底层，这被认为是一个逻辑总线[3]。

为创建一个 GP 而重复执行的三个步骤反映了引入 GP 架构中的分层。

（1）服务发现。另一个 CT 的服务必须匹配将被创建的 GP 所要求的服务。如果一个或多个 CT 提供了匹配服务，那么这些 CT 中的实体就可以用来创建下一个层次中的 GP。服务将以其最简单的形式来定义一个通用的数据交换格式。

（2）路由表查找。实体检查内部路由表（或者 MP 的一个路由表）查找其 CT 内的下一个单跳。如果没有下一个单跳，则认为目的地可以在本地解决。

（3）名称解析。下一个单跳被解析为一组地址，即它与其他 CT 的绑定。

---

3 MP 选项成为这一底层的一个转换开关。

每当实体发现它已经建立了通往理想目的地的 GP，这种递推就会停止，在这种情况下，它会返回进行处理。在许多情况下，这将是 PHY 层，当链接建立时它会返回。它也可能是任何一个更高的实体，似乎到达了具有所需服务的理想目的地（例如连接发现通常会返回到任何更高应用程序的 IP）。

9.4.1　GP 服务发现

实体将能够创建一组特定的 GP，即它将创建相应的 EP。这些 EP 中的每一个都被描述为这样一个元组<要求的服务、接受服务、提供实体>。这个服务广告通过底层逻辑总线发布到节点 CT 的所有实体，在节点 CT 中可再次集中和优化。然后就可以建立起一个由顶点和边构成的 GP 服务图（GP 图），其中，服务类型是顶点，而潜在可用的 GP / EP 是图的边。GP 图与其他路由图有相似之处，实现了最短路径路由，这就减少了数据必须通过的处理步骤或层的数量。这个图——它可能在一个 MP 中再次集中，或在节点 CT 的实体中再次分散——用于找到所有的实体，为了创建连接，一个特定的实体将与这些实体绑定到一起。注意，GP 服务图不一定说明与特定 CT 中目的地可达性相关的任何内容。

9.4.2　资源描述框架

图 9.3（b）所示的服务图只是执行服务组合的一种方式。一种更简单的方法是 OSI 层模型，其中得到的服务图将采用著名的沙漏形状。使用一个 MP，得到的服务图将是一个星。用于 4WARD 内 Netlet 服务组合的 OSGi 框架是一个选择，尽管由 OSGi 捆绑包提供的服务通常不同于 GP。使用可扩展标记语言（XML）和 Web 本体语言（OWL）方法的 GP 服务本体允许图中的普遍链接，甚至在不精确或不完整的规范下。这一要求是一个反射界面，因为它得到了描述资源的更进一步的参数回答。这一捆绑要求由实体的访问控制过程来处理，根据提出要求的实体提供的一些凭证，提供机会限制可见的一组参数。

在服务发现的最后，实体与另一个实体绑定到一起。它通过创建一个到输出所需资源的实体的初始（控制）端点的 acGP 来实现这一点。

GP 服务图可能包含留下一个顶点的几条边（选项）。这意味着几个实体（在可能不同的 CT 中）提供一个特定的服务。到目前为止，对于这些 CT 中目的地的实际可达性还没有说法。现在实体之间的绑定意味着彼此是相互可及的。因此这个绑定要插入一个 CT 范围内的名称解析系统中。下一步，实体需要找出新建立的绑定是否服务于到达同一个 CT 中其他实体的目的。举一个例子，　如果不连接到任何地方，也就是说，不能通过它到达其他的 IP 实体，那么，IP 路由器添加一个蓝牙接口是毫无意

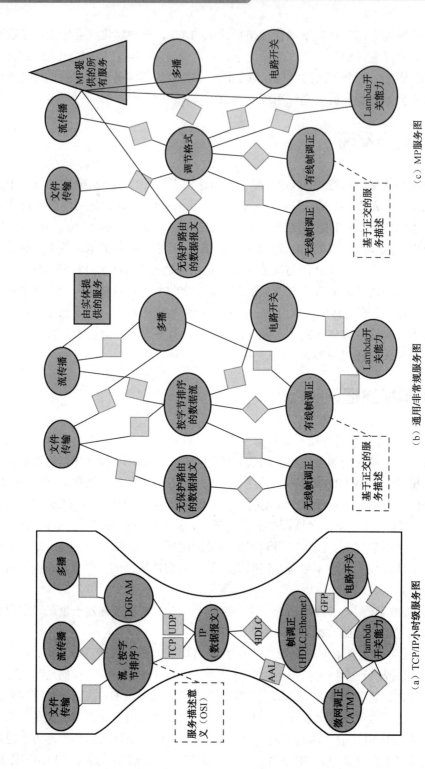

（a）TCP/IP小时级服务图

（b）通用/非常规服务图

（c）MP服务图

图9.3　不同架构服务图形状（需要注意的是，图（c）包含的最小直径为2，而图（a）包含的最大直径，因此层的数量也高）

义的。邻居发现和路由的相似性已经在第 5 章"命名与寻址"中解释过了，这里可以添加一点，就是地址解析协议（ARP）可以确切地揭示"低"CT 与召唤实体所属 CT 之间的绑定。这意味着，邻居发现可能会通过发送一个几乎空的 WhoHas 包到更高和更低 CT 中的广播地址来启动。这个包将由下一个端点转发到 CT 中的其他节点，并由与更高 CT 中任何实体绑定的更低 CT 中的所有节点进行回答。这些答案显示了名称和与同一个 CT 中其他成员之间的绑定。新实体使用这些可以发布或请求一个名字。通常，自定名称不会包含任何可以用于路由目的的结构，不过可以从该 CT 将拓扑信息（指的是子网或提供者前缀）分配到一个新的实体。通用公式"通过 CT"故意使得单个的名称分配方式开放，但动态主机配置协议（DHCP）可以作为一个例子。在有了一个名字后，实体将开始交换与其可用资源相关的信息，换句话说，就是发出和接收用于这些资源状态的广告，构建这个资源信息的数据库，并在这个数据库上执行路由协议。这将为所有路线生成成本指标并填充路由表（见表 9.1）。

表 9.1　分隔间 C1 中实体 E1 的路由表

目的地实体	经由邻居	成　　本
E2	—	15
E3	E2	2315
F	H	

9.4.3　名称解析

请读者再次参考第 5 章"命名与寻址"中讨论的路由和名称解析表。然而，这扩展了上述讨论，我们前面介绍了插件接口，节点 CT 中端点之间的显式绑定。现在这些插件接口也可以存储在一个解析表中。在当前的名称解析方案中，端口号没有明确地与地址存储在一起，但众所周知的端口号含蓄地表明了从哪里离开更低的端点。插件接口数的显式存储可以因此减少来自已知端口扫描的危险。

在解析一个名称时，一个实体需要知道其所需的同伴实体的名字，以及其本身和这个名称所属的 CT。名称解析的目的是找到这样一个名称的以下附加信息。

- CT 的名称，通过这一 CT 可以到达对等实体（如 WLAN SSID# 4322）。
- 这个较低 CT 中的实体，可以代表发起实体处理通信 （通常情况下，通过共享一个节点 CT）。
- 较低 CT 中远程实体的名称，这一较低 CT 可以将数据传递给实际的对等实体（通常情况下，通过共享一个节点 CT）。
- 从较低 CT 中远程实体到较高 CT 中目的地实体的"路线"。这是连接到远程较低端点的插件接口的标识符之一。

设计一个统一的名称解析系统的核心，是要避免传播有关如何解释名称 CT 以外的名字的知识。较高的 CT 不能理解较低的 CT 的名称，反之亦然。两者之间唯一的绑定是一个具有两个标识符的插件接口，这两个标识符对于实体来说又是当地的。

因此，要解析一个名称（在没有进一步知识的情况下），一个实体唯一可以做的就是接触其自身 CT 中的所有其他实体，并询问哪个实体具有这个名称（稍后会优化）——在其自己的 CT 内部发送一个"谁有"消息。然后对后续的"我有"消息进行评估来填充这个名称解析表，见表 9.2。

表 9.2　分隔间 C1 中实体 E1 的名称解析表

实体	CT	向下环	实体	CT	向上环
E1	C1	1234	E3	C 2	5678
E2	C1	1345	E4	C 2	5789

从文献[4]中可以找到讨论 ARP 和以 P2P 为基础的名称解析方案的例子，就像 NetInf 使用的那样。

9.5　建立连接

为了创建一个 GP，实体需要知道远程实体的名称、GP 所需的服务和将提供连接的节点 CT 中的一个实体。这是第一个假设，随后将显示服务发现的递归过程、路由和名称解析如何导致了这三方面的知识。现在，让我们看一个 Web 客户-服务器通信的例子：在图 9.4 中，左边显示的是一个具有两个网络接口的客户节点 N1 的简单草图，一个是有线的（比如说，以太网），一个是无线的（比如说，WLAN）。URL 分隔间（浏览器）中的实体被要求打开一个到 Web 服务器的 GP 以取回一个 HTML 文件。它采用的端点类型被选为 http（与 gopher 或 https 相对）。带着这个请求，实体接收了服务器的名称（www.4ward-project.eu），这实际上通常是由某个更高的名称解析方案（如一个搜索引擎）强加的。

在第一步中，浏览器实体需要检查它是否具有现成的到达目的地所需的那种 GP，在这种情况下，它将到达这一端点的插件接口返回到召唤应用程序（这是另一个 CT 中的一个实体）。如果没有，创建请求就会被存储起来，并用下面的步骤创建一个新的 GP。

（1）从将由这个实体提供的 http 服务的实现过程，描述了 http 的<所需服务>，在这种情况下（"命令字节流"），形成服务图中的本地化。从那里，实体可以取回连接到提供这种服务的其他实体的插件接口。它发现有一个提供这种服务的实体（它的名字是 Host_CT 中的 1.2.3.4）。

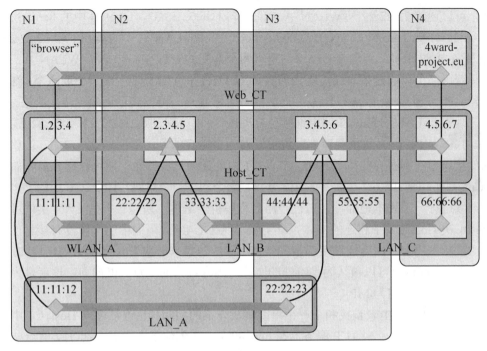

图 9.4　HTTP GP 的实现

（2）浏览器实体咨询其 URL 分隔间的路由表，但由于万维网是一个平面网络，因此目前没有 Web 应用程序[4]的路由表。

（3）在发现"下一个单跳"就是目的地以后，网络名称需要被解析到较低 CT 中的一个地址。目前一直使用 DNS 来做到这一点。但是我们假设了一个更通用的解析器功能，就像前面在 9.4.3 节所述的那样。为简单起见，假定解析器机制和它的位置是已知的（通过本地节点/etc/resolv.conf 中的一个实体），而且实体知道如何与它联系。它将返回一个或多个 CT 和其中的实体名称。（注意，这些确实是网络 CT 的实体地址）。为了服务图返回 CT 和名称解析质询之间的所有匹配，继续以递归的方式创建 GP。随着名称解析返回 Host_CT，4.5.6.7，hook80 浏览器实体将与当地的 Host_CT 代表联系，即 1.2.3.4。它将使用其在节点 CT 中已知的本地名称与这一实体接触，并请求以"命令字节流"类型建立一个到目的地 4.5.6.7 的 GP。

实体 1.2.3.4 提供这种服务，因为它可以创建 TCP 端点。通过寻找所需的服务，这个过程继续进行，也就是"帧对齐"，这一次我们发现了两个提供相同或相似服务的实体（见文献[14]中关于本体的讨论），一个是 WLAN_A 中的 11:11:11，一个是 LAN_A CT 中的 11:11:12。路由表查找目的地 4.5.6.7 导致了两个成本不同的入口，分别是成本为 5 的 2.3.4.5，和成本为 4 的 3.4.5.6。两个下一个单跳的名称解析过程将返

---

4 http 重定向可能具有相同的功能。然而人们可能会在网络中想到一个分层路由（如顶级以域为基础）。

回，可以通过 22:22:22，WLAN_A 中的 hook1 和 33:33:33，LAN_B 中的 hook1；通过 44:44:44 的 3.4.5.6，LAN_B 中的 hook2，55:55:55，LAN_C 中的 hook1 和 22:22:23，LAN_A 中的 hook1 到达 2.3.4.5。这里有两个匹配的 CT，LAN_A 和 WLAN_A，这意味着确实可以通过依靠端点能力的实体 11:11:11 和 11:11:12 中的一个或两个，继续创建 GP。我们假设有一个多路径 TCP 能力可用端点，可以满足正确的转发决策。

现在在 LAN 分隔间实体中继续建立 GP，要求分别到达 22:22:22 和 22:22:23 的"帧对齐"GP。因为两个实体都发现已经有一个确定的到达目的地的 GP，它们就把插件接口返回到召唤实体 1.2.3.4。节点 CT 内的递归已经停止，通过传递先前存储的 create GP（dest.4.5.6.7，命令字节流类型）命令到下一个单跳，Host_CT 中的 GP 创建继续进行。因为本地插件接口已经由名称解析器送返，所以各自的 LAN 实体可以直接解决 Host_CT 中相连的实体。事实上，现在 LAN 分隔间中的实体没有参与任何路由或转发决定，因为插件接口本身就有足够的信息来解决 Host_CT 中的连接端点。2.3.4.5 和 3.4.5.6 可以被认为是特殊的实体，因为各自的端点只能向前，这就是为什么这些端点被描述为 MP[5]。

服务发现、路由表查找和下一个单跳解决方案的相同程序继续朝向 Host_CT 中的目的地实体，其中一个 TCP 服务器在 hook80 后。在创建多个 TCP 端点时，有一些技术上的微妙之处，在外面看起来这些端点是一个，但现在这些都是实施方面的细节，实际上是由于使用已知的接口和现有的防火墙所引起的。事实上，今天 TCP 端点的区别将源端口和目的端口都考虑进了多路分解。这是特定 IP 实体的问题，但即使这一点也可以使用建议的体系结构进行描述。

这里有两点需要注意：一个是没有办法区分来自"上面"或"下面"的 GP 创建请求。这反映了一个事实，就是 ISO / OSI 分层被分解成一个通用的服务组合问题。另一个是 IP 地址的语义过载在这里必须被解析到主机和接口名称，以允许多路径选择。

1. 创建一个新的 GP

在一个实体中创建一个新的 GP，和召唤具有合适参数的 createGP() 一样简单。这个函数需要至少四个参数：将在其中创建 GP 的 CT、自己的实体名称、一个或多个远程实体的名字、所需的 GP 类型。此外，因为通常需要在 GP 创建已完成时得到通知，可以定义一个回调函数。它将用于通知状态（成功、失败）和当地的 EP。创建 GP 的方法在图 9.5 中进行了总结。

2. 使用 GP

现在，在创建了一个新的 GP 后，实体往往倾向于根据 EP 实施的通信范式与新 EP 进行互动。在下面的例子中，实体维护了两种不同类型的 EP；一个是流 GP 的 EP，

---

5 这种区别有助于转发、复用与处理之间的清楚分离，见 9.2.6 节中的讨论。

一个是实施发布/订阅通信范例 GP 的 EP。清单 9.1 中说明了实体如何通过 EP 应用程序编程接口（API）来使用这两个 EP。

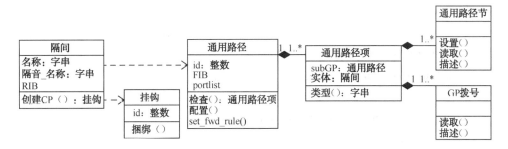

图 9.5　隔间和通用路径 UML 级框图（注意通用路径的递归式组成）

3. 现有 GP 修改

EP API 不仅允许通过 GP 通信，还允许对它进行修改。具体来说，EP API 允许检查 GP 的属性，比如它的电流数据率、资源信息或涉及实现这个 GP 的其他 GP 元素（如 EP，MP）的引用。此外，API 允许对 GP 进行配置，如改变其错误控制行为。

使用这个 EP 配置，API 允许任意横贯涉及实现一个 GP 的整个 GP 结构。这样的话，就可能通过这种方式，检查并重新配置所有元素，如 EP 或 MP，只要它们的政策允许。

9.6　管理连接

连接变化可能来自三个主要因素：流量拥堵、无线网络中的衰减信号通道、终端用户或会话的移动性。以一种抽象的方式，所有这些因素使得端点观察到路径的能力波动。然而，在每种情况下，对这个观察的反应会有根本的不同。下面我们将展示GP 如何帮助识别问题的原因，以及如何帮助减轻问题。

清单 9.1 利用 GP 与 EP 交互来实现通信

```
1 public MyEntity :public Compartment {
2 // ...
3 Endpoint::pointer streamEP;
4 Endpoint::pointer pubSubEP;
5
6 void someMethod ( ) {
7 // ...
8 // Send data via stream GP
```

```
9 streamEP->send (&data);
10 // Receive data from stream GP
11 streamEP->receive_blocking (&data);
12
13 // Publish data via publish/subscribe GP
14 pubSubEP->publish (&data);
15 // Subscribe to certain data via publish/subscribe GP
16 pubSubEP->subscribe_blocking (&data);
17 // ...
18 }
19 // ...
20 }
```

服务发现的过程不一定在创建一个栈的实体之间建立绑定，而是建立了一个不规则的图形，导致潜在的多条路径。与其他方法相比，比如插入了一个单个标识符/定位分割的 HIP 和 LISP[5]， GP 结构委托的层次化命名和寻址，使得多路径转发成为所有 CT 中的一个选项。它还允许插入特定目的的 CT，用于有限数量节点的合作，以实现特定的目标。引入合作域的一个例子是合作和编码框架（CCFW）。

9.7 合作和编码框架（CCFW）

合作和编码技术通常用于为用户提供一个比简单的数据转发所能提供的更好性能。不幸的是，这些技术并不总是有益的，也就是说，有时简单的数据传输实现了相同甚至更好的性能。因此，合作和编码方案必须在有利的情况下得到动态的启用，并在与普通传播相比用户遭到损失的情况下禁用。要决定是合作经营还是普通模式有益，甚至一个特定的技术是否可以应用，需要大量有关网络拓扑、通过节点的流量、可用资源和接口属性的信息。

将合作和编码技术集成到真正的系统是一个复杂的任务。要用额外的特征对单一的设备进行扩展，来支持仅仅一种类型的合作或编码，协议栈深层的修改是必需的，通常必须从头开始。对于应用于载荷的操作以及前面提到的环境监测功能，这一点是正确的。然而， 许多不同的合作和编码技术都需要许多这些功能单元，而且它们可用于共同缓解开发和原型设计新的方案，以避免整个系统的冗余。

我们开发了一个架构，将合作和编码框架（CCFW）中许多不同的合作和编码技术所必需的功能聚合起来[3]。这个框架在参与任何合作或编码操作的所有节点上可以使用。特定操作功能封装在单独的模块中。这些模块向框架报告它们的规范，即环境要求和激活后果。从那时起，模块就在有利的情况下自动激活。

9.7.1　CCFW 构件

CCFW 由 4 个不同的部分组成：合作/编码工具（CF）、各种观测模块（OM）、转换模块（TM）和 CF 层（CFL）。数据和控制流之间的示意图如图 9.6 所示。更多细节在文献[3,4]中。

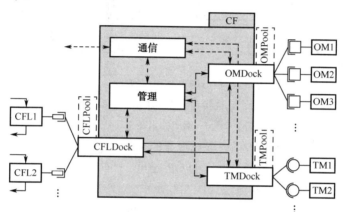

图 9.6　典型分层网络体系中的 CCFW 组件概述（实箭头表示数据交换，虚线箭头表示控制连接）

CCFW 的中心部分是 CF。它对于每个节点可用一次，并控制这一节点可用的所有 OM、TM 和 CFL 活动。CF 被分成几个功能单元，每个负责一个特定的任务，如连接模块（三个停靠栏），启用/禁用某些模块（管理），或为模块提供基本的通信功能（通信）。

TM 提供实际的流量转换，即合作/编码技术的实现。应 CF 管理部门的要求，TM 被实例化。

访问今天的分层网络栈，需要用额外的合作/编码功能增加现有的层级，或插入额外的中间层级来将数据重新定向到适当的 TM。这些层级是 CFL，如图 9.6 所示。

所有这些功能映射到 GP 架构中，由此产生的好处将在下面进行讨论。

9.7.2　GP 架构中的 CCFW

1. CF 层（CFL）和转换模块（TM）

在 GP 环境中执行 CCFW 的转换模块（TM）有几种可能性。将流量转换成另一种格式的明显方法是使用一类特殊的 GP。即这种特殊的 GP 执行额外的编码/合作操作。有两种使用这种机制的方法。首先，可以在现有的 CT 中将这种新的 GP 实例化。

在这个 CT 中，仅仅用新的 GP 替换现有的 GP。图 9.7 显示了这一实施过程。

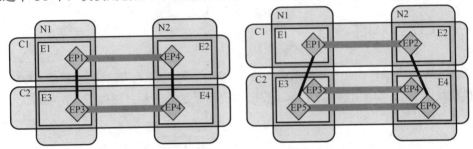

（a）CT1中的第一个GP（EP1、EP2）是
通过CT2中的第二个GP（EP3、
EP4）来实现的

（b）CT1中实现的GP改用CT2中的另一
个GP（EP5、EP6）

图 9.7　用特定 GP 实现流量转换（在运行时更改现有的顶级 GP 实现过程 OM 监控节点
或其环境的某个参数，如链接利用或邻居拓扑。根据这些观察，管理部门
决定激活某个合作/编码技术是否可行或有益）

在第二种方法中，新 GP 不会取代现有的 GP。而是另外进行了实例化（在一个新的 CT 中），然后将它插入两个现有的 GP 之间，目前它们实现了端到端传输（没有所需的编码/合作特性）。这种方法如图 9.8 所示。

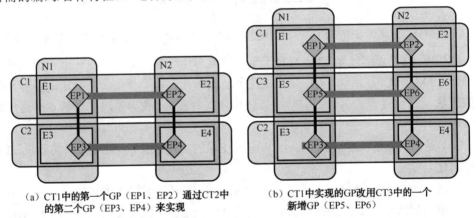

（a）CT1中的第一个GP（EP1、EP2）通过CT2中
的第二个GP（EP3、EP4）来实现

（b）CT1中实现的GP改用CT3中的一个
新增GP（EP5、EP6）

图 9.8　用额外的 GP 实施流量转换（在运行期间对现有的顶层 GP 的实现过程进行更改）

所描述的两种机制都有优势，操作模式之间的切换对于上游端到端 GP（EP1↔EP2）来说是透明的。一方面，它们的应用不能是任意的，也就是说，将新的 GP 插入额外 CT 的机制（图 9.8）要求被实施的合作/编码技术独立于底层 GP。如无线合作就不能以这种方式实施，它需要改变介质访问控制（MAC）协议。然而，优势是独立的合作/编码技术，如加密，可以在各种情况下普遍应用。例如，在某种情况下，在应用程序和传输 GP 之间插入相同的加密 GP；在另一种情况下，在传输和链接 GP 之间插入相同的加密 GP。

2．管理

CF 的管理单元控制所有的活动，即收集各种 OM 输入，并在此基础上，在有益情况下激活 TM。因为这需要许多来自不同 GP 和 CT 的信息，所以把这些管理功能放入 ForMux 控制 MP，而不是放入单独的实体是有利的。MP 知道其节点 CT 中的所有实体，并维护插件接口表。这允许对必须监控哪些参数做出决定，并允许通过调整插件接口表透明地改变 GP 的实现过程。

3．观测模块（OM）

要能够决定一个特定的合作/编码技术是否有益，核心管理部门需要有关当前网络环境的信息。这类信息，如包错误率、链路利用或邻居拓扑，必须从自己的节点和其他节点中的几个地方聚集起来。

一个明显的网络相关信息的来源是 GP 架构中的实体和 EP。它们直接参与通信而且可以提供信息，比如链接利用或通道质量。可以通过实体和 EP API 访问该信息。

另一个（远程）信息来源是网内管理（INM）基础设施，在本书第 8 章中有具体描述。它提供机制来有效地收集和分发网络参数，这使得它成为 CCFW 观察活动的一个合适的基础。除了标准的信息（如 INM 提供的网络拓扑）以外，关于实体和 EP 的与 GP 相关的信息也可以由 INM 输入和分布。这简化了 OM 的开发过程，因为基本上只需要使用一个 OM，即使用 INM 接口的那一个来收集信息。

与今天未认识到合作/ 编码的系统相比，使用 CCFW 架构具有很大的优势。首先，由于 CCFW 的常用功能及其著名的接口，在现有的网络和原型环境中，新的合作和编码技术的开发及部署得到了大大的提高。此外，为某一特定目标环境开发的模块，例如无线环境中的 XOR 编码，也有利于其他情形，比如有线网络。这是由于一个事实情况，即激活一个模块的决定仅仅基于其抽象的规范和对环境的抽象视图，而不是基于实际的物理环境。

9.8　管理移动性的三种方法

在本节中，我们提出三种不同的建议，提供 GP 结构框架中的移动性概念[14]。这些解决方案利用 EP 以对象为导向的属性对 GP 进行动态更新，从而超越了当前以集中移动性服务器为基础的概念，如以移动 IP（MIP）为基础的解决方案。

这些移动机制可能同时存在，或根据移动环境动态地结合在一起。

9.8.1　动态移动锚定

动态移动锚定（DMA）方法提出了一种分布式的扁平架构，能够支持异构网络的移动性，见文献[14]。这是因为预期分布式控制和数据平面结构比集中式结构实现更好的性能和可伸缩性。在集中式结构中，中央实体造成更多延迟、瓶颈和约束[2]。在 DMA 中，移动支持本质上是依靠作为流量锚的访问节点（AN）来维持，而网络的其余部分仍然还没有意识到移动性。当一个多界面的终端在异构网络中移动时，它建立了一个或多个网络连接，与一个或多个 AN 连接。在建立时，每个流量被隐式地固定在最初的服务 AN 中，然后，服务 AN 通过该终端移动到的 AN 提供必要的间接迁回。通过经常考虑最合适的流量映射到可用连接、调整流量间接迁回，各 AN 积极合作，保证接入网络内流量的交付。因此，依靠无线资源和服务波动质量，终端可以利用任何连接技术的好处。

图 9.9 展示了一个例子，其中多接口终端使用多路径路由 GP 在其两个活跃的网络附件，即其服务 AN（见图中 AN1 和 AN2）上传输流量。AN1 也作为被考虑的端到端 GP 的锚点。它从当前的服务 AN 和接入网络聚合流量，或将流量聚合到当前的服务 AN 和接入网络，允许流量在 AN1 或 AN2 访问接口交付。MP 被用于在终端或锚定 AN 中分离或聚合流量。当终端从 AN1 中移出时，其现有的 GP 锚点仍位于 AN1 中，直到 GP 终止。然而，接下来任何新的 GP 都被固定在一个服务 AN 上，它利用动态 DMA 的好处在每个 GP 设置上选择最合适的锚点。与现有的移动方案相比，DMA 引入的新的动态和分布式特性，实现了灵活和优化的移动支持。流量间接迁回只在需要时才被激活，而且得到 AN 中的本地支持，而更传统的方案依赖于核心网络中集中的（最终是分层的）"静态"移动锚点［如 MIP 中的本地代理（HA）］和终端或其 AN 之间的间接迁回。

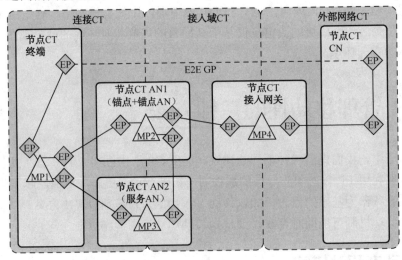

图 9.9　动态移动锚定方案

9.8.2　无锚点移动设计

AM 的概念建立在 EP 之间动态绑定应用的基础之上，如图 9.10 所示。没有特定的移动锚点（MIP 中的 HA，见文献[13]、[7]），这个概念主要解决了今天的移动性难点，即可扩展性。此外，AM 概念允许当地爆发，使用像 MIP 那样的隧道技术解决方案不容易做到这一点。尽管根据所使用的移动协议是有可能的，但问题是，如果不采取预防措施，长号路由可以随时用于发送信号和数据路径。

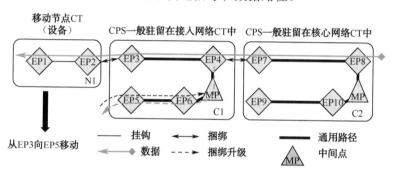

图 9.10　无锚点移动方案

这里提出的概念适合所有类型的移动：会话、终端和网络移动。从概念上讲，在 GP 架构中，在间性和内部技术交接之间没有相关差异，因为 GP 的修改和重新配置是通过一个通用的 API 执行的。此外，对于网络中的位置和主机标识符，AM 概念使用了不同的地址。通过使用一个合适的解决方案，我们也克服了当今互联网定位器/标识符分离的问题[5]。

根据 GP 架构以对象为导向的本质[14]，不同类的 EP 来源于 EP 基类。例如一个移动设备包含两种不同的 EP，如图 9.10 所示中的 EP1 和 EP2。信息对象（应用程序）上的逻辑 EP 被连接到一个表示设备连接的 EP。后面这个 EP 通过一个绑定与接入网络中的一个 EP 相连，表示设备的当前位置。从外部的 CT 可以看见这样一个 EP，而且它通过 GP 在这个 CT 的边缘与其他的 EP 内在地连接在一起，从而 CT 内以及整个网络中的端到端连接得到了保证。

节点 CT 代表了移动设备。由另一个 CT 代表的接入网络构成了名称空间，之前说的 CT 的内部连接由 GP 实现。促进移动的主要部分是在 EP 之间执行的动态绑定功能。例如，如果一个移动设备正在移动，在破坏与前一个 EP 的绑定之前，与另一个 EP 的绑定就建立了起来（软交接）。请注意，绑定总是连接不同 CT 的 EP，尽管一个节点 CT 内的连接是由插件接口实现的，如图 9.10 所示。来自移动设备的上游数据包方便地搭乘新路径，在再次绑定到新 EP 后，立即通过 CT。从核心网络到移动设备的下游数据包必须重新定向到网络中合适的点，例如由 MP 控制。通常前一个路径和新路径重新聚合的这个点位于前一个路径，而且尽可能地接近移动设备。

在会话移动的情况下，在一个新设备上将应用程序实例化，实体的状态（表示正在运行的应用程序）从旧的设备转移到新设备。整个接入网络的移动，如一列火车中 LAN 的移动，以一种与移动设备非常相似的方式加以完成。这是因为所涉及的节点 CT 和网络 CT 具有相同的功能和 API，因此以类似的方式进行处理。

9.8.3 多宿主的端到端移动

未来多接口移动终端的多宿主协议设计需要使用通信终端之间的多条路径。这些路径可以组合起来提供综合服务，作为一个独特的更高层次的端到端路径[14]。多宿主端到端移动（MEEM）是一个为 GP 架构定义的移动管理机制，其中，移动由多宿主终端进行处理。

如图 9.11 所示，多接口的移动终端用户可以通过几个接口同时连接到不同的网络。这样几个端到端的子 GP 就构成了一个多宿主端到端 GP（MEE-GP）。与这些接口相关的移动可以通过一个利用多宿主的端到端的方式进行处理。当一个接口上发生移动时，在交接以及随后回到初始接口之前，通过将流量转向二级接口可以更容易地实现无缝交接。这种方法特别适合由终端做出切换决定的情况。

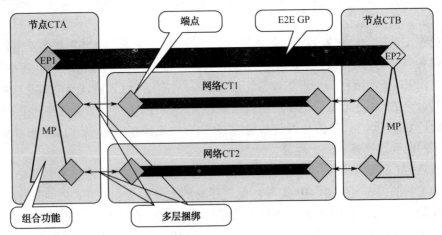

图 9.11　多宿主的端到端 GP

这个提议为 MP 中实施的移动管理引入了两个功能，组合功能和多重绑定。

● 组合功能估计组合的端到端 GP 的性能，来决定应该同时使用的路径组合，和应该用于这些路径以提供最佳性能的调度算法。

● 多重绑定设置并维护端到端 GP 的 EP 和端到端 GP 的子 GP 之间的绑定。这种绑定是动态的。当节点的定位器由于移动而改变时，多重绑定负责用新的定位器更新绑定。

端到端移动管理的优点是，不需要定义新的网络实体。但是，如果有大量的端到端路径被连接到一个终端上，就不应该使用这种方法。（例如终端是一个必须维护成百上千的客户连接的大型服务器）。端到端移动应该用于如视频或音频流媒体、视频或音频电话或其他的应用程序，其中，数据传输在两个或几个多技术多宿主移动终端之间进行。端到端移动管理可以在 SCTP[15] 和 SHIM6[11] 中看到。MEEM 原则上可以应用于其他现有的协议，如 TCP 或 UDP，来获得具有端到端移动支持的多路径 TCP 或多路径 UDP。它也可以用做一个原则，来设计集合多重归属和端到端移动管理的新协议。

9.9 触发器和交接决定

可以区分三个支持移动管理的步骤，准确地说，是交接管理，同时保持移动终端正在进行的通信，如图 9.12 所示。

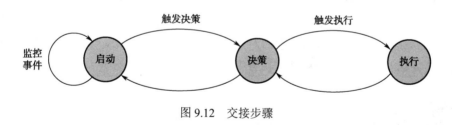

图 9.12 交接步骤

（1）交接启动于信息或事件收集（链接监测、新来电等），导致交接的决定过程。

（2）交接决定对于网络资源管理有直接的影响，它选择一个新的连接用于专用通信，考虑到了用户偏好、运营商政策、访问链接 QoS 等。

（3）在进行由端点连接开关和数据转发调整的相应位置更新所组成的执行之前，交接执行包括可能的交接准备工作（预先附件、QoS 环境或服务重新谈判、环境转移等）。

当前的无线网络技术（3G，WLAN，LTE）应用不同的方法，在不同协议层，在各终端和网络实体之间分发事件、信息和控制功能。在这种背景下，GP 移动框架需要高度的灵活性，一方面自我调整适应各种异构连接技术，另一方面提供有效的多层次（终端、会话、网络）移动。在移动管理的三个方面，交接启动、决策和执行功能的实现可以因此在主机和一个或多个网络实体之间进行分布和协调：

- 在 DMA 方案中，交接步骤在终端和访问节点实体中得到协调，要么在终端，要么在网络方面被控制。
- 在 AM 方法中， 根据被考虑的 EP 位置（接入网络、核心网络主机），不同的网络实体可以参与交接过程。
- 在 MEEM 中，不同的交接步骤由主机控制。

无线接入技术的特性，如 3G 或 WLAN，只受无线连接 CT 的制约。我们的三个移动方案应用了一个能够利用各种接入技术能力的综合方法。

在纯粹的交接执行性能以外，交接步骤分析还描述了一个充分的交接触发和决策框架，对于移动管理方案的全球效率是十分关键的。有好几个促进这种触发的框架。在环境网络项目中提出将移动工具箱作为环境网络体系结构的组件[12]。文献[16]还基于模块化可扩展环境控制空间对移动机制进行操作。文献[9]定义了一个框架，支持从数百种不同来源的事件收集、处理和触发。最后，MIH 模型，参见文献[6]，支持事件分布并控制与交接启动和决策步骤相关的信息。它使得终端、网络或共享交接决策模型得以实现，见文献[10]。

所有这些框架都专注于环境信息和触发，而且没有涉及应用的移动算法。我们这里更注重移动执行功能，考虑到它们对于这种现有框架的使用，因此，在之后，我们更深入地评估并比较了三个移动解决方案。

9.10 结论

本章简要介绍了一个架构，因为它整齐、递归的命名和地址绑定结构实现了多路径路由、会话移动、主机、信息对象或用户，简而言之：资源。这一传输信息和接入资源的方式留给了实现者，即以连接为导向的或无连接的传输，或传输的范围（无线连接或/和端到端连接，都可以用通用路径方法捕获）。

参考文献

1. P. Bertin, R.L. Aguiar, M. Folke, P. Schefczik, X. Zhang, Paths to mobility support in the future Internet, in *Proc. IST Mobile Comm. Summit*（2009）

2. P. Bertin, S. Bonjour, J.M. Bonnin, Distributed or centralized mobility? in *Global Telecommunications Conference, 2009, GLOBECOM 2009*（IEEE, New York, 2009）, pp. 1–6, doi:10.1109/GLOCOM.2009.5426302

3. T. Biermann, Z.A. Polgar, H. Karl, Cooperation and coding framework, in *Proc. IEEE Future-Net*（2009）

4. T. Biermann et al., D-5.2.0: Description of Generic Path mechanism（2009）, Project deliverable

5. D. Farinacci, V. Fuller, D. Meyer, D. Lewis, Locator/id separation protocol（lisp）draftfarinacci-lisp-12.txt（2009）, http://tools.ietf.org/html/draft-farinacci-lisp-12. Expires: September 3, 2009

6. IEEE 802.21, IEEE standard for local and metropolitan area networks, part 21: Media independent handover services（11 November 2008）

7. D. Johnson, C. Perkins, J. Arkko, Mobility Support in IPv6, RFC 3775（Proposed Standard）（2004）, http://www.ietf.org/rfc/rfc3775.txt

8. A. Karp, S. Shalunov, B. Teitelbaum, Internet2 weekly netflow statistics, http://netflow.internet2.edu/weekly/

9. J. Makela, K. Pentikousis, Trigger management mechanisms, in *Proc. Second International Symposium on Wireless Pervasive Computing*, San Juan, Puerto Rico, USA, 2007, pp. 378–383

10. T. Melia, A. de la Oliva, A. Vidal, I. Soto, D. Corujo, R.L. Aguiar, Toward IP convergedheterogeneous mobility: A network controlled approach, Comput. Netw. 51（17）, 4849–4866（2007）

11. E. Nordmark, M. Bagnulo, Shim6: Level 3 Multihoming Shim Protocol for IPv6, RFC 5533（Proposed Standard）（2009）, http://www.ietf.org/rfc/rfc5533.txt

12. E. Perera, R. Boreli, S. Herborn, E. Jochen, M. Georgiades, E. Hepworth, A mobility toolboxarchitecture for all-IP networks: An ambient networks approach, IEEEWirel. Commun. Mag.（2008）

13. C. Perkins, IP Mobility Support for IPv4, RFC 3344（Proposed Standard）（2002）, http://www.ietf.org/rfc/rfc3344.txt. Updated by RFC 4721

14. S. Randriamasy et al., D-5.2: Mechanisms for Generic Paths（2009）, Project deliverable

15. R. Stewart, Stream Control Transmission Protocol, RFC 4960（Proposed Standard）（2007）, http://www.ietf.org/rfc/rfc4960.txt

16. V. Typpo, O. Gonsa, T. Rinta-aho et al., Triggering multi-dimensional mobility in ambient networks, in Proc. *14th IST Mobile & Wireless Communications Summit*, Dresden, Germany, 2005

第10章
如何管理和搜索/检索信息对象

Septimiu Nechifor[1]

摘要：我们提出信息网络的整体构想，说明了基本思想，并解释目前正在开发的机制，这将带来网络主要范式的变化。在简要回顾目前以主机为中心的信息存储和检索方法难以适应的想定之后，我们介绍一种新的网络范式是如何产生的，它采用以信息为中心的网络体系架构方法。我们重点从用户的视角说明未来信息检索的样子。然后，我们提出信息网络的体系架构要求，详细描述信息网络具体技术细节的机制，介绍一个信息运行网络，提供一些范例，突出强调性能提升。我们采用长期视角对演进过程进行讨论。

10.1 简介

信息网络（NetInf）概念的总体目标是开发和评估以信息为中心范式的通信架构。NetInf 不仅应该提供大规模的信息传播，也应该容纳非传播的应用程序，包括人际通信；它本身应支持移动和多重接入设备，充分利用自己的资源（例如，存储）。NetInf 应使获取信息对象变得容易和高效，而不必受到基础传输技术的干预或妨碍。NetInf 还应提供物理与数字世界之间的联系。该架构应根据信息对象提供一个接口，面向不倾向于任一应用的通信抽象化。信息模型应使用一种安全的方式管理这些对象。应以 NetInf 系统在很大程度上是自我管理的这样一种方式来设计这一架构，如图 10.1 所示。

---

1 S. Nechifor（通信），罗马尼亚布拉索夫西门子公司（Siemens, Brasov, Romania）。

NetInf 扩展了用于信息管理的标识符/定位符分割的概念。为了将信息从它们的存储位置分离，增加了另一个间接层和递归查找的可能性。今天的互联网中认为信息是有效的，因为发送者看起来是合法的。但是在 NetInf 中，主机扮演次要角色，而且随着信息提升到中心位置，数据必须是可以自证的。用户可以关注实际信息内容，而不是像现在这样关注它们的位置域，如 URL。NetInf 解决当前的一些问题，如不必要的流量、服务拒绝、断续性连接，解决的办法就是使用加密标识符，引入以信息为基础的通信抽象化，它借用发布/订阅模式的思路。要指出的重要一点是，NetInf 不是一个应用程序层的叠层，它是为了方便新的网络体系结构中其他新技术的集成所做的一个选择。4WARD 中开发的这种新技术例子包括虚拟化、通用路径和网内管理。

互联网作为计算机级别的通信抽象化被开发出来，以客户-服务器的方式加以实现，如 HTTP。根据这一范式，它完全与网络终端连接相关，而通道上的信息交换只是一个附属概念。自从被引进以来，这种方法已经被证明对于许多用途都是成功有效的。然而，互联网的使用方式已经改变了，现在主要由某种类型的信息检索中的时间构成。

通过开发一个新的，以信息为中心范式的通信架构，网络信息（NetInf）研究旨在解决目前的通信范式未涉及的问题，从数据安全到蜂拥而至的突发访问和 DDOS 攻击，从本地不支持的多播和移动通信的复杂操作，到数据传播有效支持缺失。

在 NetInf 中，用户和客户端应用程序向网络提出信息或服务请求，通过其名称和/或属性识别，然后网络满足这一请求。NetInf 为内容发布与检索、搜索与存储服务提供原生支持，并作为新的先进概念的使能技术，类似无服务器和语义 Web。数据完整性可以嵌入信息本身，通过机会性运输、内容位置、缓存策略和网络存储，可以更可靠地完成通信。由于以网络为基础的缓存和存储功能，在异构接收器内，可以有效地实现内容的多播和传播发布。此外，由于 NetInf 扩展了标识符/定位符分离的概念，所以可以很容易地支持数据和节点的移动。

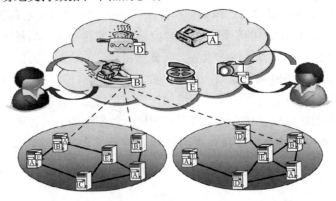

图 10.1　以信息为中心的网络

10.2　信息———一种用户观点

信息检索主导了通信网络的使用。以音乐、视频和计算机软件的形式存储起来的内容，通常从具有大存储容量的服务器传送到个人电脑和手机。源于现场内容，如电视和广播，产生的流量不断成长。但是人们越来越认为当前的网络技术没有很好地适应这种应用，从而带来越来越多的安全问题。

当前的网络技术基于以设备为中心的范式，其重点是设备的互相连接，如计算机、移动设备、服务器和路由器。信息对象（数据）本身缺乏独立于存储设备以外的身份。流行的命名方案中，DNS 主机名称是信息对象名称的一部分，包括 URL，这种方案将信息对象有效地与主机（设备）联系在一起。这种使用端到端 TCP 连接的传送信息的主导方法，使得信息对于它所通过的设备或多或少是匿名的。这种信息对象的匿名情况，使得缓存信息以避免将来不必要的传输变得十分困难。所有这一切，加上全球多播机制的缺乏，使得高效的信息分布难以实现。到目前为止，主要通过端到端数据流叠层和拦截部分地解决了这些最初互联网设计的不足。这样做除了叠层解决方案的低效以外，网络越来越脆弱，管理成本也上升了。此外，新的应用程序像 IPTV 和传感器网络，要求更加有效、容易和持续受管理的信息网络体系结构，就像本节中描述的那样。

以信息为中心的网络被认为是第三代通信网络。第一代，电话网络，互相连接的电线使用户能够互相对话。即使科技改变了，电话模式仍然是终端设备相互连接，似乎它们之间存在实际的连线。第二代网络是设备互连，是这些设备上的服务能够交流。（新的）第三代网络是信息的传播，应用程序和用户能够有效地大规模获得信息[1]。

不断增加的叠层证实需要以信息为中心的组网形式，创建这些叠层的目的是为了信息传播（如 Akamai CDN，BitTorrent，Skype 和 Joost）。其中一些解决方案的目标是依靠用户之间的数据交换来分发信息，大规模分发远离任何中央服务器的负载，自动缩放到任何大小的规模。NetInf 架构集成了这些叠层的大部分功能，包括缓存功能。NetInf 将信息概念网络延伸超出"传统的"信息对象（如网页、音乐/电影文件、流媒体）到会话服务，如电话和电子邮件之类的存储-转发服务。特别注意的是这将如何影响无线通信，以及如何使服务在具有异构和扰乱性通信基础设施的环境中起作用。此外，我们正在扩展信息网络，使其包括真实世界中的对象，通过这些实现新类型的服务。

以信息为中心的方法的挑战之一是为信息对象设计一个命名方案和一个名称解析系统，来解析名称并随后接入目标对象。设计命名方案需要自证性标识符，这样就可以提供目标对象的真实性和完整性，而不用依赖对提供目标对象的主机的信任。这样的命名方案可以被视为更进一步将标识符-定位符分离的想法，不仅应用于主机，也应用于信息对象。已经提出了几个标识符-定位符分离的模型，如主机身份协议（HIP）[2]、网络间接基础设施（I3）[3]、分层命名体系结构[4]和 NodeID 架构[5]。在这些前期工作的基础之上，我们能够设计一个网络架构，其中移动、多宿主和安全性是网络体系结构的一个内在部分，而不是附加的解决方案。它还允许用户对传入的流量增加控制，使防御服务攻击拒绝成为可能。

以信息为中心的通信抽象化有许多优点。可以将内容有效地分配给大量的接受者。架构中内置了内容缓存，因此不必诉诸拦截请求或接收器上的特殊配置。在不依赖附加软件，如 DNS 轮询的情况下，可以提供负载平衡。可靠性和性能都有所改善，因为信息可以从最近的来源检索。

可以通过异构无线环境中一个以信息为中心的模式来增强性能和可靠性，在这个环境中存在通信中断、短暂访问机会和多重接入选择。与使用端到端字节流相比，以信息为中心的通信抽象化在数据对象传输方面显示了更大的灵活性。网络更加了解应用程序的意图，因此有可能更加智能地处理数据。使用多条路线、可用路径上的冗余和中间存储来克服连接中断，网络可以很容易地实现数据传输。极端情形是端到端路径不存在的情况[6]。使用一个端到端的可靠字节流，网络不得不违反抽象化的假设，或者应用程序本身必须实现这些功能，包括在合适网络位置上的应用程序网关。

从存储使用中获得的性能和可靠性好处也会让非分发应用程序受益，如个人电子邮件。另一个例子是，可以在不涉及基础设施的情况下，支持两个用 WiFi 连接的笔记本电脑直接发送电子邮件。

以信息为中心的方法为防止服务拒绝（DoS）攻击提供了新的可能性。使用以信息为中心的方法，在没有你的同意的情况下，没人能迫使网络从你的路上通行。通过将控制从发送者移动到接收者，这一点是可能的。发送方可以提供信息，但是对于将要传输的信息，接收方必须提出请求。预防 DoS 攻击是设计 NefInf 替代当前端到端通信 TCP / IP 的一个动机。

10.3　架构要求

图 10.2 从 NetInf 节点的视角展示了 NetInf 架构及其组件。应用程序使用了基础 NetInf 应用程序编程接口（NetInf API）提供的功能，和/或由 NetInf 额外服务提供的更高级功能，如存储（NetInf 存储 API）。使用基础接口，应用程序可以发布并检索信息和数据对象，包括提供信息流的静态对象和通道对象。基础 API 不仅可以给应用程序提供一个对象副本，还可以给合适的运输实体提供一个句柄，通过该实体可以访问对象（读或写访问）——在最简单的例子中，这种句柄甚至可以只是具有服务器

TCP 连接的一个插座，对象被托管到该服务器中。

　　在架构中有一些不同的概念引擎。中间的名称解析引擎将对象标识符解析到定位器中，在这里可以找到相应对象的副本。这一过程可以包括咨询节点本地的解析引擎，和/或使用一个或多个名称解析协议查询节点外部的解析引擎。本地解析引擎将对象展现在本地节点上，两者都由缓存引擎暂时缓存，也都由本地存储引擎管理。通过其中一个解析协议，解析请求可能来自 API 或网络。本地存储引擎管理通过基础 NetInf API 发布的对象，对象被就地存储，作为存储服务的一部分。本地存储引擎可以被看成文件系统的一个接口，以及持久存储数据的其他方法。

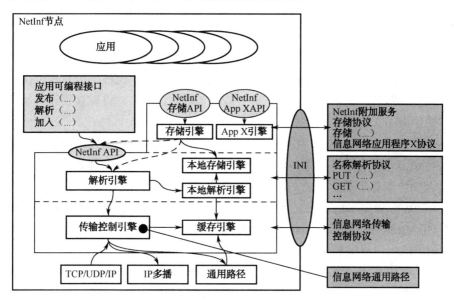

图 10.2　NetInf 架构概述

　　解析请求通常将对象 ID 映射到定位器，但是也可以使用对象元数据来执行查找。如果查找秘钥是模棱两可的，而且不能与解析引擎中使用的元数据匹配，解析就失败了。然后名称解析引擎可以调用搜索引擎，尝试使用语义特性来分析元数据关系，并将它们映射到对象 ID。这一对象 ID 可以被解析到一个位置。可以提供搜索引擎作为 NetInf 附加服务。

　　NetInf 附加服务级别位于名称解析的顶端。它提供了可选的附加服务，可能取决于额外的商业协议。这种附加服务可以由第三方服务供应商操作，而且可能同一个服务有多个提供者。一个例子是提供持久性存储的存储服务。使用 NetInf 存储 API 将信息存储起来，然后可以使用基础的 NetInf API 访问信息。附加服务与被确定为基础的 NetInf API 一起合作，如当发布了一个 IO 时，就调用了一个相关的存储操作。

传输控制级在名称解析之下。传输控制引擎协调使用哪一个协议访问 NetInf 对象和 NetInf 内部使用的协议。需要 NetInf 传输控制协议协调网络中其他节点的传输。协议使用一个寻址和路由方案（内容解释在 MDHT 机制进化部分），该方案独立于执行实际转移的协议。缓存引擎管理暂时存储在本地系统上的对象。它类似于本地存储引擎，但缓存中的任何对象可能在任何时候被删除，为其他对象腾出空间。缓存中的对象可以交付给本地和远程的消费者。传输控制引擎与缓存引擎相互配合以能够中继式地传输对象，来克服连接中断。传输控制级可以使用通用路径抽象化的功能。例如，它可以作为一个通用路径工厂来生成合适的 GP 类型的实例，这些 GP 类型经过调整与交通控制和缓存引擎相互配合。

当现有的标准技术用于传输，例如，HTTP 或其他在 TCP / IP 端到端顶层运行的协议时，传输控制级可以被视为一种叠加层。这种可能性对于迁移到 NetInf 技术是很重要的。但是，为了充分利用 NetInf 范式的优势，较低的协议栈可以执行或调用工具以实现特定的目的，如提供措施对抗服务攻击拒绝。这种方法可以从设计框架和通用路径概念中获益。

NetInf 信息网络接口（INI）是 NetInf 协议的集合，用于与网络中的其他 NetInf 节点进行通信。有三个级别的协议对应刚刚描述的附加服务、名称解析和交通控制层级。不同的协议有不同的用途，例如，一个协议可能基于 DHT 技术，而另一个可能基于使用 IP 多播的本地搜索。几个协议可以共存并同时被使用。在此级别，可以有标准化的协议和专有协议。NetInf 传输控制协议能够连接到并包裹通用路径机制。

NetInf 应用程序编程接口具备的功能可以由应用程序调用，包括 NetInf 附加服务，其目的是为了利用基本的 NetInf 服务。NetInf API 提供了一个通信服务，从发布/订阅通信模式借用了一些想法。但是没有事件处理限制和异步事件通知。

API 的功能分为两类：一类是由一些实体使用的功能，这些实体使信息在网络发布者功能中可用；另一类是由另一些实体使用的功能，这些实体从网络订阅者功能中检索信息。还有第三种类型的功能，它处理实际的数据传输。这种类型的功能不是 API 的一部分，而是由特定的传输协议提供的功能。

基于 4WARD 概念早期阶段所确定的要求，在一些参考意见的基础上建立了信息对象基础设施。第一个是互联网上名称空间的语义重叠，以及信息是如何被传递和消费的。实际上，互联网基础设施是被迫做出重要的进步的，从数据传递进步到信息传递。这意味着位置方面的透明使用和内容价值方面的有意义的方式，而这一点在浩如海洋的字节、用户和连接可能性中是必需的。

架构是围绕信息对象概念建立起来的。这种方法旨在从消费者的角度来满足需求，他们需要的是具有某些特性的信息，而不是以多种形式存在，与赛博空间中其他内容没有任何连接的互联网上某个位置上的内容。

信息对象的根本创新在于它提供了一种方法直接引用信息，而不需要使定位器超载，同时承担标识符和定位器的作用。今天，众所周知的统一资源定位器（URL，如 http://www.4WARD-project.eu/index.html）对于 Web 资源的典型要求，包含持有信息的物理机器的主机名或网络地址。然而，用户很少会对满足要求的机器感兴趣，而是对信息本身感兴趣。在我们的 4WARD 网页示例中，把 URL 作为某个信息的不透明的标识符。信息对象提供了一个不倾向于某一位置的方式来指向这些信息，以便用户可以直接地要求他实际感兴趣的内容，即信息。

10.4　螺母和螺栓（细节）

信息模型被设计为以信息为中心的体系结构的基础层。前进的最后一步是在互联网提供的内容和服务方面提供改进的意义。由于如雨后春笋般涌现的用户配置文件和移动接入，当前的体系结构不能够利用一些具体的方面：传输某个信息特定副本的最佳位置，或如何利用某一内容的特性（如电影，什么样的行动包含演员等，关于数据或元数据，被称为数据的东西）。我们进一步区分元数据层次的信息对象（IO）和作为负有有效载荷的实际比特模式参考的信息对象。这些比特模式被称为比特级对象（BO）。BO 的例子包括众所周知的文件和流格式，如 MP3 文件、视频或语音对话。从这个意义上来说，信息对象的第二种使用可以被视为 BO 在 NetInf 名称解析系统中的表现。这两种类型的信息对象有重大区别，第二种是具体比特级对象的引用，而第一种没有相关的有效载荷。IOs 代表更高层级，是在语义上有意义的实体，如某首歌。如图 10.3 中的最低级所示，数据对象可能会存储在网络中的不同位置，可能在托管文件或服务于流的服务器中，但也可能在镜像服务器，或已经检索到这个文件并使其可用的缓存或用户设备中。涉及所有这些情况的常见概念包含验证检索到的数据是否真实的手段，如一个散列，它是 IO 名称的一部分，或安全绑定到 IO 名称。可以访问一个 IO，如使用一个为了 NetInf 传输而优化的通用路径（在本书中有表述）。

更高的语义层级可以通过 IO 来表示。在图 10.3 中，IO 代表某首歌 Song1，有不同的编码，在我们的示例中是 MP3 版本的 Song1.mp3 和一个 WAV 编码的 Song1.wav，每一个都位于网络中的两个地点（由 BO 级的盒子所示）。从用户的角度来看，这意味着要求某一首歌而不指定特定的文件是可能的，从而大大增加了合适的数据对象的数量。这再次反映了调整适应用户信息消费行为的想法：只要质量足够，设备能够播放特定的编码，对于用户来说，BO 的选择可能就是透明的，他不关心他想听的歌的实际记录。对象经过可选择性加密，这样就可以应用经典的数字版权管理方法，还可以防止用户生成的内容未经授权被使用。IO 可能与其他代表更高聚合水平的 IO 连接在一起。

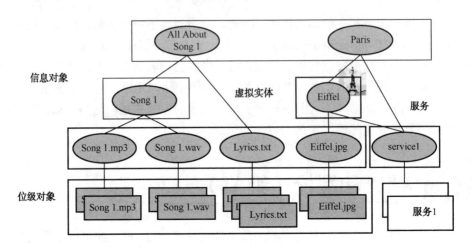

图 10.3 一个概念性信息模型

当我们不小心前往或没有将 IOs 连接到被用作 IOs 的 BOs 时，产生无尽绑定循环的危险是很明显的。因此，发布机制必须防止这种类型的事故，如通过 IO 生成和存储验证的模板方案。如图 10.3 所示，对与 Song1 IO 有关的所有属于该信息对象的不同信息进行分类。除了这首歌本身外，也可以是完全不同性质的对象，如包含歌词的文档（图中 Lyrics.txt）或相关信息的任何其他类型。这些更高层次语义的另一个例子是交响乐，如贝多芬第九交响乐。不同的乐队可能都演奏过这支曲子，甚至同一个管弦乐队演奏的同一个交响乐也会有几个不同的录音，品质和格式都可能不同。IO 提供了一种方法将同一个对象下的所有这些进行分类，在一般意义上它们指的是同一个交响乐。这是以信息为中心的模式的一个特别有用的特征，因为它允许用户快速地访问信息，并在稍后的时间点处理不同的信息化身。例如，如果用户感兴趣的是贝多芬第九交响乐，但不关心表演乐团或特定的音频编码，那么 IO 就是一个非常强大的概念，来向信息网络表达这个请求。

对于这样一个起作用的系统来说，建立和维护 IOs 和 BOs 之间的绑定是至关重要的。根据不同的使用情况，不同的方法是可能的。绑定可以由所有者或所有者指定的另一个实体进行集中管理。在这种情况下，绑定更改，如更新名称解析系统中相应的条目，只能由该实体在得到授权的情况下完成。在其他情况下，一个社区可能保持这些连接，类似于今天的维基在线百科全书的管理方式。同样，如果转码服务生成了一个对象的新的编码，也会自然地自动建立与源对象之间的绑定。最后，自我管理机制可以分析与对象相关联的元数据，并自动创建链接。这个过程与搜索过程相关，这里所述的方法的优势在于，绑定是预先计算的，不需要在能够解析一个 IO 之前创建，而主要的缺点是灵活性和交互性程度较低。在这两种情况下，本体上已经在语义 Web[7] 的情形中完成的工作可能是非常有益的。组合也是可能的，如由一个自动化工具提出一组绑定，然后由一个编辑团队或社区进行检验和改进。

更新绑定也是管理信息对象更新的一种方法。例如，一个 IO 可以代表与当前报纸上一个问题相关的元数据，当新的问题被发布时，从这个 IO 到各自 BO 的绑定就得到了更新。因为一个 BO 可以被解释并用于不同的场景，所以每一个使用情形都可能具有相关的 IO，每一个使用情形的更新导致了 IO 和相关绑定的更新。

IO 的概念包含了非常广泛的实体，可以想象为信息，如直播流、传感器数据或通信会话。图 10.3 显示了包括真实世界对象的虚拟表现形式的例子。在今天的互联网，获取这些信息的一个典型方法就是访问相应的 Web 页面（可能通过搜索引擎找到），如 www.tour-eiffel.fr（当你想了解埃菲尔铁塔）。一个增广网络最近的提议[8]描述了真实对象和其虚拟表现形式之间的自动映射。可以使用不同的映射机制，如将 GPS 定位和图像识别软件结合，来找到一座纪念碑的虚拟表现形式，或将一个无线射频识别标签绑定到图书馆中的一本书。在所有情况下，相应的虚拟实体就是信息网络中的一个 IO，可以与各种各样的信息连接。这些信息可能和纪念碑的图片一样简单（参见图 10.3 中的 Eiffel.jpg），但是也可能和这一真实世界对象的所有其他数据一样，如开放时间，历史信息或门票预订服务。对于 NetInf 系统操作特别有用的相关应用领域是将用户身份映射到信息网络，从身份证、用户识别模块（SIM）或政府发行的签名卡，到可以用于信息网络的数字身份，当然，要使用特定的适配器，因为 NetInf 不直接支持这些技术。有了这样一个绑定，分配信息对象的访问密匙就成为可能，这些对象只能由特定的用户或用户组进行解密。同样，为了记述的目的，建立一个到实际用户的安全绑定是必要的。

如前所述，NetInf 对象模型也可以代表服务：在网络中不同的位置可以使用 Service1。如果一个服务的不同实例是相同的（例如，同一个软件包的不同部署），那么它们就在 IO 层级上共享同一个 ID，同时可以使用标准的 NetInf 名称解析机制方便地查找每一个实例（如比特级对象所示）。例如，如果由于负载分担的原因，可以建立新的服务实例，它们可以很容易地被添加到系统中，位于相同的 ID 之下。相关但不完全相同的服务可以通过一个 IO 进行分组。我们设想将一系列广泛的服务结合起来，从紧密集成的服务，如存储服务，到不需要与 NetInf 机械交互的松散耦合服务。

上面所讨论的所有对象支持相关的元数据。这是至关重要的，因为这些对象的 ID 对于人类是没有意义的。这里所说的元数据指的是全部的信息，而不是与对象有关的有效载荷。例如，元数据由一些属性组成，如比特率和录音文档的编解码器，或文档的作者和摘要。真实世界对象的虚拟代表可能包含 GPS 坐标，而代表一个服务的对象可能会包含对于该服务所提供的功能的详细描述，以及谁来负责这项服务。对于如与语音对话有关的对象，可能会包括通信中所涉及的各方的信息。根据规定元数据的划分类型和规则，元数据的意义可能不同，这与语义网中在本体上完成的工作有关。连接到相同参数的不同本体会呈现不同的解释（像街道地址可以是家里、办公室或其他地址）。在使用哪一个具体的本体，或不同的本体该如何在不同运营商和用户之间的相互操作方面达成一致，将有助于支持多个解析系统，并帮助解决在不同情形中元数据的不同意义所带来的挑战。关于元数据的表现形式的更详细内容在信息模型中，将在下一小节中介绍。

NetInf信息模型有两种基本对象：信息对象（IO）和比特级对象（BO）。

- NetInf比特级对象（BO）本身是基本的数据对象，或是对象的数字表现形式，如果该对象不是一个数字对象（如现实世界对象的情况）。换句话说，BO存储了对象的数据信息。NetInf将这视为不透明的数据，并没有从中得到任何语义。

- NetInf信息对象（IO）由三部分组成：赋予IO名称的ID，包含与对象相关的语义信息的元数据和BO（见图10.4）。

除了命名IO外，ID还具有一定的安全属性，使得NetInf提供可以自查的IO，提供所有权信息等。

元数据字段由一组属性组成，并提供关于IO的语义信息。元数据用于安全目的和搜索。对于理解如何使用一个IO的应用程序，元数据也是有价值的。

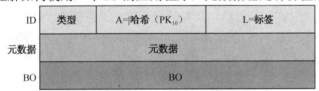

图10.4　信息模型的IO格式

数据字段可能包含BO处理，它是哪里能找到对象的一个参考，或者它可能包含一个IO ID，它是到另一个IO的一种间接方式。能够注意到的是，存储在一个IO数据字段中的内容可能是另一个IO的元数据，也就是说，一组元数据可以存储为一个IO。

在今天以主机为中心的网络中，对于信息的信任是基于对基础设施的信任，包括提供数据的主机、沟通渠道和名称解析服务（NRS）[如域名系统（DNS）]。在NetInf中，由于采用了具有内置安全属性的命名方案，所以对于信息的信任基于信息本身，这更适合以信息为中心的网络的内在需求。所提出的命名方案支持与安全相关的各种属性的结合，包括名称的持久性、自我认证、所有者身份验证、业主身份，以及同时的名称认证，超越了现有的以信息为中心的网络架构的命名方案。命名方案及与受保护信息相关的安全元数据确保了这些属性。此外，NetInf命名方案还通过支持多种类型的数据标识符，提供了灵活性和可扩展性。

NetInf中一条条的信息被称为信息对象（IO）。根据标识符/定位器分离范式，每个IO被赋予一个全球唯一的标识符（ID），从而确保ID不与位置绑定。这种位置与

IO 的 ID 相独立的情况允许相同（或相似）的信息内容的多个副本，同时以相同的名称存储在不同的位置，这本身导致了更高效、大规模的数据传播。因此，关于位置变化的名称持久性是 NetInf 命名方案的基本属性，也通过其他以信息为中心的网络架构（如 DONA[9]，PSIRP[10] 和 CCN[11]）得到满足。

除了位置变化外，NetInf 命名方案也从动态 IO 的内容方面变化保证了名称的持久性，这意味着即使数据内容发生了变化，IO 的 ID 仍以保持不变。当然，这个属性本身很容易实现，但是如果与 NetInf 命名方案提供的另一个基本属性结合起来，就是一个挑战，即自我认证。自我认证确保了如果它的 ID 是真实的，那么 IO 数据内容的完整性就可以得到验证。换句话说，这一属性意味着，如果具有给定的 ID，任何未经授权的数据改变都是可检测的。

静态内容的自我认证，可以简单地通过包括 ID 中的内容散列而实现，但对于动态内容，这将违反名称持久性。可以通过与所用数字识别标志算法对应的密匙，将这一识别标志纳入相关的元数据，以及纳入与 ID 中所用密匙相对应的公共密匙，来标记自我认证的数据的散列，实现动态内容的自我认证。然后这个公共密匙可以用于验证识别标志。更准确地说，只有公共密匙的更短的散列值需要成为 ID 的一部分，而公共密匙本身可以放在安全性元数据中。因此，如果标记的内容改变了，那么这一内容更改的标记散列，而不是 ID，以及数据完整性可以通过与持久 ID 相对应的公共密匙进行验证。这就保证了，只要识别标志被验证为有效，如果内容的 ID 是真实的，那么检索到的内容也是真实的。由于 ID 也可能包含其他信息，也需要通过验证，所以 ID 作为一个整体应该纳入自我认证的数据中。可以通过使用建议、过去的经验，以及专门的 ID 认证服务和机制，来实现真实的 ID 检索。

因此，同时满足自我认证和名称持久性意味着 NetInf ID 必须是平坦的，至少部分如此。这意味着分层的 NRS 对于名称解析来说可能是不够的，应该使用其他的解析方案，如基于多个分布式散列表的解析方案。反过来，从移动性角度来说，平坦的 ID 是有利的，它可以在没有行政管理权力的情况下，依赖大型名称空间中的统计独特性进行分配。

现在，对 NetInf 中一个 IO 的基本 ID 结构进行更详细的解释。图 10.4 中，一个 IO 被正式地定义为 IO =（ID，数据，元数据）。数据包含该 IO 的主要信息内容。元数据包含安全功能及任何与 IO 相关的属性所需的信息，如描述数据中包含的音频或视频内容，或 IO 的所有者。另外，元数据可以作为一个单独的 IO 而存储独立。然后 IO 的所有者可以被确定为任何一个可以创建或修改 IO 的实体。IO 的 ID 被正式定义为 ID=（类型，A=散列（PK），L），其中 A=散列（PK）是包含与 IO 相关的公共密匙 PK 的散列的身份验证领域，L 是包含任意标识符属性的标签字段，而针对灵活性和可扩展性的标准化类型字段指定了一个特定类型的 ID，如哈希函数，用于生成 ID、可变格式、标签结构，以及如何解释这种结构。特别是对于静态 IO 来说，内容的散列值包括在标签中。任何知道与 IO 的 ID PK 相对应的密匙 SK 的实体，可以因此被视为一个 IO 的所有者。

需要注意的是，与其他建议（如 DONA）不同，身份验证领域直接与 IO 对应，而不是与控制 IO 的物理实体（如一个所有者）相对应。这就实现了 NetInf 命名计划的另一个独特的属性，即关于所有者或所有者组织结构变化的名称持久性。这个所有者独立性的属性可以通过两种方式实现，不那么复杂的基本方法和更复杂也更安全的先进方法。在基本方法中，来自 IO 的 ID 的 PK / SK 被安全地从先前的所有者传递到新的所有者，而在先进方法中，以前的所有者通过一个授权的公共密匙证书，授权一个新的所有者使用新的 PK / SK。在这两种方法中，IO 的前所有者都得到信任来授权 IO 的新所有者。在先进方法中，IO 的所有者可以是任何知道密匙 SK 或由 SK 授权的任何其他密匙的实体。

这两种方法在技术上都允许认证链上所有合法的所有者对 IO 进行有效的更改。如果这种行为不受欢迎，就应该禁止之前的所有者更改 IO，通过在每个授权证书中纳入产生和到期时间，以及为涉及的所有者提供一个受信任的时间认证服务，先进方法会在法律的基础上促进禁令。另外，密匙撤销机制可以用于此目的和受损密匙的撤销。注意，一个以信息为中心的网络非常适合密匙撤销，因为密匙撤销列表可以作为相关的 IO 被发布出来。

NetInf 中的信任和问责通过两种机制实现，即所有者身份验证和所有者身份识别。关于所有者身份验证，所有者被认为是同一个实体，通过展示出对相同所有者的密匙的认识，它多次充当对象所有者，但可能仍然是匿名的[12]。关于所有者身份识别，从真实标识符的角度确定所有者，如个人姓名。这种分离是很重要的，使匿名发表内容得以实现，如支持言论自由，同时允许建立对于一个潜在的匿名所有者的信任，作为一个拥有相同所有者密匙的实体。NetInf 命名方案的另一个独特特征是，通过允许用于所有者身份验证的 PK/SK 与用于数据自我认证的 PK / SK 不相同，使所有者身份验证和数据自我认证分离开来。

通过纳入自我认证数据中所有者散列公共密匙，并使用自我认证密匙和所有者密匙标识这一数据，来实现提出的所有者身份验证。然后通过纳入所有者散列公共密匙和自我认证数据中所有者的真实标识符，并使用和所有者身份验证中相同的方法识别这一数据，就可以实现所有者的身份识别。此外，也需要对所有者的真实标识符进行验证，这可以通过使用和验证一个额外的签名来实现，即将所有者的公共密匙与所有者的真实标识符进行绑定的公共密匙证书。这一证书由受信任的第三方颁发，颁发的基础是物理实体知道所有者的密匙，并由指定的所有者标识符确定了身份属性。所有需要的签名都包含在安全性元数据中[12]。

10.5　操作

以信息为中心的方法需要对当前的通信体系结构进行认真的修改。由于需要新的功能，访问节点将暴露出比 TCP/IP 传输级别更高的能力，将用于对象级传输的功能聚于一处的需求，并相应地修改了应用程序如何解决网络的方式。以下展示了由 NetInf 功能和一些使用情形所提供的服务结构。

从网络体系结构的角度来看，NetInf 生态系统由很多部分组成：解析服务、存储服务、客户端应用程序和许多 NetInf 附加服务，如图 10.5 所示。

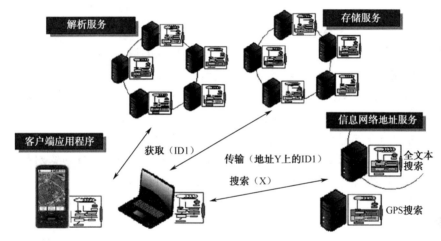

图 10.5　NetInf 网络架构

在 NetInf 中，网络节点和终端具有相同的节点架构。在传统网络中被视为终端/端点的设备，在以信息为中心的 NetInf 网络中，将被看作一个连接信息和真实世界物体的网络节点。

在进入细节之前，让我们先给出一个例子：在一个增强的网络场景中，NetInf 生态系统的组件可以如何相互作用。

移动上网设备越来越普及，用户想要使用它们来获得更多现实世界中的信息和服务。这包括与用户接近的物体，如日常用品、他们遇到的人、或者他们访问的地方。当访问信息时，访问的信息不影响用户对于现实世界中活动的注意力这一点是至关重要的。不幸的是，我们今天所体验的移动互联网接入需要用户大量的关注，因此不适合许多情形。为了支持这样的情形，网络应用程序需要顺利融入现实世界，以实现服务接入，而不中断用户现实的工作。然而，由于当前的互联网架构，很难大规模地建立这样的应用程序。基本上它不提供现实集成的概念。

例如一个增强的网络范例：一个在埃菲尔铁塔附近的游客关心开放时间、门票价格、纪念碑的历史等。对于游客来说，这些信息是否位于巴黎或其他地方的一个服务器上是无关紧要的。URI 如 www.tour-eiffel.fr 提供了一个信息位置的抽象层，但将它绑定到特定的网络节点。这样的应用程序对底层基础设施提出了两个主要要求。首先，增强的网络需要一个虚拟表现形式的概念用于物理实体，可以累积并提供与物理实体相关的服务。第二，增强的网络必须建立并维护物理实体与其在未来网络中虚拟表示形式之间的绑定。通过提供一个 API，NetInf 满足了这些需求，这一 API 对于表示现实世界实体的物体，和代表服务、内容和其他数字实体的物体来说是共同的。基于这一共同的 API 和信息模型，可以定义代表现实的和数字的实体之间的绑定和互动，来实现增强的互联网应用。

在我们的增强的互联网应用实例中，如果用户想要得到离埃菲尔铁塔最近的比萨店的菜单，会发生以下情况。

（1）客户节点将组成一个对于具有一组属性的 IO 的请求（如对象类型=菜单，餐厅类型=比萨店，餐厅位置=距离埃菲尔铁塔最近，我的当前位置=？GPS）。

（2）解析服务（NRS）解析了属性并标识了匹配的 IO，这些都返回到客户节点。这是实施搜索功能的一个典型方法。

（3）客户节点选择它想要检索的 IO。如果该 IO 包含一个 BO 请求处理，则通过适当的传输接口（包括本地存储或缓存）来请求该 BO。如果该 IO 包含对另一个 IO 的引用，则可以执行递归的 IO 解析，直到用户发现并选择最后一个 BO。

（4）最后，客户节点请求相应的 BO 由目前可用的传输机制进行传输。

NetInf 允许两步的解决过程。在第一步中，一个 ID 或一组属性被解析到一组 IO。然后应用程序/用户选择一个或多个 IO 用于相应 BO 的检索。这样做的原因是让应用程序/用户控制哪些 IO 被检索。检索不同的 IO 可能导致不同的成本，它们可能以不同的下载速度获得等。

当延迟是一个优先级时，为了优化 NetInf 性能，NetInf 可以协助用户/应用程序做出选择，从而隐藏了第二个解析步骤。可以与第一个解析步骤结合做出这一选择，避免额外的往返延迟。基于网络的选择也可以缓解端系统/用户/应用程序在 BO 中选择确定"最佳"的需求，这种选择可以直接由名称解析系统完成。因此，NetInf 可以在不牺牲灵活性的情况下，模拟从客户-服务器协议（如 HTTP）中已知的用户级行为。如果这样一个 NetInf 执行的选择过程应考虑用户的偏好，就需要添加一个 API，用户可以在其中设置这种选择过程的策略和偏好（在别的情况下将使用默认策略）。迄今为止在我们当前的工作中还没有解决这一问题。

10.6　演进

　　NetInf 旨在展示相对于当前的互联网实践的相关改进。因此，新的架构和流程需要一些方法来揭示进步、演进。这里用于这一目的的策略是可行性评估、模拟和原型。以信息为中心的体系结构的一个关键组件是名称解析系统，如前所述，对于现实实施中成功的概念应用来说，它的性能是至关重要的。网络在一个集成的名称解析（NR）和路由方案中执行 NR 和请求路由到单个步骤中的目的地。关于对象检索路径，数据转移可以使用到达请求者的拓扑最短路径，或遵循反向请求的相同路径。在后一种情况下，可以由中间节点实施缓存策略。然而，值得注意的是，当采用一个整合的路由体系结构时，即使使用最优最短的路径用于数据传输，请求都必须通过 NR 节点，然后与纯粹的拓扑路由策略相比，整体结果路由路径可以是次优的。因此，一个有趣的问题是，一个集成的 NR 和路由策略的结果延伸会如何。路由延伸是对于一个路由算法在最优、最短路径路由方面有效性的一种衡量。因此，它可以被定义为实际路由路径与最短路径长度之间的比值。

　　多重 DHT（MDHT）架构是实现信息网络中一个完整的名称解析和路由系统的可能方法。MDHT 运行在分布式字典中，就是一个名称解析的数据结构，分布在 NetInf 节点的基础设施中，这些 NetInf 节点包含用于名称解析的绑定记录。为了估计 MDHT 的可伸缩性，我们选择了一个情形，其中，为简单起见，实施了一个具有 4 层次 DHT 级别的全球词典。一个简单的分析表明，使用当前可用的存储技术（如 Tera-RamSan），可以在全球互联网上管理直到每个 1 KB O（10^{15}）的绑定记录。平均而言，在这种情况下，在全球互联网的每个 NetInf 节点上，都需要具有 O（10^9）绑定记录的 4 TB 存储字典，假设互联网上大约有 O（10^6）NetInf 节点。这个估计考虑了 DHT 级别的多样性如何反映在一个多层次的方法中。

　　以每秒每个用户 2 个请求的速度，使用单个 Tera-RamSan 存储单元，一个 NetInf 节点可以应对约 8300 个用户。通过在同一节点中的多个存储单元分发相同的字典划分，并使其并行，可以进一步提高每个用户或每个节点用户数量的请求速率。当然，这些数字只考虑当地的请求。由于 MDHT 多层次的本质和变化传播的方式，我们认为当前的分析是合理的。

　　据估计，一个解析操作的延迟不足 500μs。事实上，如果我们假设在相同的节点上，一个平衡的二进制树数据结构中存储 O（10^9）绑定记录，大约需要 30 个树深度级别。因为每个访问操作需要大约 15μs，因此每个解析请求可以在大约 450μs 以后进行处理。

　　至于字典中绑定记录的刷新，这个过程必须有一个频率，在 NetInf 节点上产生一个可接受的控制流量负载。一个"变化缓慢，反应快速"的策略可以保持刷新包的低频率。这个策略允许网络慢慢改变它的状态，但是能快速地对实际用户请求做出反应。在这种假设下，以每个处理 10^9 个对象的 NetInf 节点所需的 10Mbps 的带宽，一个完整的字典刷新持续大约 5.6 天。

MDHT 可行性分析指向一些性能水平，与来自 DONA 提议的类似结果相比，它们似乎很好。请注意，大概其他基于 DHT 的方法也显示出与 MDHT 类似的结果，因为上面的问题可以很容易地扩展到一个通用的基于 DHT 的方法。

另一个用于参考的情况是合作多路接入的一个特点。无线网络的多路接入是一个非常活跃的研究领域，但直到现在，先前的研究只关注蜂窝网络的集成无线局域网。在不久的将来，随着移动 WiMAX 部署增加，许多人预计在 3GPP 和提供移动宽带服务的 WiMAX 论坛技术之间会出现激烈的竞争。在这项工作中我们采取了一种不同的方法，并研究了大规模城市情形中的合作多路接入，其中移动 WiMAX 和 3G 蜂窝以合作的方式来提供移动视频服务。我们以 NetInf 采用的以信息为中心的新方法定位我们的工作，并通过模拟评估了在无线城域网（WMAN）多媒体内容分发方面，更好的多路接入设备功能管理带来的好处。

在本节讨论的仿真场景中，我们考虑了连接的 N 和在 7.5 公里 ^{2}（5×1.5 公里）的矩形市区中移动的活跃的 NetInf 节点。我们所说的"活跃"指的是请求宽带网络服务的非静止节点。只有在（多路接入）分页模式中的节点不消耗适合宽带服务的网络资源时，仿真场景才不考虑它们。在每个场景中，20%的 N 代表行人、汽车中 60%的用户和火车中 20%的乘客。根据随机方向移动模型，汽车和行人移动的速度分别设置为 V_a= 50km/h 和 V_p=0.5m/s。火车移动的恒定直线速度为 V_t=60km/h。火车乘客随机分布在 6 节车厢中，火车的总长度是 200 米。在多路接入场景中，所有节点可以连接到移动 WiMAX（R1）和 3 GPP（R2）蜂窝网络中，并支持使用抽象机制的介质无关交接，详情见文献[13]，进一步的仿真细节见文献[14]。

下面的场景（见图 10.6）演示了两个重叠的 WMAN 的情况，它们使用了两种不同的技术，我们分别称之为 R1 和 R2。这两种类型的 WMAN 都可以给移动节点提供宽带流媒体服务。在以主机为中心的会话移动中，视频流总是从一个特定的视频服务器 S（图 10.6 中的右侧）产生，到移动节点 R 终止，通过之间的任何网络。身份验证和授权基于地理位置和个人账户机制。对于使用在线文档归档服务，如 ACM 数字图书馆和 IEEE Xplore 的人员来说，这是相当熟悉的。目前，如同样的笔记本电脑，如果通过机构网络连接，就可获得授权访问 IEEE Xplore，但如果是通过一个公共接入网络连接，就无法获得授权。在以信息为中心的网络中，笔记本电脑应该能够访问与附着点无关的数据库。更具体地说，附着点在 NetInf 中扮演一个小角色，因为信息占据了舞台的中心位置。今天，在客户（移动节点）一方，视频流被认为是合法的，因为 S 作为视频流的每个 URI，似乎值得信赖，虽然已经证实 URI 欺骗并不少见。

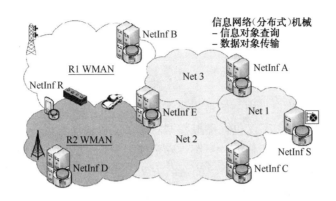

图 10.6 NetInf 移动多路接入场景

在传统的以主机为中心的移动情形中，S 充当"记者"节点（CN）。一旦建立起连接，CN 保持不变。然而，在一个旨在传播信息（如 YouTube-type 视频存储库）的 Akamaized 网络（或 a BitTorrent P2P 网络）中，将在端到端指标和基于 DNS 解析的复杂算法的基础上选择记者节点。当移动节点连接到 R1，覆盖 CN 选择算法可能会选择将接收机与节点 B 连接起来。在以主机为中心的范式中，当移动节点交付到 R2 时，CN 将保持不变（B 或 S），尽管这不一定是最好的选择。相反，在以信息为中心的模式中，视频流可以来自通过 E 和 S 的 NetInf 节点 A 中的任何一个，取决于端到端指标和来自网内管理实体的信息。流对象将是可以自我证明的，因此就不强制仅仅来源于 S 或其在 B 上的 Akamaized 副本，而且请求 NetInf 节点将经过身份验证，并基于自我证明的凭据得到授权，无论其位置或当前附着点（R1 或 R2）如何。

这是对受 NetInf 影响的合作 WMAN 接入场景研究的简要总结。我们模拟了一些场景，其中 WMAN 技术用来独立提供网络连接和服务，并与两个网络技术合作的情况进行比较。首先，虽然天生具有多路接入能力，但是在被观察地区移动时，所有的 NetInf 节点被配置为只使用 R1。在这种情况下，移动节点能够只执行技术内交接。我们重复模拟，在每次运行 r 中每个节点 i 使用相同的路径，以类似的方式配置所有节点只使用 R2。最后，就有可能配置所有节点动态地在 R1 和 R2 之间做出选择，作为它们在整个市区的接入网络。我们可以执行政策，指导 NetInf 节点在服务请求相遇时避免垂直交接，但目的是确保每个 NetInf 节点在几个网络附着点的更改中接收流媒体信息对象。

这些类型的仿真结果表明，在自我证明的对象的基础上，以信息为中心的方法可能有助于实现未来 WMAN 中显著的性能改进。当然，我们的评估框架可以在好几个细节水平上进一步得到提高。此外，这些场景只考虑了未来网络的一个服务子集。尽管如此，初步结果还是很有前途的，表明遵循合作式、以信息为中心，而不是对抗性的、以主机为中心的方法，会有很多收获。

10.7 结论

我们已经采用以信息为中心的范式作为我们工作的基础。从这一基础，我们已经开发出一种信息模型，它不仅包含虚拟数据对象，还包括现实世界对象及服务。为了设计一个比今天的网络架构伸缩性更强、安全性能更好、新的、以信息为中心的网络架构，需要一个关键的组件：一个新的命名方案。通过命名和安全框架的设计，我们已经能够构建一个架构，它为信息对象本身，而不是为包含它们的盒子和连接这些盒子的链接提供安全性。

以信息为中心的通信抽象化有许多优点。可以将内容有效地分配给大量的接收者。内容缓存内置在架构中，因此不必借助请求拦截或接收器的特殊配置来实现。可以在不依赖附件如 DNS 轮循的情况下实现负载平衡。因为信息可以从最近的可用资源检索，所以可靠性和性能都有所改善。

可以通过异构无线环境中以信息为中心的模式增强性能和可靠性，这种环境中存在通信中断、短暂访问机会和多重接入选择。与使用端到端字节流相比，以信息为中心的通信抽象化在数据对象传输方面提供了更大的灵活性。网络对于应用程序的意图有更好的认识，因此有可能更加智能地处理数据。网络可以使用多个路由、可用路径冗余和中间存储，轻松实现数据传输来克服连接中断。极端的一个情形是端到端路径从来不存在。如果有一个端到端的可靠的字节流，网络就不得不违反抽象化的假设，或应用程序必须实现这些功能本身，包括合适网络位置上的应用程序网关。

性能和可靠性受益于存储应用，也有利于非传播应用程序，如个人电子邮件。另一个例子是，可以在不涉及基础设施的情况下，支持无线连接的两个笔记本电脑之间直接传送电子邮件。

以信息为中心的方法给出了新的可能性来防止服务拒绝（DoS）攻击。采用以信息为中心的方法，没有人可以未经你的同意，迫使网络通过你的路线。通过将控制从发送者移动到接收者，实现这一点是有可能的。发送方可以提供信息，但接收方必须对将要被传输的信息提出请求。预防 DoS 攻击是设计 NefInf 替代当前端到端通信 TCP/IP 的一个动机。

10.8 相关工作

当然，在 NetInf 内部解决的这些主题是网络研究领域更多不同倡议的重点。这里只是从我们的观点对最相关的一些问题进行简单的描述。

在以信息为中心的网络中，以内容为中心的网络（CCN）方法有很多与 NetInf 一样的想法。一个区别是，CCN 使用分层的名称。这些层次结构通常对应于组织结构。在 CCN 中，构成一个信息对象标识符的名称树的根，必须由一个实体来表示。CCN 安全性概念要求这个实体必须得到用户的信任。这意味着当组织结构发生变化时（如对象变换了所有者，或雇员变换了组织），对象必须以一个不同的名称重新发布。

另一个密切相关的倡议是 PSIRP。其主要思想是实现一个纯粹的发布/订阅、以信息为中心的系统，使用标识符检索信息对象。此外，具有范围标识符来限制对象的分布。然而，根据我们的理解，PSIRP 目前只通过名称关注自我认证，但不关注所有者身份验证和其他 NetInf 命名框架支持的安全属性。

在前面我们已经详细解释了为何命名对于 NetInf 来说十分重要。其中一个原因是使用了自我证明的名称：如果你知道对象的名称是正确的，通过对内容应用一些算法，你就可以验证收到的副本的真实性。如果对象是真实的，该算法将呈现你用来请求它的名称。这个属性对于 NetInf 来说是至关重要的，因为对象应该是可核查的，而无须信任检索到它的来源。这一领域相关工作包括自我证明公共密匙和 DONA。

从 DONA 借用了一个基本思想，即名称包含了与"对象所有者"有关的部分，可以用于身份验证，以及一个由"所有者"控制的"标签"。DONA 的一个限制与所有者变化有关：如果所有者变了，这个名称也会变。在我们的命名方案中，即使所有者变化了，我们还可以保持名称不变。通过使用存储在元数据中并安全绑定到名称的验证链，可以做到这一点。对于 DONA 的一个主要批评是它在名称解析方面的可伸缩性很差。针对我们的建议也有类似的批评。尤其是 NetInf 被设计成按照 10^{15} 个对象的顺序来划分。为了解决这些问题，我们已经研究了两种方法，用于 NetInf 中可伸缩的名称解析：多个 DHT（MDHT）和后期定位器建设（LLC）。这个领域的相关工作包括非托管互联网协议（UIP），ROFL，i^3。

参考文献

1. V. Jacobson, M. Mosko, D. Smetters, J.J. Garcia-Luna-Aceves, Content-centric networking, Whitepaper, Palo Alto Research Center（January 2007）

2. R. Moskowitz, P. Nikander, IETF RFC 4423, Host Identity Protocol（HIP）Architecture（May 2006）

3. I. Stoica, D. Adkins, S. Zhuang, S. Shenker, S. Surana, Internet indirection infrastructure, in *SIGCOMM'02: Proceedings of the 2002 Conference on Applications,*

Technologies, Architectures,and Protocols for Computer Communications（ACM, New York, 2002）, pp. 73–86

4. H. Balakrishnan, K. Lakshminarayanan, S. Ratnasamy, S. Shenker, I. Stoica, M. Walfish, A layered naming architecture for the internet, in *Proceedings of SIGCOMM'04*, Portland, Oregon, USA, 2004

5. B. Ahlgren, J. Arkko, L. Eggert, J. Rajahalme, A node identity internetworking architecture, in *Proceedings of the 9th IEEE Global Internet Symposium*, Barcelona, Spain, April 28–29, 2006, In conjunction with IEEE Infocom 2006

6. V.G. Cerf, S.C. Burleigh, R.C. Durst, K. Fall, A.J. Hooke, K.L. Scott, L. Torgerson, H.S. Weiss, Delay-tolerant networking architecture, RFC 4838, IETF（April 2007）

7. W3C, Semantic web activity, http://www.w3.org/2001/sw/

8. R. Want, K.P. Fishkin, A. Gujar, B.L. Harrison, Bridging physical and virtual worlds with electronic tags, in *Proc. SIGCHI Conf. on Human Factors in Computing Systems*（ACM Press, New York, 1999）, pp. 370–377

9. http://psirp.org/

10. http://radlab.cs.berkeley.edu/wiki/DONA

11. V. Jacobson, D.K. Smetters, J.D. Thornton, M. Plass, N. Briggs, R.L. Braynard, Networking named content, in *Proc. 5th ACM International Conference on emerging Networking Experiments and Technologies*（ACM CoNEXT）, Rome, Italy, December 2009

12. C. Dannewitz, J. Golic, B. Ohlman, B. Ahlgren, Secure naming framework for informationcentric networks, in *ACM CoNEXT 2009*, Rome, Italy

13. K. Pentikousis, R. Agüero, J. Gebert, J.A. Galache, O. Blume, P. Pääkkönen, The ambient networks heterogeneous access selection architecture, in *Proc. First Ambient Networks Workshop on Mobility, Multiaccess, and Network Management*（M2NM）, Sydney, Australia, October 2007, pp. 49–54

14. K. Pentikousis, F. Fitzek, O. Mammela, Cooperative multiaccess for wireless metropolitan area networks: An information-centric approach, in *Proc. of IEEE International Conference on Communications 2009*（ICC 2009）, Dresden, Germany, June 2009

15. B. Ohlman, B. Ahlgren,M. Brunner, M. D'Ambrosio, C. Dannewitz, A. Eriksson, B. Grönvall, D. Horne, M. Marchisio, I. Marsh, S. Nechifor, K. Pentikousis, S. Randriamasy, R. Rembarz, E. Renault, O. Strandberg, P. Talaba, J. Ubillos, V. Vercellone, D. Zeghlache, 4WARD Deliverable 6.1: First NetInf architecture description, FP7-ICT-2007-1-216041-4WARD/D-6.1, Technical report（January 2009）

16. M. D'Ambrosio, M. Marchisio, V. Vercellone, Authors: B. Ahlgren, M.

D'Ambrosio, C. Dannewitz, A. Eriksson, J. Goli´c, B. Grönvall, D. Horne, A. Lindgren, O. Mämmelä, M. Marchisio, J. Mäkelä, S. Nechifor, B. Ohlman, K. Pentikousis, S. Randriamasy, T. Rautio, E. Renault, P. Seittenranta, O. Strandberg, B. Tarnauca, V. Vercellone, D. Zeghlache, 4WARD Deliverable 6.1: First NetInf architecture description, FP7-ICT-2007-1-216041-4WARD/D-6.2, Technical report（January 2010）

第 11 章
应用案例——从商业想定到网络构架

Martin Johnsson，Anna Maria Biraghi[1]

　　摘要：本章一方面描述了如何采纳和应用 4WARD 过程、概念和技术提出适当的网络体系结构，支持面向未来的商业想定，另一方面描述了未来商业想定中的参与者和网络环境："专用社区"。随后对一组非技术性业务相关要求进行了分析和概括，进一步分析内容并映射到一组技术要求上。再次是设计过程，如推演出由组件和界面构成的网络体系结构，它可以部署到物理网络基础设施之中。最后对一些设计选项进行讨论，以及与基于现有技术的解决方案进行对比。

11.1 背景

11.1.1 基于社区的网络

　　直到最近，互联网用户还只是看客，也就是说，他们只收到中央服务器上少数服务商所提供的一些内容。这种情况正在逐渐产生变化，因为用户正在逐渐成为内容、知识、连接、带宽、背景等的生产商和供应商。当今全球知名的和最常用的互联网门户网站中，用户经常参与的是 YouTube、维基百科、Facebook 及 Twitter，这都只是其中一些例子。

　　甚至连现在的新闻网站都允许用户发送新闻、照片或视频[如报纸"国家报"与"Yo 记者"（I，记者）是首创]。最近大多数的"特别意外"事件都是通过那些充当"现

---

1 M. Johnsson （通信），瑞典斯德哥尔摩爱立信研究院（Ericsson Research）。

场记者"的附近普通百姓展示给世人的。

但是，如果能够获得网络支持，一些新的思路可以想象出来，并进行开发，例如，现在的社交网络一直依赖于门户网站或类似的网页。但是，为什么用户就不能够针对特定的目的，和一些朋友或选定的成员构建他/她自己的临时社区呢？

临时社区（ADHC）的概念发扬了现实世界中的社区概念，不再是只有持久的社区会处理一些较大规模的项目，其中也针对一些非常具体的目的创建了一些短期社区（临时的）。这些临时社区将具备一些新的、独特的特性，而这些特性是目前的网络社区所不能提供的，因为未来网络的一些特性和创新性能够根据 4WARD 创新内容来建立创新性社区。

从根本上说，信息中心网络（NetInf）的 4WARD 概念推动了这种创新社区。下面的内容突出强调了 NetInf 作为临时社区推动力的主要特征。

现在，为了找到心仪的东西，人们不得不搜索浏览很多内容，而且往往他们甚至不知道他们真正所要找的是什么。最后当找到感兴趣的东西时，他们必须选择目标对象所在的服务器的地址。这个时候，该网站可能只是拥有目标对象的旧版本（可能不再有效），所选择的地址可能会导航至一个已经发生变化的或不对应的目标，或者说地址看起来正确，但所访问的内容可能会被恶意篡改。4WARD NetInf 概念希望通过综合信息所提供的概念来解决这些问题。

现在关于受损链接的一个相当普遍的问题是：被多次访问的书签页面已不再可用，这是一种常见现象。这个问题将会因为 NetInf 的命名持久性特点而变得更为普遍。搜索操作不再是以"找不到文件"或"找不到网站"的错误而结束，只要目标对象存在于网络某处，搜索操作都将指向所要求的信息对象。

因为确保了每一个对象的名称都是独一无二的，NetInf 中的命名功能对于安全目的来说也是有用的。实际上，它避免了恶意链接，如用迪斯尼这一名称将用户导航至差异很大的站点。确定命名的唯一性，不仅能够保证目标对象的可达性，还能够保证其在被命名后，内容没有改变。

另一个与现在明显的不同点是，NetInf 的命名功能确保信息目标的所有实例都具有相同的内容，特别是不会存在一个目标的两个实例具有不同的实际内容这种情况。这样就避免了现在相当普遍的问题，如无意中访问到的是旧版本，而不是最新的版本。现在，真的很难确定发现的目标对象（如法律文本）是最终版本还是临时版本。

11.1.2　商业模式

1．现有的模式

当我们谈论网络社区时，众所周知，当有可孕育的主题出现时，在一段时期内各种社区就会如雨后春笋般地成长起来。该模式始于一群人所感兴趣的主题，如信息共享或出售、购买和交换商品。然后创建社区，明确陈述价值主张，本地利益集团开始工作。如果价值主张非常明确而且反映良好，那么本地的利益集团就会开始成长起来。该模式的输出及它的目的，是要针对目标信息建立用户群：用户群越大，社区就会变得更有价值，其收入就会增长得越高。

2. 支持临时社区的新模式

临时社区（AdHC）的主要特点如下。

（1）AdHC 能够解决需求或保证就业。

（2）AdHC 将会成为人的合作伙伴，代替现在的人工，或者使他们的工作更轻松。

AdHC 将解决需求/工作问题。我们以这样两个著名的社区为例：维基百科和易趣（eBay）。它们都是作为"独立"的社区创建的，聚焦于"单一"主题。获得成功以后，它们开始在几个方向进行拓展：维基百科催生了很多更为具体的，涵盖不同领域的维基，它们发现服务费用较高，开始要求用户进行捐赠。eBay 收购了在线支付公司 PayPal 和互联网通信服务商 Skype。根据这个众所周知的模式，可以通过持久的社区生活及其广泛的、纳入连续业务的拓展来衡量成功。

在新的 AdHC 模式下，这种情况是不太可能发生的，因为 AdHC 将会得到更好的应用，作为新的方式来进行人际沟通，相互交流经验，学习新的技能或工作，互相安慰对方，传播新闻和相关信息，提供援助等。从这个意义上来说，实现 AdHC 的供应商是否成功不是以 AdHC 的寿命进行衡量的，而是取决于用户的满意度，例如，一个用户在 AdHC 内寻找特定服务商的解决方案的忠诚度。

在 4WARD 模式下，任何信息目标（见第 9 章）都将有可能设置一个新的社区。新的 AdHC 可能来自于代表人或事物的信息目标，并能够提供一种快速安全的方式来分享时效性想定的内容。新的 AdHC 应该包含的主要需求如下。

- 信任：在日常生活中，尤其是在危机时期，人们会有充分的理由来寻求可靠来源。
- 时间：AdHC 传递的信息目标是最新的，来自于最接近收件人的位置。
- 安全性：如果用于提交、检索和通信的工具安全好用，则 AdHC 肯定是成功的。
- 流量：流量的大小取决于参与者的数量，如果数量较多，流量就会爆棚，这就需要做些工作来形成社区的群聚效应，使之成为一个有价值的信息来源。

AdHC 将会成为合作伙伴。作为合作伙伴，AdHC 将会为人开展"工作"：它可以提升团队的信心，虽然小组成员来自不同地点，情况也不一样。它可以确保节省时间，找到合适的信息目标，而且能够确保其可信度。它也能够从几个可能的观点中找到"最合适"的目标：例如，在使用的设备上，只有最新内容进行优化演示，根据用户技能优化用户界面，接入与通信负荷和网络特性相关的目标的位置。通过这种方式，AdHCs 也会改变社区本身的使用过程。

11.2 临时社区业务想定

11.2.1 概述和细节

为了展示一个拥有非常具体目标但是短期存在的社区，选择了这样一个应用案例：大学生为准备期末考试，创建了一个 AdHC 来共享资源/信息/材料。图 11.1 提供了这种想定的概述。

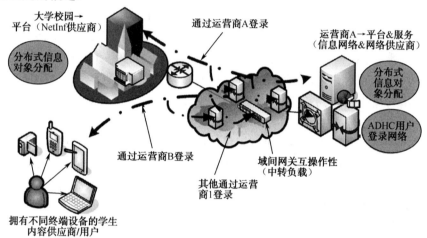

图 11.1　临时社区想定综述

用户可以在任何地方，通过不同的连接方式和终端设备来访问 AdHC。网络服务商提供连接，几个可选的接入服务商提供接入访问。平台服务商负责提供 NetInf，在 NetInf 就绪模式下重塑信息目标的基本群集服务，从而保证信息目标的分配、检索和（临时）存储等。网络服务商 A 是提供不同接入技术的运营商，他与其他参与方之间有不同的互联协议。

大学校园网络是学生从校园内连接至互联网的网络。该网络根据大学和运营商 A，1 和 2 之间的过境协议连接至互联网。其中的一个替代接入的运营商也可能是一个虚拟的运营商。

为了展示不同的想定，假设了下面的互联模式。

● 运营商 1 与运营商 A 之间有一个对等互联协议。因此不会根据流量进行收费，因为它假设这两个运营商以公平的方式交换流量。

● 运营商 2 与运营商 A 或 1 没有任何对等互联协议。可以假设这个运营商是在另一个国家[如其他国家获得伊拉斯谟奖学金（Erasmus scholarship）的学生使用该网络]，而且在这个大学里充当虚拟运营商的角色，它就需要进行中转，但它不能建立协议，因为这样的流量交换方向是非常少见的。

11.2.2　角色、参与者及业务关系

业务模式是基于图 11.2 所显示的构架。对于参与方来说有三个不同的角色：
- NetInf 服务商——大学集团网络，传输商，已确定的 AdHC 社区及运营商＃A；
- 网络服务商——运营商＃1 和＃2，传输商和 WiFi 服务器；
- 用户/消费者——单个用户。

NetInf 服务商有一个可以被认为是基本功能库的平台，这样可以非常方便地准备信息，并以一种适当的格式发送给用户。该平台能够提供非常易于使用的功能，并能协助用户创建 AdHC，而且只需要用户提供最重要的输入。NetInf 服务商还提供了必要的网络，让每一个用户都可以通过运营商 A 进行连接。运营商 A 将提供一个平台，让大学网络与运营商 A 可以进行交互连接。此信息和数据被存储（箭头 1）在网络服务商的设备中（如数据中心），而且 NetInf 要支付使用这项服务的费用（箭头 4）。这些信息将以一种简单直接的方式进行组织，以便用户可以直接找到它们（箭头 5）并通过名称访问它们。如果是计量信息的访问，用户/消费者需要直接支付给 NetInf 服务商，只是针对那些得到的特定信息。否则，用户可以订阅运营商的特定信息频道，运营商要与（也许几个）NetInf 服务商达成必要的协议（见下文，网络服务商角色的描述）。网络服务商将向 NetInf 服务商提供拥有其服务的必要的基础设施，使他们能够连接至用户和信息目标。

- 箭头 1——网络服务商给 NetInf 提供了一个数据中心。
- 箭头 2——用户向 NetInf 支付使用信息费。
- 箭头 3 ——支付基础设施使用费用。
- 箭头 4—— NetInf 向网络服务商支付存储费。
- 箭头 5——信息组织传递给用户。
- 箭头 6——提供基础设施访问 NetInf。

网络服务商的角色可以进一步分为访问服务商（需要能够访问互联网上的所有目的地），以及传输商（能够在访问服务商之间传输数据）。如图 11.2 所示，运营商 1［通过长期演进（LTE）技术/光纤到户（FTTH）技术提供访问］、运营商 2［通过数字用户线路（xDSL）/通用移动通信系统（UMTS）技术提供访问］及无线运营商都是访问服务商，他们通过不同的技术向用户提供访问。因为网络虚拟化将实现端对端，所以在未来网络构架中访问服务商可能也是一个虚拟的网络服务商/运营商。在后一种情况下，现金流将从虚拟服务商流向实际的网络服务商。

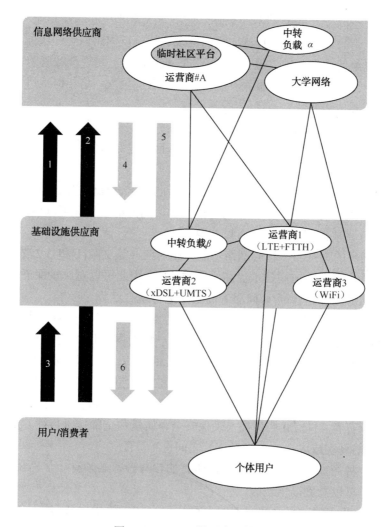

图 11.2　AdHoc 社区商业模式

当信息对象没有位于访问服务商的存储之中时，就需要传输商的参与。在 NetInf 中，每个目标对象都有一个名称。当目标对象位于服务供应商的存储之中时[如运营商 X，大学，平台，网络服务供应商（ISP），…]，命名寻址功能（见第 5 章）可以解决本地名称问题。否则，它将被释放到 1 层运营商/传输商。然后这个最终角色就会有机会来扮演一个新角色，因为它将拥有 NetInf 功能，使之能够解析名称、认证信息目标、识别目标所属域名、在正确的域内转发对该目标的需求，并"链接"所需目标至需要的用户（路由）。现在，由于本地化的原因，传输商的流量已经降低：事实上，对等（P2P）应用正在增长，并减少中转运输的交换。因此，传输商需要寻找新的商机。一方面，传输商 3 可作为访问服务商，与其他运营商共享商机。另一方面，传输商（如传输商 A）提供"解决名称"服务及大量"核心网络功能"，如认证、识别域名、在正确的域内转发对目标副本的需求、创建反向路由……因此，传输商，或整个传输商群组就成为一种"根云"，能够在 NetInf 层上实现全球联网，不像目前的网络，只在传输层实现：这个服务可能有不同的服务层次，将相应地进行计费，费用将从运营商转到传输商。

用户/消费者将从 NetInf 中受益，如下所示。

- 命名的唯一性特点，保证了访问的信息目标是原有的。
- 通过认证功能提供对敏感数据的合适保护。
- 命名功能保证了目标对象总是以其最新的版本进行传递。
- 命名持久性特征解决了断开的链接问题，因为信息目标可以移动至任何地方，其名称将被保留，并随时可以获取。

以上所列举的特征与"核心网络功能"相对应（见文献[1]和 3.2 节）。这些特点提供比当前网络或 P2P 访问技术更高质量的访问，因此可以对质量保证进行计费，可以在 NetInf 服务商和运营商/访问服务商之间进行现金结算。

访问服务商也可以作为"一站式购齐"站点对用户进行计费，然后根据他们的协议将费用转给其他参与方。因此原则上用户将向网络服务商支付访问和信息费用。这种收费模式可能是一种混合模式，根据相关的访问及访问内容和服务进行固定收费。

真实和虚拟的服务商及传输商共同分享这些固定收费部分，而内容的相关部分将可能在内容所有者、NetInf 服务商（确保安全、质量和全部技术特征）及网络服务商（提供所需要的真实或虚拟的基础设施）之间进行分配。

为了在一种商业模式下获得成功，所有的参与者都必须有一个"获胜观点"。在这个模式下，可以看到以下诱因。

- 所有运营商的动机是建立对等互联协议，如果流量保持匀称，保持成本将下降至零：对于频繁使用连接路径来说这个策略是好的。如果他们交换内容是为了减少他们的业务，也减少如专用于这些域间链接的端口数量，这样他们也就降低了新端口的资本支出（CAPEX）及端口管理的运行支出（OPEX）。
- NetInf 的流动性范例提供了使用"移动"存储（如移动电话或无线连接的 PC 存储）作为临时存储来保存被访问对象的可能性。NetInf 也通过这种方式使运营商能够减少物理基础设施的部署。
- 如果运营商与其他人没有达成协议，如虚拟运营商，那么他必须按时或按容积基数付款：NetInf 利用"移动"存储机会，能够以更少的费用利用很不常见的连接。
- 对于传输商来说，对比他们由于容积收费流量减少所造成的损失，其激励诱因是，如果只考虑到流量，他们将不会再得到报酬。收费将基于"命名解析"

功能，并依据他们与互联运营商不同的服务等级协议：对于信息检索和提供归档功能保持（长期）兑现。

11.3 AdHC 业务想定分析——派生与业务相关的要求

使用 11.2 节中所提供的信息，可以导出一组适用于这种情况的与用户和业务相关的要求。这些总结在表 11.1 之中。每个要求都有一个"口号"，然后是"说明"，最后的"注释"栏提供了更多的信息。口号明确了一种要求类型，它明确独立于上面概述的具体想定。

表 11.1 口号及其说明

口 号	说 明	注 释
使用性	该想定要求极易使用，这样系统就能帮助用户创建整个 AdHC，而且只需要用户最基本的投入	易于使用的要求是为了帮助不熟练的用户克服困难，确保构建 AdHC
可用性	可通过所有的接入网络和所有设备访问 AdHC，至于使用什么样的接入网络，一般来说都是透明的。虽然时间有点长，但是内容可随时访问（无损坏的链接）	默认情况下，将检索最新版本。但是，如果需要，根据内容/版本标签，也很容易访问到较老的版本
时效性	不间断地提供 AdHC 服务，有可确定的、一般比较短暂的延迟	避免链接断开及保留名称使得任何信息目标对象能够随时可得
安全性（用户）	用户的身份应具有一定程度的隐私选择：所有人可见、部分可见、选定的成员可见等，以防止"白名单"外的用户获取，也可以防止身份被窃取	这个问题及以下两个要求都是比较常见但很重要的要求，为了完整添加了这两个要求
安全性（网络）	该网络应仅允许授权用户访问网络，可能关闭行为不端的用户	
安全性（内容）	内容只能被访问（包括分发）和/或授权用户操纵	这意味着内容的完整性被暗中保护
管理（网络）	该网络只需要较低水平的配置和主动监测，以尽可能地保持低成本运营	对未来的网络来说，这是一个关键要求，更多细节见第 8 章
收费模式（用户-服务商）	收费模式应建立在用户只需要与一个服务商或代理商签订合同的基础之上。该合同应支持一般网络访问和提供服务（AdHC）进行分开收费。如果其所提供的功能有益于实施 AdHC 服务，如兑现，那么用户也应得到补偿	
收费模式（基础设施）	服务商之间的对等型协议是首选，以减少流量。一站式购齐也很受青睐，因为它对用户来说更为方便	

口　号	说　明	注　释
收费模式（内容）	内容可以分项，而且包括存储、高速缓存及名称解析服务	
可伸缩性（成本）	期望投资和维护网络的成本至少能够与用户数及交换通信容量相对称	该需求遵循上述管理需求

不过，应该要注意的是要求列表决不应被视为是全面的，而只是抓住适应这种情况的需求及它所包含的具体方面内容，但是它仍然足够全面，能够推演出那些反过来又可以反哺设计过程及相关投入的基本技术要求。

11.4　细化——派生技术要求

除了业务需求外，有可能派生出一套确保业务想定的技术要求，这在表 11.2 中进行了总结。每个要求都有一个"口号"，然后是"说明"，最后是"注释"栏，以提供更多的信息。口号明确了一种要求类型，被认为是明确独立于上面列出的具体想定。以下要求列表决不应被视为是全面的，却是支持所述业务想定所需的一份基本技术要求清单。

表 11.2　确保业务想定的技术要求

口　号	描　述	注　释
会话持续性	AdHC 必须能够保持用户会话，即使用户在某个时刻改变其终端设备。 末端装置的这种变化甚至可能意味着该信息对象的一个不同的格式，该客户端的接入网络中的调整（相同的对象和内容，但多种格式将被显示），或甚至一个开关在 AdHC 中必须能够保持用户会话，即使用户在某一个时刻改变他的终端设备。	此功能需要利益相关者之间先前签订的协议：例如，在接入网中为单个客户做出的改变。不同的终端设备可能使用不同的接入网络来访问信息目标［服务等级协议（SLA）的实现，运行期间的信息交换］
服务质量	AdHC 必须支持多种内容，因此不同的 QoS 保证必须可用。特别是：串流（高带宽）和实时（低时延和抖动）服务必须是可用的。如果不能保证可用，用户必须得到通知	这就要求 Ad-Hoc 平台能够访问网络服务商的控制系统
验证&授权	必须对用户进行身份验证及对内容进行加密保护	专门的 Ad-Hoc 平台必须能够管理、认证和授权（AAA）
完整性（网络）	所有的网络服务公开控制机制必须保持网络的完整性	

续表

口　号	描　述	注　释
完整性&隐私（内容）	必须原封不动地保留用户上传/提供的内容，因为内容本身没有任何变化	
内容可得性	终端用户必须拥有唯一的应用程序编程接口（API），对应不同类型的内容，他们能够在终端设备上单独访问内容	
流量工程	网络必须有能力处理不同通信流（点对多点，QoS 特性等）及适应通信矩阵的重要变化[例如，高容量通信卸载转至光学能力，而不是其在上层的管理，PCE（路径计算元件）作为管理功能能够在多层的环境中工作]	这意味着该网络服务商必须能够以经济有效的方式处理通信
选择最好的内容资源	根据终端用户的需求，考虑到他们的体验，NetInf 必须选择最合适的内容源（这要考虑到，如数据接近、内容服务器的状态、网络拥塞、用户终端类型），再考虑最终用户	

11.5　运用设计过程来界定一个合适的网络构架

11.5.1　简介

第 4 章中描述了设计过程。在未来的商业环境中，我们应该期待一个高度形式化的语言和一套先进的工具，以支撑和实施设计过程。

在此阶段，针对这样有限的使用情况，虽然仍然能够从需求层次到实际部署的网络构架来描述其通用性和效率，但是我们将以一种非常简单而且非正式的方式来运用设计过程。

如在第 4 章中所描述的，构架框架支持设计过程，从文献[2]和[3]中可以了解到有关设计过程的更多细节内容。构成该构架的不同的设计和实体（层、netlet、组件，以及所述的设计信息库）将在以下章节中频繁使用。

11.5.2　需求分析

在这个阶段，分析了高级别的要求以识别宏观层级的网络功能，即层。此分析及其所分解的层很大程度上取决于设计库的支持。它提供了高层级的设计模式，这种模式能够顺利地从技术要求转换到一组网络功能。这些设计模式既包括参考层[2]，这些层明确了用来构建实际层的通用性质和功能，也包括一组垂直和水平层，这些层可通过参考层进行调整，以提供所需的具体网络功能来实现技术要求。参考层的实例可能是在文献[2]和第 4 章所描述的一个常见的信号协议。但是很容易设想到很多其他例子。其中一个例子就是互操作性原则，但也可找到许多其他的例子，如安全性、服务质量、流动性、名称解析机制、通用路由协议、政策性相关的功能，而且不要忘了很多不同的自我管理算法。

在以下描述中，我们假定明确为参考层的设计模式已被用于界定和建立不同的垂直和水平层。这样，图 11.3 就显示出了技术要求如何确定垂直和水平层的功能（层内的逻辑节点和介质）。这里必须要知道的是层也可含有不是由该图描述的其他功能，因为这里的重点是弄清楚 AdHC 用例展示了具体什么网络特征来支持并提供所要求的服务。

有理由来讨论把这些要求进行分解成所选的层和逻辑节点是否合适。我们这里所遵循的是对功能和协议的一个相当传统的分法，这在其他网络和系统中都可看到。关于信息层，对于怎样处理功能分解问题，要找到相关背景和历史内容真的不太可能，因此对于这一层，我们取决于 4WARD（NetInf）及网络环境的结果［特别是他们对服务感知传输叠加（SATO）的调查结果，哪些内容的改动构成了必要部分］。

这样的话，不同的层由以下内容组成。

- 信息层：如第 10 章中所描述的 NetInf 信息目标对象（Ni-IO），以及基本映射到第 8 章中的 NetInf 管理器（Ni-MG）。NetInf 管理器特别有助于寻找最佳内容源，其中可以使用不同的标准，如"最近的"或"最紧凑的"。内容修改（Co-AD）是一项功能，已在不同的研究项目中陈述过，如环境网络（SATO 等）。这个层还包含用于信息目标及内容修改功能的控制和管理协议。

- 数据流层：数据流端点（Fl-EP）拥有终止流量的功能。内容的传输和接收通过数据流端点进行处理，数据流端点把内容传送到容器中（如数据包）进行处理。流量路由（Fl-RO）对于通信流的正确路由是必不可少的。通信流可在网络内以有形和无形的方式建立。一定的通信量必然要由连接的端点（CEP）层提供的一个路径进行传输。数据流端点之间所明确的协议通常用于数据包的传输，然后还有一个管理和控制流量路由的协议。

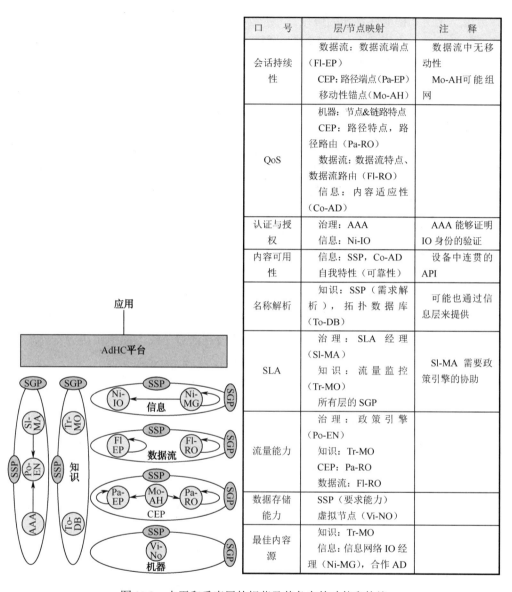

口　号	层/节点映射	注　释
会话持续性	数据流：数据流端点（Fl-EP） CEP：路径端点（Pa-EP） 移动性锚点（Mo-AH）	数据流中无移动性 Mo-AH可能组网
QoS	机器：节点&链路特点 CEP：路径特点，路径路由（Pa-RO） 数据流：数据流特点、数据流路由（Fl-RO） 信息：内容适应性（Co-AD）	
认证与授权	治理：AAA 信息：Ni-IO	AAA 能够证明 IO 身份的验证
内容可用性	信息：SSP，Co-AD 自我特性（可靠性）	设备中连贯的API
名称解析	知识：SSP（需求解析），拓扑数据库（To-DB）	可能也通过信息层来提供
SLA	治理：SLA 经理（Sl-MA） 知识：流量监控（Tr-MO） 所有层的SGP	Sl-MA 需要政策引擎的协助
流量能力	治理：政策引擎（Po-EN） 知识：Tr-MO CEP：Pa-RO 数据流：Fl-RO	
数据存储能力	SSP（要求能力） 虚拟节点（Vi-NO）	
最佳内容源	知识：Tr-MO 信息：信息网络 IO 经理（Ni-MG），合作 AD	

图 11.3　水平和垂直层的规范及其各自的功能和协议

● 连接端点（CEP）层：路径端点（Pa-EP）包含终止路径的功能。数据包的发送和接收通过路径端点处理。路径路由（Pa-RO）对于路径的正确路由是必不可少的。移动锚（Mo-AH）为路径提供移动性支持，这需要与路径路由及路径终点的协调。路径可以在网络内以有形和无形的方式建立。某个路径必然要与机器层的节点和链接连接在一起。路径端点之间的协议通常用于携带路径信息（如路径端点的地址），然后还有一个管理和控制流量路由的协议，以及一个用于移动性管理的协议。

● 机器层：虚拟节点（Vi-Node）代表一个实际的，但虚拟化节点的能力。虚拟节点由实际的，但虚拟化的链路互联。对于这些链接有几种不同类型的协议：

（1）控制那些只有在机器层中被接受的授权的虚拟节点；

（2）携带数据；

（3）管理机器层的资源。

● 知识层：拓扑数据库（To-DB）是整体网络数据库，用于存储和交叉相关的拓扑结构及由所有的水平层注册的资源状态信息。通过这种方式，拓扑数据库提供了一个用于名称解析的通用方法和解决方案。流量监测（Tr-MO）追踪所有路径的状态和流量，这有助于流量工程及 SLA 监测。

● 治理层：在现有的网络中，AAA 的工作原理类似于其他的 AAA 功能，而且包括授权设立新的路径和流量。和现有网络不同的是，管理层具有执行 NetInf 目标的作用，只是在设计过程中参考逻辑节点已经建立的程度。具体而言，节点命名解析必须防止假冒的 IOS 登记。缓存终止的路径和流量不需要访问控制或授权，除非生成的 IO 是在知识层的的拓扑数据库中注册的。协议引擎（Po-EN）在这里主要用于支持 SLA 管理及在流量工程方面提供决策支持。SLA 管理器（Sl-MA）在运行时间内在网络间动态安排 SLA。

11.5.3　抽象服务设计

在这个阶段，我们确定并组成层和 Netlet 的具体功能。正如我们基本上能够得到之前章节中所确定的层，这里要把重点放在 Netlet 的设计和构成上。每层都是由一组逻辑节点和协议，以及参考点（SSP 和 SGP）构成的，上一节对其进行了鉴定。一般来说，我们制作每个逻辑节点、协议、SSP，以及为创建 Netlet，构成基本建模的 SGP 功能块（FB）。

从文献[3]开始，遵循能分离以便水平层的功能能融入规则的 Netlet，垂直层的功能应融入控制 Netlet。不过，在文献[2]中也提及了网络的控制功能，以及哪些通常是应用程序不能访问的，这些都应是控制 Netlet 的一部分。水平层中的一些逻辑节点都是这样的控制功能，因此我们也会把这些放在控制 Netlet 内。

对于这个例子，我们对各节点进行一个非常简单的分类：

● 包含应用程序的终端系统，在本例中是指 AdHC 图形用户界面（GUI）+ API 及水平层的必要传输能力；

● 作用基本上类似于当前路由器的网络元件，此外管理信息目标对象，包括内容适配；

● 提供管理能力的网络元件，这是网络不可分割的部分；

● 网络边界的网关。

这个结果是我们应该有四种不同类型的 Netlets，其中每个都包含一 FB "包"，这些可以从层定义中识别出来。图 11.4 给出了确定的 Netlet 概述。

● 数据传输 Netlet：这种 Netlet 包含典型的终端系统中所需的功能块。这包括 NetInf 信息目标对象，也包括信息管理，以及流量和连接端点的功能。

● 控制 Netlet：这个 Netlet 包括网络内标准路由所需的 FB，如路由和移动性管理能力。此外，也包括信息管理和存储功能。

● 管理 Netlet：垂直层的 FB。

● 网关 Netlet：所有不同层的所有 SGPS。

此外，数据传输 Netlet 和控制 Netlet 还包括知识库层的 SSP，因为需要所有的功能作为 Netlet 的部分来报告，以及检索拓扑、资源利用状态及执行名称解析等。自我 *管理属性是层的固有能力，它在所述层的功能被导入 Netlet 时，也得到反映。

一个额外的发现是，机器层的设计将构成虚拟网络（VNet）合理分配的输入，如 4.6 节所述。Netlets 内的功能将使用节点构架的网络访问组件来利用虚拟网络（VNet）资源。

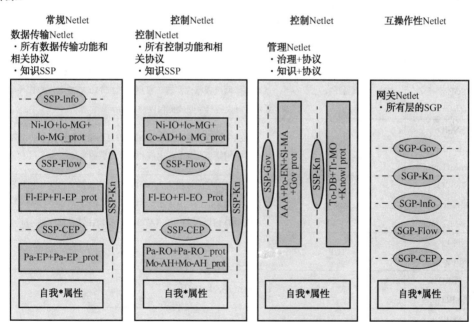

1、在节点架构中，自我属性是一种全维特征，而且应该属于管理因子的部分。

图 11.4　Nelet 设计

11.5.4 组件设计

在这个阶段中，我们选择特定的软件（SW）组件来实施前一节中所描述的每个
Netlets 中不同的 FBs。对于这个例子及本书的背景，我们需要依靠那些现成的"货架
产品"组件。在没有符合当前的标准解决方案和协议的情况下，我们要么指向扩展当
前标准解决方案，要么指向 4WARD 内正在进行的研究活动。表 11.3 提供了我们针对
本例的组件进行选择的概述，展示了每个 FB 的实施方案。不过，由于现在正在开发
符合未来网络要求的解决方案和协议，因此我们可以对表 11.3 中所列的针对未来网络
的组件进行替换。

表 11.3 为临时社区范例每个功能块的实现选择组件

功 能 块	组 件	注 释
SGP-Info	见注释	该组件对应于被描述为 NetInf 节点构架部分一个特殊版本，见第 10 章
SGP-Flow	N/A	流量进入端到端
SGP-CEP	BGP	
SGP-知识	见注释	"精简版"已在以 CBA 为基础的层原型实施，见第 12 章
SGP-治理	见注释	"精简版"已在以 CBA 为基础的层原型实施，见第 12 章。可基于网组成概念实施一种更为精细的实施方案，与在环境网络中开发一样（见文献[4]）
Ni-IO+ Io-MG+ Io-MG_prot	见注释	该组件对应于被描述为 NetInf 节点构架部分的实体，见第 10 章，特别是那些与 IOs 出版和存储相关的实体
Ni-IO+ Io-MG+ Co-AD+ Io-MG_prot	见注释	该组件对应于被描述为 NetInf 节点构架部分的实体，见第 10 章，特别是那些与 IOs 出版和存储相关的实体 Co-AD 可作为一个 SATO 端口实现，请参阅文献[4]
Fl-EP + Fl-EP_prot	TCP	
Fl-RO + Flo-RO_prot	N/A	TCP 进入端到端
Pa-EP + Pa-EP_prot	IP	
Pa-RO + Pa-RO_prot	域内路由协议，例如，开放式路径最短协议，IS-IS	

续表

功能块	组件	注释
To-DB + Tr-MO + Knowledge_prot	见注释	To-DB 可以被认为是一个扩展的，拥有额外资源记录的 DNS，例如，通过基于 LDAP 的目录来替代实施。基于目录的解决方案作为以 CBA 为基础的层原型部分存在，一个基于 DHT 的解决方案也作为 NetInf 原型部分存在，见 12 章 TR-MO 可以使用 GAP 来实现见第一章
AAA + Po-EN + Sl-MA + Governance_prot	见注释	模块说明在第 2 章。可以通过使用一些基于 DIAMETER 的解决方案来明确 AAA 功能，或可潜在地使用一个策略框架来实施 HSS / HLR Po_EN，例如，文献[5]模块说明在 11.2 节。AA 功能可以通过一些 DIAMETER 定义，潜在 HSS / HLR Po_EN 可以使用策略框架来实现，例如，文献[5]
自我*属性	见注释	自组织能力已被协同设计进入以 CBA 为基础的层原型，见第 12 章

11.6　可部署的网络构架——组件和接口

可部署的网络体系架构由一组层构成，其中每个层的功能块都被分类为一组 Netlets，最后通过选择一个相应实现功能块的组件来具体实施功能块。

该网络构架的部署是一个高度自动化的过程，由于层的自我管理属性，这也被压缩为每个 Netlet 中的功能模块（FB）的自我属性。对于这个简化的例子，我们可以把自部署的过程描述为动态发现每个（虚拟化）节点的节点特性的问题，用现有的信息刺激网络中每个节点的 Netlet 的正常集。任何东西都不能阻碍节点的出现和消失，也就是说，这将通过自我*属性功能模块（FB）来发现，并采取适当的措施来重新安排网络的拓扑结构，然后在新节点上设置合适的 Netlet。

参照 11.5 节，其中对不同的网络及角色进行了描述，我们可以得出这样的结论，所有的不同的网络需要除数据传输 Netlet 之外的所有 Netlet，这是特定于单个用户设备的。在这里，我们还需要观察那个已被识别的 Netlet 稍微有些过于简单化的问题，因为仅起着网络服务商作用的网络因素并不需要与信息层（即 Ni-IO、Ni-MG 和 Ni-MG_prot）相关的功能。因此，Netlet 的设计应该制作两个不同版本的控制 Netlet。

在这里应该做的一个重要观察是传输商将充当一个全局名称解析的角色，而这基于这样一个事实，即层可以依据一套标准的操作来确定其自身，详见第 4 章。在这个用例中，我们能想到的是每个网络的知识层相互组成，尤其是传输商的知识层依据聚集操作与其他网络中的知识层进行组合，这样的结果就是传输商拥有所有参与网络的信息目标位置。

11.7 结论

本章中，我们描述了一个业务应用案例，临时社区（AdHC），以及案例中的各种角色、可能的参与者及用户。这种输入界定了一组业务水平要求，并进一步明确了一组技术要求。这些技术要求又反过来形成输入至设计过程，再通过一组改良步骤，其中包括层和Netlet的设计及SW组件的选择，派生出了一个可部署的网络构架。

我们已经说明，要从一组业务水平及进一步明确的技术要求中派生出一个合适的网络构架，采用设计过程是可行的。这个分步进行的过程从被称为层的宏观网络范围组件开始，然后在微观层级上分解为Netlet和软件组件，这是一个直接的过程，而且很容易当作一个能够支持设计原子化重要级别的工具。尽管如此，还需要做进一步的研究来确定一个对于业务层级要求和技术要求过渡的正式支持，以便整合从业务创建到部署开发周期的所有阶段，提供一个完全无缝的渐进过程。

 参考文献

1. T.-R. Banniza, A.-M. Biraghi, L. Correia, T. Monath, M. Kind, J. Salo, D. Sebastiao, K. Wuen- stel, Project-wide Evaluation of Business Use Cases, ICT-4WARD Project, Deliverable D-1.2（2009-12-16）（not yet published）

2. M. Angeles Callejo, M. Zitterbart（ed.）, Draft Architectural Framework, ICT-4WARD Project, Deliverable D-2.2（Apr. 2009）, http://www.4WARD-project.eu/index.php?s= Deliverables

3. M. Angeles Callejo, M. Zitterbart(ed.), Mechanisms for Generic PathsArchitectural Framework: New release and first evaluation results, ICT-4WARD Project, Deliverable D-2.3.0（Jan. 2010）, http://www.4WARD-project.eu/index.php?s=Deliverables

4. N. Niebert et al., *Ambient Networks: Co-operative Mobile Networking for the Wireless World*（Wiley, New York, June 2007）

5. A. Uszok et al., KAoS policy and domain services: Toward a description-logic approach to policy representation, deconfliction, and enforcement, in *Proceedings of Policy 2003*, Como, Italy

第 12 章
原型实现

Denis Martin，Martina Zitterbart[1]

摘要：本章对已开发的原型进行了综述，4WARD 项目网站也公布了某些开发成果。本书已介绍了架构框架概念的原型实现，论述了这些概念应用于本书所述的其他架构的情况及这些概念的影响：虚拟化架构和网络内管理架构。由于需要对网络虚拟化进行大规模验证，因此概念中的一部分是开发用于虚拟化试验床的，这在本章也会介绍。本章还论述了用在路由、转发和传输方面的通用路径概念，以及信息网络原型技术。另外，本章还介绍了将上述概念和技术结合的情况，显示了它们之间的良好互补性。最后一点也非常重要，一体化原型产品显示出通用路径概念和网络内管理概念的结合，并对 QoS 方面给予了特别的关注。

12.1　简介

为了论证本书前几章所述的理论概念，我们将其中的某些理论概念应用于原型，在应用不同概念时获得的经验提供了有价值的反馈意见，完善了与关键细节有关的概念。本章将对已开发的原型进行综述，4WARD 项目网站也公布了某些开发成果。

12.2 节和 12.4 节将介绍 4.2 节所述的架构框架概念应用于原型的情况，论述这些概念应用于本书此前所述的其他结构的情况及这些概念的相互作用：4.9 节介绍了虚拟化结构，第 8 章介绍了网络内管理架构。我们需要对网络虚拟化进行全面验证，开

1 D. Martin（通信）• M. Zitterbart, 德国卡尔斯鲁厄技术研究院，E-mail：denis.martin@kit.edu。

M. Zitterbart，E-mail：martina.zitterbart@kit.edu。

发的一部分概念将接受 12.3 节所述的全面的虚拟化测试。12.5 节将论述适用于路线规划、驱动和传动的通用路径概念及信息网络原型技术，另外还介绍将上述概念与技术结合的情况，论述它们之间的良好互补性。最后一点也非常重要，12.6 节描述了一体化样机显示出共性路径概念和网络内管理概念的结合，并对 QoS 方面的问题给予了特别的关注。

12.2 网络架构的设计、运行和应用

本章将重点讨论 4.6 节所述的网络架构寿命周期的三个部分，即：利用已有构建块协议（Netlet）的工具辅助设计，在开放和灵活的框架（节点架构后台程序）下对设计的 Netlet 进行试验和评估，最终将该架构用于虚拟网络（VNet）管理环境。这三部分可以各自独立存在，但它们之间也有密切的交互工作，这是集成架构设计的一个关键优势，即：开发阶段的成果可完美地作为后续阶段的输入信息，可对前期阶段进行直接反馈（如当出现意料之外的评估结果时）。

12.2.1 设计——Netlet 编辑器

在第 4 章，我们介绍了有助于上千种未来网络及协议设计和程序实现的概念，在设计过程中辅助网络架构的第一种实用工具是 Netlet 编辑器，它主要用于原型实现。

Netlet 编辑器使用现有的协议构建块来支持 Netlet 设计。随后根据构建块描述将构建块信息存储在数据库中，并对构建块的依赖性和约束性进行校验。该工具还可有助于减轻网络架构师的工作；然而，网络架构师仍需要专业领域知识（他必须是网络技术和设计的专业人士），从而构建恰当的协议。我们认为，协议构建本身具有固有的复杂性，因此在运行期间采用的完全自动化的构建方法是不可行的。特别是安全属性等比较重要的限制性条件，完全自动化的构建方法是无法接受的。然而，这种方法可用于 Netlet，Netlet 编辑器的使用只是 Netlet 设计的一种方式。

该工具的目标是最终将设计时间行为与实际运行环境结合起来，编辑器中作为模块存在的大多数构建块可应用于 12.2.2 节所述的节点架构原型。利用该工具半自动化设计的 Netlet 可用于节点架构原型，虽然目前仍处于研发阶段，但已出现第一代 Netlet 结构生成器。

我们的目标是将设计时间工具与运行时间环境密切结合起来，实现快速协议开发的一体化解决方案。设计工具的特点是，创建新 Netlet 采用的协议基本构建块可以重复使用，这些构建块可对数据单元进行分割，或计算 CRC 校验和。根据图形编辑框架（GEF）[10]（见图 12.1），协议构建工具可用于 Eclipse 插件。其主要特点是可以自

动聚合文献[35]所述的构建块属性（例如，增加处理延迟、能耗等属性）。这样，协议设计者就可以在原型实施或仿真之前对构建协议的行为及限制条件是否能够满足等进行评估，还可使设计人员在实际部署之前将评估的性能与其他解决方案进行对比。这些解决方案可以是同一个网络架构师的不同解决方案，也可以是商业来源或公开第三方来源设计的替代方案。

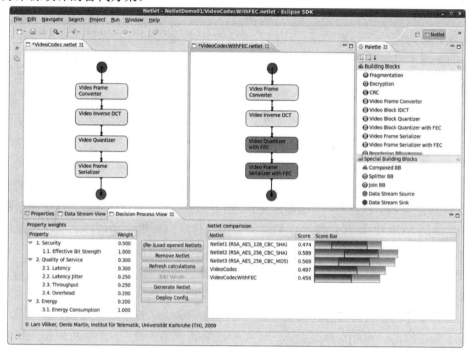

图 12.1　显示使用不同构建块生成的两种 Netlet 视频编解码器的 Netlet 编辑器截屏

设计工具用于创建配置文件，包含关于如何构建 Netlet 的说明，根据这个文件，可利用已有的构建块自动生成 Netlet，然后将生成的 Netlet 应用于节点架构。由于协议的独立性，使用新的 Netlet 不需要对基于要求的应用界面和现有的应用程序进行调适（见 4.4 节）。

12.2.2　运行——节点架构原型

4.4 节所述的未来网络节点和终端系统的架构概念已被用作结构原型，这个原型是运行具有不同架构协议的平台。另外，它支持仿真环境，便于对新的协议和架构进行测试和评估。

为了达到最佳性能和代码可移植性，因此选择 C++ 用于创建节点架构框架，这样用户就可以首先在用户空间内对代码进行测试，并轻松地将其集成到基于 C/C++ 的模拟器中，如 OMNeT++ v4[34]。

节点架构后台程序是一个核心系统，提供 Netlet 数据库、Netlet 选择器、网络接入管理程序等基本组件。其与各个目标系统的系统封装器相连，可加载和应用特定的结构多路传输通道和 Netlets，后者可被编译为共享库，然后依次由节点架构后台程序加载。

系统封装器：节点架构后台程序将在目标系统环境下运行，系统封装器为底层操作系统的访问服务（如定时器、线程、网络发送/接收等服务）提供必要的抽象化。目前的应用主要集中在 OMNeT++封装器和 Linux、BSD 等实际系统、可提供 Boost ASIO 库的其他领域，这样就可以实现在模拟器环境下测试和评估运行情况，在真实系统上运行相同的代码。

如果将 OMNeT++系统封装器应用于节点架构，则可支持 INET/INETMANET 框架[17]和移动性框架 2[24]。因此，这些框架的拓扑结构和移动性想定也可应用于节点架构。

对于演示构成，使用一个 UDP 插口实现网络适配器，它可完全在用户空间内运行。由于节点架构实现了内部的协议处理，因此，从技术上来说，不需要使用操作系统的 TCP/IP 堆栈。PCAP[27]封装器用于传送和接收原始包的替代方法，它可完全防止操作系统的 TCP/IP 堆栈。在操作系统将原始包传送到网卡驱动程序之前，在最接近的点注入数据帧，且数据帧在被网卡驱动程序接收后立即被收集起来。尽管这种方式不能绕过第 2 层 MAC 协议（因为大部分功能是在网卡固件内实现的），但提供了利用现有网络设备在未来网络中进行最可能数据传输模拟的可能。

信息处理：节点架构内各个实体通过专用的信息传送接口相互通信。引入这个概念的主要目的是透明地支持适合 Netlet 和构建块实现的多线程运行。可根据主机系统的需要和/或属性动态选择线程数量。

Netlet：目前，若干 Netlet 可用于这个原型，其中某些 Netlet 与数据传输有关，其他 Netlet 与路由和信号发送有关。对于数据传输，我们可创建简单的 Netlet 数据传输器，它基本上只增加用于多路传输的报头。对于一个显示动态视频传输的演示来说，我们创建两种特殊的视频传输 Netlet，一种被优化用于低带宽，另一种可根据前向纠错（FEC）信息进行更具鲁棒性的视频传输，这两种 Netlet 视频都由四个构建块构成，而只有两个构建块是不同的。

可使用其中一个路由 Netlet 自动发现路由。一个只发现邻近路由的 AODV 协议（Ad-Hoc 按需距离矢量路由协议[29]），另一个是为专用网络优化的 OLSR 协议（最优链路状态路由协议[7]）。所有这些协议都可交替使用，并为上述 Netlet 传输提供转发信息。

支持移动性和动态适应性：这个原型更多强调的是与想定相关的移动性，一方面，得到了 OMNeT++移动框架、INET 框架的支持；另一方面，得到了 AODV 协议和 OLSR 协议实现（见以上几节）的支持。针对目前正在进行的研究工作及未来的研究工作，我们将分析节点架构作为编程框架的优势，进行协议对比和协议迁移。与主动式协议

（如 OLSR 协议）相比，响应式路由协议（如 AODV 协议）可能更加适合特定的移动专用网络。如果分析估算被证明过于模糊，则可通过模拟大型网络来获得进行适当决策所需的必要信息。例如，这种信息可附加于路由 Netlet，当使用节点架构后台程序时，可根据它面临的实际情况选择"最佳"路由 Netlet。

通常只有在连接到新网络时才会进行这种决策，但由于专用网络被定义为动态网络，当前的网络想定可能会在进行主动连接时发生变化。这可能导致需要在运行期间调节各自协议的参数，如需要缩短问候信息的时间间隔以引出更多的最新信息。因此，需要进一步研究的问题包括接口调整/优化设计、特定协议参数精调算法、相关评估。

12.2.3　虚拟网络管理环境原型

创建虚拟网络管理（VNM）原型的目的是评估和验证 4.9 节所述的虚拟网络概念与流程。这种虚拟网络管理环境的典型结构由存在于不同物理资源，控制虚拟资源创建、移除或更改的代理构成。这些代理由中央管理程序或分布式管理程序进行控制，管理程序根据基础设施供应商的指令管理物理资源，管理程序控制的数据库根据虚拟网络管理环境的当前状态不断更新。代理与管理程序之间的交互类似于 SNMP 的运行，但不同于 SNMP，也不依赖于特定的网络技术（如 IP 技术）。

图 12.2（a）显示了由 3 种物理资源构成的虚拟网络管理环境示例，在每种资源下运行的虚拟网络代理可以控制具体的虚拟资源，虚拟网络管理程序控制所有的虚拟网络代理和数据库。根据虚拟网络操作系统的请求，基础设施供应商使用一系列工具启动管理请求。

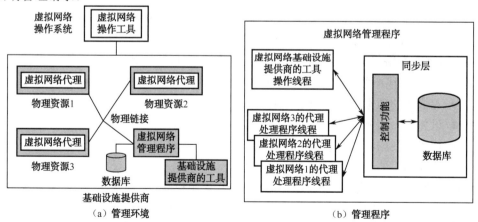

图 12.2　虚拟网络管理（VNM）

虚拟网络管理程序：虚拟网络管理程序［见图 12.2（b）］是一个集中化组件，它协调在整个虚拟网络环境下进行的所有活动，它是一个多线程后台程序，可集成在基础设施供应商的硬件中，与虚拟网络环境下的其他程序进行通信。它具有下述功能：

- 处理基础设施供应商的工具连接；
- 处理虚拟网络代理连接；
- 对虚拟网络代理提交或接收的请求和信息及基础设施供应商的管理工具进行同步控制；
- 对虚拟网络配置中央存储库进行同步更新。

所有的基础设施供应商管理工具均使用同一个接口向虚拟网络管理程序发送数据，接收来自虚拟网络管理程序的数据。启动的每个工具实例会在虚拟网络管理程序中创建用于处理请求和返回信息的单独线程，用户工具与虚拟网络管理程序之间的通信基于保持可靠通信的 TCP 插口。

虚拟网络代理连接形式也有类似的概念，每个虚拟网络代理实例会创建用于向虚拟网络代理发送信息、接收来自虚拟网络代理的信息的线程。每个代理具有相同的代理接口形式，使用 TCP/IP 插口进行通信。

被保护（使线程处于安全状态）的同步访问控制功能向所创建的不同线程提供下述功能：

- 处理从基础设施供应商那里接受的工具线程命令行为；
- 命令虚拟网络代理执行各项活动；
- 处理虚拟网络代理通过线程接收的信息；
- 向基础设施供应商工具发送信息；
- 更新数据库。

虚拟网络代理对物理资源进行实际虚拟化管理，一个虚拟网络代理在每种物理资源下运行。在虚拟网络代理的控制下，每个虚拟网络管理对资源来说都具有特定的功能。图 12.3（a）显示了虚拟网络代理的通用架构。

每个虚拟网络代理与虚拟网络管理程序之间的接口可接收用于创建、移除、更改、启动或关闭与特定代理有关的虚拟资源的指令，一个代理实例中的若干线程执行以下任务：

- 对输入的虚拟资源管理指令进行队列处理；
- 以先入先出方式执行这些指令；
- 检索当前的状态信息；
- 通知当前的状态信息。

代理架构的操作系统功能性组件可控制每种资源独特的功能性，这意味着，例如，某个特定硬件制造商的无线接入点（WAP）代理不同于另一个硬件制造商使用其操作系统功能程序制作的无线接入点代理。虚拟网络环境支持若干不同的虚拟网络代理类型。

服务器虚拟网络代理管理的虚拟服务器可在物理服务器上通过一个单个的网络附件被创建、移除或启动，图 12.3（b）显示了已创建两个服务器虚拟镜像的物理服务器虚拟网络代理。

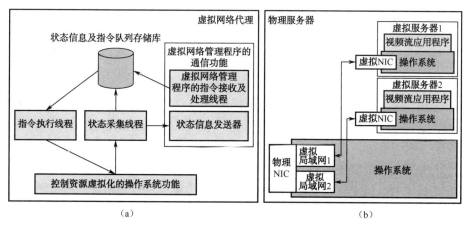

图 12.3　代理结构和物理服务器配置

可使用虚拟局域网（VLAN）实现网络层面的虚拟化。在虚拟局域网环境下，每个虚拟网络带有单独的虚拟局域网 ID。

路由器的虚拟网络代理可控制物理路由器，管理虚拟环境。物理路由器由多个执行路由的网络接口构成，这些接口与执行路由的虚拟路由器实例相连，可使用虚拟局域网实现虚拟网络，图 12.4（a）所示的路由器有两个虚拟路由器实例。

开关/无线接入点的虚拟网络代理使用虚拟局域网和多个虚拟 SSID 可将网络流量分布到不同的虚拟网络，图 12.4（b）显示了处理与四个虚拟网络有关的网络流量的物理无线接入点。

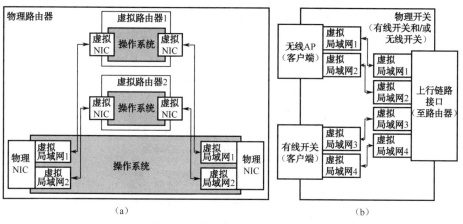

图 12.4　物理路由器和开关配置

12.2.4　应用——虚拟网络

为了检验和测试节点架构原型，我们在上一章所述的虚拟网络管理环境下进行了部署，这种结构有以下特性：

（1）节点架构可在虚拟化环境下运行，其网络通道与虚拟网络直接相连；

（2）虚拟化基础设施可在虚拟网络与底层通信之间进行多路传输，多路传输对于节点架构后台程序而言是透明的。

图 12.5（a）显示了在虚拟网络管理环境下利用基于 Xen 虚拟化进行节点架构部署的逻辑观点[1]，Xen 是一个虚拟节点监控器，可用于若干计算硬件平台，对 RAM、CPU 时间、I/O 装置等物理资源进行虚拟化。每个虚拟节点可获得主要物理机器的一部分资源，多个虚拟节点按照管理程序的进程机制平行运行。在逻辑上，一个虚拟节点的行为如同正常的物理节点。这意味着，节点架构可应用于任何虚拟节点，而不需要改变程序本身。节点架构的网络通道映射到通过虚拟局域网相连的虚拟网络接口。

图 12.5（b）显示了小型演示试验床的想定，物理网络基本上包括一个服务器、一个路由器、包含开关的一个接入点。多个虚拟网络可在这个实际网络上并行运行，这意味着，服务器及路由器节点被虚拟化，可支持多个虚拟服务器/路由器在其上运行，接入点支持多个空中接口虚拟化 SSID。

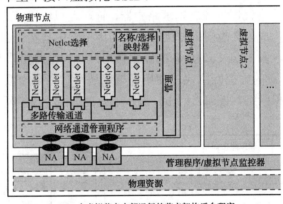

（a）在虚拟节点内部运行的节点架构后台程序

（b）虚拟化演示试验床

图 12.5 网络虚拟化设置

这个原型试验床的主要特点是，它可阐明涉及虚拟网络想定的不同角色。代表基础设施供应商管理终端和虚拟网络操作员的图形用户界面可实现下述情形：虚拟网络操作系统终端发送要求改变虚拟网络配置的请求，该请求出现在基础设施供应商的终端上，等待批准。当请求被批准后，虚拟网络操作员也就发生了变更，这种改变可以包括添加/移除虚拟节点、链接，改变分配给各自虚拟化节点和链路的资源。

12.2.5　结论

目前进行的节点架构后台程序原型实现包括一个简单的架构示例，在 LCN2009 上进行了演示[21]，并被参会人员投票评为最佳演示产品。我们使用一个简单的视频应用程序显示了网络状态下降的情况下造成服务质量下降，这就需要在应用程序或通信协议中采取更多措施以应对情况变化。我们显示了如何利用进一步应用 Netlet 编辑器的协议机制重新设计和完善以前使用的简易 Netlet，而不是调整应用程序或引入复杂的自适应协议特征。然后，我们将经过完善的 Netlet 用于节点架构，经过选择后决定使用新的 Netlet，因为它可进行更加可靠的数据传输。

演示设置不断增强。我们使用小型虚拟化试验床将视频流想定无缝地传输到虚拟化网络，若干项目事件显示的虚拟化试验床说明了不同利益相关方的职责，它可显示资源保持和虚拟网络隔离的可行性。

这个原型设置中的主要特点包括：

- 使用一个图形设计工具快速创建协议（Netlet）；
- 重新使用现有的协议构建块；
- 根据应用要求及终端节点的网络属性自动选择适当的 Netlet；
- 隔离虚拟网络；
- 根据虚拟网络想定划分相应职责。

为了扩大基础，实现更加多样化的成果，我们的未来计划包括将终端系统接入多个虚拟网络，在移动专用网络想定下测试后台程序。某些方面需要使用 G-Lab 进行进一步开发[12]，G-Lab 是一个分布于多个地点的德国试验床平台，节点架构原型的代码根据 GUN 通用公共许可证（GPLv2）条件进行发布，代码可在网上获取[22]。

12.3　网络虚拟化架构原型

本节介绍的原型采用 4.9 节所述的若干网络虚拟化架构组件，它可在邻近的多个物理基础设施供应商（InP）顶层提供定制的虚拟网络。与 12.2.3 节所述的虚拟网络管理原型不同，这项应用注重规模较大的试验床环境原型，它主要采用本章和文献[32]论述的虚拟网络寿命周期，对其进行完全自动化。我们一直在对网络虚拟化结构进行可行性研究。研究表明，网络虚拟化结构显示出在中型试验基础设施环境中的性能及其可扩展性（见文献[28, 32]）。

12.3.1　基础设施和软件

这个原型是在异构试验网络上实现的（HEN）[16]，它使用一个非屏蔽式恒速响应千兆比特以太网开关将超过 110 台计算机连接在一起。我们主要使用戴尔 PowerEdge 2950 型系统，该系统包括两个英特尔四核 CPU、频率为 667MHz 的 8GB DDR2 内存、8 个或 12 个千兆比特端口。

我们利用现有的节点和链路虚拟化技术提供并管理虚拟网络通道，使用 Xen 3.2.1[1]、Linux 2.6.19.2、带有轮询驱动程序的点击模块化路由器[20]（1.6 版，它包含可消除 SMP 锁定问题的补丁程序）进行包的转发。我们依靠 Xen 的准虚拟化托管虚拟节点，因为它可提供文献[11]所述的足够的隔离水平和较高的性能。

12.3.2　原型概述

图 12.6 显示了原型概览。由固定数量的 HEN 节点构成的底层分成多个逻辑簇，每个逻辑簇可作为一个独立的 InP。InP 的拓扑结构可通过使用 HEN 开关配置虚拟局域网的方式进行离线构建，这个过程由接收虚拟局域网请求，对开关进行配置的开关程序自动执行。

独立的物理节点起到虚拟网络供应商（VNP）和虚拟网络操作系统（VNO）的作用，VNP 直接连接到属于 InP 的专用管理节点，这些管理节点代表相应的 InP 处理所有虚拟网络请求，VNP 和所有底层节点提供的控制台界面可根据 XML-RPC 进行远程调用。

虚拟网络要求制定之后，VNO 将这些要求传达给 VNP，这些要求描述了虚拟资源实例的数量及各自的属性。由于无法预知虚拟网络请求，VNP 和 InP 只能在收到请求后对其进行处理，每个请求的结果被传达给 VNP 和 VNO。使用 XML 资源描述模型传达所有的虚拟网络请求，该模型包含各个节点及链路描述符，最终形成一致的虚拟网络规范。

该原型执行所有必要的虚拟网络供应步骤，这些步骤包括：

（1）资源发现；

（2）虚拟网络分配；

（3）虚拟节点实例化及配置；

（4）虚拟链接设置。

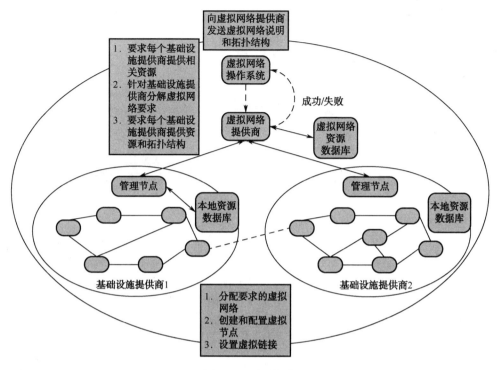

图 12.6　原型概览

为了处理多个 InP 和应对有限的信息披露情况，我们提出了资源发现系统，这种系统对应不同的信息披露级别，同时还提出了一种按照应履行的合同协议或要求对 Vnet 进行分化的算法（如位置、CPU、带宽、物理接口数量等）。12.3.3 节给出了关于虚拟网络设置的更多细节，该原型根据虚拟网络实例化建立通向虚拟节点的管理访问，可使 VNO 操作虚拟网络（见 12.3.4 节）。

12.3.3　虚拟网络提供

虚拟网络实例化涉及 VNO 和 VNP 之间及 VNP 和参与的 InP 之间的若干交互关系。基本上，一个虚拟网络的实例化按照下述步骤顺序进行。

（1）资源发现：影响资源发现的一个重要参数是 InP 允许的信息披露级别，当 InP 披露的信息有限或未披露信息时，我们采用两种资源发现系统。图 12.7 显示了 VNP 与 InP 交互、收集 InP 公布的资源信息的情况，VNP 更新和维护所有公布的资源信息，根据这些信息将虚拟网络请求传达给 InP。

某些 InP 可能不愿意披露任何资源信息，由于图 12.7 所示的资源发现系统（RDS）会忽视这种可能性，因此我们根据 VNP 请求进行的资源查询提供更多的资源发现系统。InP 对这些查询做出的响应可能有所不同，具体取决于信息披露级别。

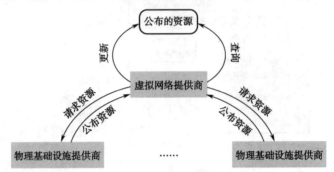

图 12.7　根据有限信息查找资源

（2）虚拟网络嵌入：将每个局部虚拟网络嵌入各自 InP 的过程基本上被分解为节点分配和链路分配，我们的节点分配策略的主要目的是使底层节点承受较低和平衡的压力（即包含虚拟节点的数量）。完成节点分配之后，请求的每个虚拟链路根据最短路径算法被映射到底层路径，为此，根据路径选择算法维持和使用每个底层链路的成本（表示链路压力）。

（3）节点设置：当完成虚拟网络分配之后，每个管理节点将各个请求发送给底层节点，每个底层节点处理在其管理域（域 0）内接收的请求，触发适当的行为（如虚拟节点创建/配置）。

（4）虚拟链路设置：我们目前使用图 12.8 所示的 IP-in-IP 封装隧道进行虚拟节点互联（也可使用其他隧道技术），每个虚拟节点通过其虚拟接口传送数据包，通过单击"模块化路由器"接收数据包，进行封装，然后注入隧道。在接收主机上单击"信号分离"，将接收的数据包传送到适当虚拟节点。我们通过单击"带有轮询驱动程序的 SMP"发送数据包，在所有情况下，都是在内核空间内执行"单击"指令的。发送数据包的底层节点将所有虚拟发送路径合并到一个单个域（域 0），防止切换到成本较高的虚拟管理程序域，因此数据包发送速率非常高（见文献[11, 28]）。

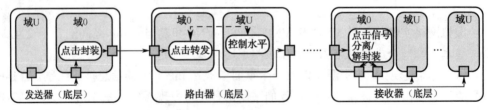

图 12.8　虚拟链接设置

按照这个步骤顺序提供的完全虚拟化网络可由 VNO 进行操作和管理。

12.3.4 管理访问

为了使 VNO 操作任何虚拟网络实例，我们向所有虚拟节点提供管理访问。管理访问经由 VNP 连接到适当的 InP，随后连接到支持目标虚拟节点的物理节点，如图 12.9 所示。为了分离多个虚拟网络，我们使用虚拟网络全域唯一标识符，即虚拟网络标识（vnetID）。我们还对虚拟节点使用标识符 vmID，vmID 的范围仅限于特定虚拟网络。注意，vmID 可从 VNO 的角度分离虚拟节点，原则上，它不匹配特定的 InP 节点虚拟化技术（如 Xen）采用的标识符（即 vmconfigID）。InP 管理节点可通过查询 InP 资源数据库的方式来实现 vmID 与 vmconfigID 之间的转换。

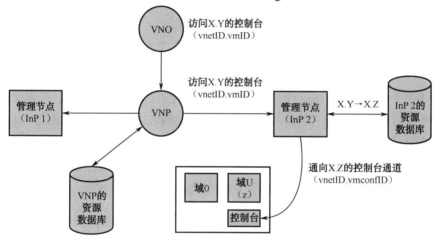

图 12.9　虚拟节点的管理访问

VNP、InP 管理节点和所有基层节点运行的程序可提供专用的管理访问接口。如图 12.9 所示，VNO 发送的虚拟网络 X 节点 Y 的管理访问请求首先被发送给 VNP，VNP 需要确定该请求应被传送到哪个 InP。为此，VNP 查询其资源数据库，将 X.Y 与参与的某个 InP 进行匹配，然后 InP 管理节点将 vmID Y 转换为 vmconfigID Z，根据 X.Z 查找支持目标虚拟节点的物理节点。经过这些步骤之后，VNO 准备建立任何虚拟节点的管理访问，将要求的配置应用于虚拟网络。

12.3.5 结论

我们采用的原型可根据本书所述的网络虚拟化结构（见 4.9 节），在多个 InP 的顶层提供并管理定制的虚拟网络，该原型还可使我们了解重要的结构设计决策，如关于解决信息披露与信息隐藏之间冲突的决策。

虽然资源发现和分配越来越复杂，但我们使用的这个原型表明，虚拟网络能在几秒内完成配置[28, 32]。我们的试验研究未发现我们的基础设施有任何升级问题，即使当存在多个 InP 时也未出现升级问题。我们的研究结果显示，新商业模型创建的商业产品可在几分钟内设置大型基础设施的虚拟网络，同时还遵守 InP 施加的限制条件，如有限资源知识。

通过原型实现，我们还展示了我们需要什么样的技术要素，以及如何有效综合这些技术要素来配置并管理虚拟网络。我们的原型使用的节点虚拟化技术、虚拟链路设置数据包封装/解封装等主要构建块目前已成熟，这表明在不久的未来即可实现整个网络的虚拟化。

12.4　紧急想定下的实时适应

这个原型利用本书提出的新架构概念来部署大型、自我管理网络，该原型证明了 4.2 节所述的软件工程技术是有效的，系列网络架构之间可以实现互操作，以及第 8 章所述的网络内管理设计的性能得到了提高。

12.4.1　原型要素

原型结合了本书所述的若干不同结构要素，即层概念、基于组件的架构（CBA）、互操作性功能、网络内管理框架、网络内管理算法。

1. strata（层）

从宏观角度来看，层（strata）指架构框架，它超出了 OSI 分层的概念，支持遵循模块化灵活"黑箱"方法的网络架构设计方法。这意味着，可根据适当外部接口说明在任何软件或硬件平台上实现特定的网络功能。

层（strata）架构由一系列普通的层（strata）构成，每层在网络中及跨网络范围内起着特定作用，如具体的知识层和管理层实例（如 4.2 节的定义）。

引导程序层组件在网络节点启动时起着特殊作用。首先帮助机器层运行，然后帮助知识层和管理层运行。通过这种方式，层（strata）架构为这种原型提供了全面的自我管理框架和接口，并自动创建网络域及其组成。

2. 基于组件的架构（CBA）

为了支持构成性网络特性的封装，使其成为一层中的独立部署单元，一个网络组件需要与具体环境和其他组件分离。基于组件的架构（CBA）在架构框架设计库中起着定义这些组件及其关系和功能的作用，在较高的层与 Netlet 抽象水平上，CBA 提供构建过程可以使用的功能块（组件）和单元的互操作性（合同）。

CBA 原型已开发和应用了具有完全模块化组件及功能的 IPv4 网络堆栈，堆栈组件（ARP、RARP、IP、命名、TCP、UDP 等组件）使用 Java 进行开发，它们源自 JNode OS[18]。该原型增加了插口 API、网络设备管理程序和网络层管理程序，该原型目前提供的每个组件功能可作为 OSGi[26]环境下的服务，从而使各组件采用以服务为导向的网络堆栈。

这不是一个适用于目前几乎所有操作系统的典型网络堆栈配置，操作系统使用的比较传统的方法是整体配置。CBA 网络堆栈具有三个主要特点：

（1）可对网络接口硬件和操作系统支持进行虚拟化；

（2）可通过接口 API 将堆栈透明地集成到现有的应用程序中；

（3）可提供简单的开发及部署环境。

CBA 提供的标准设计、开发及配置流程可让设计人员选择所需组件，分配现有组件或开发新组件，将组件分配到网络节点，根据要求将网络节点应用于虚拟化网络。

3. 网络内管理

第 8 章所述的网络内管理（INM）方法有助于实现分散化、自我组织、自治等，这些机制是唯一有助于对类似未来网络的大型网络进行有效管理的机制。其基本概念是，管理任务由网络以外的管理站委派给网络自身，因此使网络具有智能性。这可使网络节点自行执行管理功能，以自动方式进行自我重新配置或自我修复。

为了在原型中实现这个构想，我们创建了具有与每个网络要素或设备有关的处理和通信功能的网络内管理框架。这些要素或设备与邻近的对等实体进行通信，它们还能监控和配置本地参数，收集这些实体可在网络内共同形成管理层、较薄的管理功能层，在知识层进行监控，在管理层执行控制任务。网络内管理实体属于管理层和知识层单元，因此，在管理层和知识层的设计阶段需要部署网络内管理实体。

在这个原型应用中，网络内管理框架根据网络内管理算法提供最少的常用功能，支持自组织，即与网络内管理算法、查找、目标控制组织接口有关的命名方案、发现、目标控制组织界面、操作系统可视界面。从功能观点来看，这个原型结合了网络参数实时监控及本地自我优化触发，这些功能适用于网络的动态流量波动管理及堵塞恢复。

"网络内管理监控"是一种传闻协议，可通过保持资源消耗以成本较低的方式评估网络堵塞状态。如果网络堵塞比较严重，则意味着超过了预先配置的堵塞阈值，在这种情况下，"网络内管理监控"将自主调用基于突发性行为的网络内管理算法"堵塞控制"。然后，通过多条可能的路线有效分布和平衡网络堵塞，如果有必要，通过详细的视图将每个路由器的堵塞状态及可用路径可视化。

网络内管理实现行为可靠的分布式管理功能。实现这种分布式系统的主要特性、属性是设计的一部分（如性能、时效性等），也是管理界面的一部分（如超出组织界面的目标）。一项重要要求是控制这些属性，将网络内管理功能移植到构成未来网络的有效网络，因此，这项要求已成为原型概念验证的主题。图 12.10 显示了操作系统如何通过高水平目标（如自我优化的自主性或时效性水平）控制这些属性，以及如何将该信息映射到原型中所选的功能上。

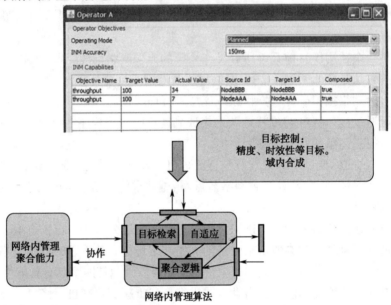

图 12.10　通过网络内管理框架进行目标控制

为了支持互操作性概念，该原型还采用了服务等级协议（SLA）管理程序，这个程序提供了包含与网络组件接口及功能有关的元数据和语义的合约机制。这种组件协议形成了互操作性和构成的基础，它可跨异构网络对服务等级协议进行协商，同时验证是否不违反服务等级协议。

在这个原型中，服务等级协议管理程序模块控制跨域服务等级协议管理流程。在发现的相邻域内建立通向服务等级协议管理程序的通信信道。服务等级协议管理程序负责与相邻域协商服务等级协议。其还负责处理收到的、来自知识层的衡量指标，最终发现违反预先编程的报警阈值时通知管理层；一个具体例子是它可通知堵塞控制模块。当违反预先编程达到不可接受水平阈值时，它可根据预先编程的策略自动重新与相邻域协商服务等级协议。

12.4.2　实现的想定

从应用观点来看，该原型可对大规模网络进行实时管理。在未来网络中可以应用选定功能的一种主要想定是应急想定，其特点是动态性，需要及时进行调试。例如，当发生自然灾害后，紧急救援队需要提供救援，但网络基础设施已遭到严重损坏，这时可根据相应状态考虑网络。可进行多个网络域自举，协商服务等级协议以在两个网域之间传输医疗小组节点通信信息。

该原型自举四个不同的域：

（1）固定式操作系统（FO）网络；

（2）紧急医疗救援队（EMT）网络；

（3）临时灾害恢复（AHDR）网络；

（4）应急指挥（ERC）网络。

图 12.11 显示了这个想定。

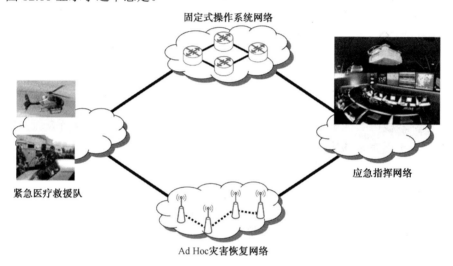

图 12.11 应用未来网络原型的参考想定

这个想定面临的挑战与保证可靠连接应急小组的良好的服务质量的建立和维护有关。传统上来说，互联网将用作紧急情况下进行可靠连接的工具，但需要保留传统的电话线。互联网主要的局限性是未配备进行动态重构的工具。本书所述的增强型架构提高了这种网络性能。使用知识层和管理层实现网络各区域内运行的必要的控制环。网络内管理实体中采用的监控算法可确保必要的可扩展性，从而实现对想定中所示的大规模网络进行实时控制。服务等级协议管理程序负责在不同域之间进行协商，在 CBA 结构内进行的分布式管理能力集成可确保紧急情况下的可靠性。

为了实现这一点，"层"可使用动态域成员，"网络内管理框架"可在某个域内查找管理功能，"服务等级协议管理程序"可在各个域之间协商特定的服务质量参数。

"服务等级协议管理程序"在各个域之间协商服务等级协议（表明互操作性），在紧急医疗小组网络和代表某个医疗小组客户端节点的固定式操作系统网络之间创建服务等级协议，该原型的"网络内管理监控"模块用于监控服务等级协议的执行。

网络目前处于稳定状态，为了强调网络的动态性和及时适应性需求，我们将模拟的堵塞积累想定应用于固定式操作系统网络。"网络内管理监控"可检测固定式操作系统网络的堵塞积累想定，启动原型的"堵塞控制"模块，通过路线策略缓解堵塞。同时，在 EMT 域内的"服务等级协议管理程序"制订应急计划，与 AHDR 网络协商备份服务。

当固定式操作系统网络的堵塞积累显著增加时，"网络内管理监控"模块将向知识层通知堵塞增加，管理层据此作用于知识层，向"服务等级协议管理程序"通知堵塞情况。当违反服务等级协议时，EMT 网络的"服务等级协议管理程序"会做出决策，将服务等级协议从固定式操作系统域切换到 AHDR 域。

12.4.3　结论

完成任务后，应急原型中的实时调试显示了利用层结构整体及系统方法进行的网络域自组织和自配置。该原型还显示了 CBA 如何基于网络堆栈提供一种服务导向的架构，这种堆栈可实现更加灵活、更加模块化的组网功能。对于网络开发（协议或功能开发）人员而言，该方法具有以下优点：

（1）不依赖任何操作系统的 Java 环境；

（2）缩短修改/测试周期（不需要进行内核重新引导）；

（3）易于调试，充分利用最新的 Java 应用工具；

（4）提高稳定性，用户层面的开发、不稳定的协议构件只会影响应用程序而不会影响整个系统。

用于监控和堵塞控制网络内管理框架及算法可以探测分布式域堵塞情况，并具有自我修复能力，域所有者还能够在目标层面来管理域。

最后，该原型强调了通过服务等级协议协商达成的互操作性，它可利用在域层面不同网络架构的层封装来实现服务等级协议切换组网。

12.5　通用路径与信息网络（NetInf）的集成

这个原型由两个单独组件构成，用于验证信息网络（NetInf）架构（见第 10 章）概念和通用路径（GP）架构（见第 9 章）概念的应用，我们可将这两个组件分别应用于各自领域，分别对其进行评估，也可将这两个组件结合为同时涵盖以信息为中心的组网机制和先进数据传输机制的强大的原型试验床。与需要使用数据及元数据高速缓存等中间节点功能的 NetInf 自适应数据传输机制一样，这种方式可显示出紧密一体化的优势。

12.5.1　通用路径原型应用

本章将介绍通用路径（GP）架构（见第 9 章）原型的应用情况。

在通用路径架构中，我们采用面向对象的方法设计网络组件，同时使网络组件的接口和基本结构保持一致。与目前的网络架构相比，这种网络架构可以更加灵活地组合新的网络技术，可由任意网络组件构成网络。此外，由于接口统一，还能在运行时根据任何跨层信息很容易地改变组网功能构成。已被更改/集成到这个架构的数据传输示例包括路由、移动性[2]、协作及编码技术[3]、资源分配等。

构成通用路径架构的基本的构建块模型是实体、端点、插件接口、内核，9.2 节已详细介绍了它们在整个结构中所起的作用。以下几节将论述在进行通用路径原型开发时所做的主要设计选择。

为了在 Linux、Windows 和嵌入式系统环境下使用这个原型（即实体、端点、内核等应用），我们使用了高效的 C++并根据特定环境严格分离逻辑部分应用。具体而言，这种分离是指我们的试验床抽象运行环境功能。例如，通过将插件接口映射到可用 IPC 机制的方式来抽象运行环境功能。特殊实体及内核实现（如对等实体）只采用这种抽象方式，可在不同环境下使用单元及内核应用（即包含的协议、路由策略、移动方法、数据编码等），无须修改代码。

我们通过继承和以目标为导向的编程范式进行这种分离。为此，我们实现了所有运行环境抽象（如在根类下的超时和回调处理，被称为 Abstract-Timeout Manager）和所有的通用路径架构特征（如调用 AbstractCore 和 AbstractEntity 进行的插件接口处理、端点创建、名称解析）。我们调用 AbstractEntity 来继承封装程序（如 PosixEntity 和 OmnetEntity），将这些抽象映射至适当的 API 运行环境，然后从其中的一个封装程序（在编译时选择）中导出某个 Entity 类。新的不依赖环境的 Entity 类可从此类继承，在特定环境下的单元直接由封装程序继承，图 12.12 显示了这种继承关系。

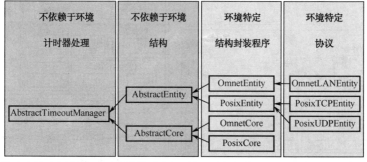

图 12.12　实体及内核应用的继承图［在这个例子中，所有实体运行协议（树叶）与特定环境有关，因为这些协议需要在某个运行环境（OMNeT++局域网接口和 POSIX TCP/UDP 堆栈）下使用某些功能。不依赖于环境的实体可直接从 AbstractEntity 继承］

目前，我们随时可采用适用于 POSIX 系统［如 Linux、BSD、在 Windows 上运行的 Darwin（Mac OS X），以及在 OMNeT++[34]上运行的开源离散事件模拟器］的封装程序。在开发阶段，在 OMNeT++ 上运行的封装程序特别有助于验证可升级性，同时，它还能通过 POSIX/Windows 封装程序进行实际应用。未来的研究工作包括开源流程应用[23]。

端点也有类似的继承图，这种根类只包含所有可能的端点类型常用的基本通用路径功能。这意味着，这些功能不依赖于任何通信范式（如通过发送/接收进行发布/订购），不依赖于最终导出端点实例的任何隔间。因此，端点根类主要包含所有端点类型常用的管理功能。

除了以数据传输为主的基本通用路径架构要素之外，该原型还采用第 5 章所述的名称解析框架，该原型可通过这种方式提供构建复杂网络系统所需的所有特征。关于这个原型的更多信息参见文献[5, 6]。

12.5.2 NetInf 原型实现

NetInf 原型主要关注两个方面：开发所谓的 NetInf 节点（NIN），由 NetInf 节点构成的整个信息中心网络（ICN）架构［见图 12.13（a）］。通常，每个 NetInf 节点既可以作为服务器，也可以作为客户端提出以信息为中心的请求，每个 NetInf 节点提供以信息为中心的应用程序接口（API），被称为 NetInf API。其主要的基本功能包括搜索信息，将信息标识符（ID）分解为合适的内容地址符。因此，NetInf 节点可构建专用网络，并可在相邻 NetInf 节点上执行以信息为中心的请求。

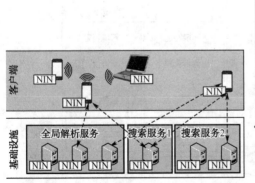

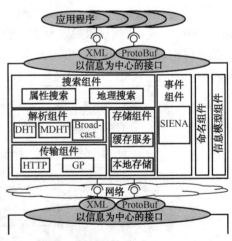

（a）结构概况[参与的所有节点均为NetInf节点（NIN）]　（b）NetInf节点配置示例（它由自适应组件构成，每个组件包含若干具体服务实例）

图 12.13　一个含有多个 NetInf 节点的信息网络

另外，我们的原型集成了可提供类似全局搜索和查询等服务的专用 NetInf 节点，从而提供可由其他节点（客户端）用于各种信息中心应用的基础设施。

NetInf 原型始终以灵活的接口设计方式为基础，在 Java 中运行，从而实现平台的独立性，可以灵活地选择设备。特别要注意的是，可通过数据库选择使该框架适用于移动设备，代码目前可在 FreeBSD、Linux、Windows 和 Android 中运行。

插件概念以谷歌的小型依赖注入框架 Guice 为基础[13]，Guice 有两个特定用途：第一，我们利用 Guice 来构建一种多组件、以信息为中心的节点，使整个节点架构很容易扩展、特定组件可以互换；第二，Guice 用于将组件服务与组件结合，拓展新的服务应用。

以下我们将首先描述 NetInf 节点的架构，然后说明这些节点如何与 ICN 架构结合。

1．NetInf 节点

图 12.13（b）给出了一个 NetInf 节点配置示例，该节点由若干组件构成，每个组件（见命名组件、信息组件或模型组件）包含一个或多个不同的组件功能（如解析组件功能）。

应用程序通过自适应接口访问以信息为中心的节点，自适应接口可用于与网络的其他以信息为中心的节点进行通信，如该图下部所示。节点间通信和应用程序通常以不同方式访问接口。

为了提供通用和灵活的接口访问机制，我们采用接口顶部的间接层，提供不同的访问方式，很方便地使用新机制进行扩展。我们的 NetInf 原型使用三种不同的节点接口访问机制扩展以信息为中心的节点接口［见图 12.13（b）］，Java 应用程序只使用提供的 Java 接口。对于与 HTTP 进行通信的应用程序（如网络浏览器插件），我们提供 HTTP 代理接口。对于节点间通信，我们通过 Google Protocol Buffers（Protobuf）提供节点接口访问[14]。Google Protobuf 可简单快速地定义定制协议信息，进行高效数据传输，它支持 Java、Python、C++等语言，从而实现在以不同语言编写的网络节点之间进行通信。

NetInf 节点由以下主要组件构成（见第 10 章）：搜索组件、命名组件、名称解析组件、数据传输组件、存储组件、事件服务组件、信息模型组件。每个组件可根据特定的节点服务及基于灵活插件概念的协议进行更改，服务和协议被封装在组件服务中。为了提高灵活性，一个组件可以包含多种组件服务，每种服务使用同一个接口，但可按不同方式执行这种服务。组件控制器负责选择组件服务，管理执行顺序。例如，解析控制器管理采用特定名称解析机制［如采用分布式哈希表（DHT）系统或通过广播（broadcast）］，可根据上下文选择若干解析服务。我们只将新的组件服务与特定组件结合，重新配置控制器使其包含新的服务，从而将新的服务添加到组件中。

2. NetInf 基础设施

在 NetInf 原型中，ICN 由任意数量的 NetInf 节点构成，这些 NetInf 节点通过 NetInf API 相互通信，从而形成 ICN。

NetInf 节点可在 ICN 中执行不同功能：第一，"常用"的 NetInf 节点通常执行客户端功能，但也可向其他 NetInf 节点提供 NetInf 服务；第二，特殊的 NetInf 节点可构建 ICN 基础设施。

原型基础设施由信息查询服务（ILS）和信息对象查询服务（IOLS）构成，IOLS 是一种全局解析服务，它可执行客户端查询操作，即它能根据特定的 NetInf ID 返回相应的信息对象（IO）。这种服务是全局 NetInf 的中心组件，因此必须标定，且必须具有较高的可用性。我们根据使用 FreePastry 的 DHT[33] 来执行 IOLS，注意，这个对等（P2P）应用缺乏类似较短响应时间的重要特征，这对我们的原型是可以接受的。实际应用会采用更复杂的技术，如多个分布式哈希表（MDHT）架构[8]。

该基础设施的第二个组件是搜索服务。这些服务执行客户端搜索操作，即根据给定的属性查询返回一系列 NetInf ID，如 rfid = = 'A1B2C3'。可通过这种方式根据描述的属性找到 IO，而不需要知道其 ID。

关于这个原型的更多信息可参见文献[5, 6, 9]。

12.5.3 通用路径/NetInf 原型结合

为了显示将通用路径架构与 NetInf 提供的以信息为中心的网络结合后产生的效力，我们将 NetInf 实体用于通用路径架构。该实体是 NetInf 一侧 NetInf 节点的一部分，它与在通用路径一侧的 NetInf 套件相连，NetInf 节点可通过这种方式利用通用路径架构的所有特征，如数据传输特征或名称解析特征。

这种交互在两种想定下特别有用，即与数据传输/数据流有关的 NetInf 会话移动性和程序引导。在引导阶段，NetInf 使用通用路径名称解析机制很容易找到 NetInf 激活的相邻节点地址。这是以信息为中心的网络的一个基本特征，它可提高鲁棒性和灵活性，在互联网连通性有限的情况下允许利用本地 NetInf 节点邻居。

NetInf 知道可由此下载某个数据块或对其进行流处理的所有地址符，因此，当新的地址符可用于正在进行的成本较低或性能较好的传输时，NetInf 很容易启动通用路径端点迁移。当数据传输源发生变化时，这种方式不会中断传输；发生的每个事件都对下载节点透明。

12.5.4 结论

NetInf 和通用路径原型都证明了第 9 章和第 10 章所述的架构概念的优势。尤其是，NetInf 原型证明了特定的 NetInf 优势，如改善资源利用、固有负载均衡、高效数据传输、安全特性提高等特点，这些都已经深入集成到网络架构内部。另外，通用路径原型显示，对 ISO/OSI 层所做的严格配置具有很高的灵活性，很容易实现目前难以实现的网络特征，如会话移动性、协作与编码技术的动态利用，这些都需要大量的跨层信息。

通过整合这两个原型大大增进了我们对这两个概念如何相互影响、如何相互受益的理解。本章所述的两个例子（引导和会话移动性）显示了通用路径的通用名称解析策略的潜力，以及建立具有特定 NetInf 传输功能的定制通用路径的潜力。未来的例子可能还包括支持网络内透明缓存的通用路径。

我们准备公布基于开源项目的 NetInf 及通用路径原型代码库，以面向更多的受众。

12.6　通用路径使用的网络内管理跨层服务质量

本章介绍的这个原型综合了本书所述的两个概念（见第 8 章和第 9 章），即网络内管理（INM）和通用路径（GP）。通过实际应用达到的效果表明，将跨层服务质量应用于堵塞控制是可行的。

12.6.1　简介

未来网络面临的一个主要挑战是确保向用户提供具有特定水平的服务质量，实现这个目标的一个可能的解决方案是将网络内管理[25]能力应用于通用路径[4, 15]，主要解决堵塞控制问题。如果可用的传输速率小于针对特定链路的传统解决方案施加的最低阈值，则基于网络编码的通用路径实例可维持服务等级协议，应用的原型表明，当无法进行超量配置和/或重选路由时，这可能会是供应商的一个解决方案。

12.6.2　用于通用路径的基于跨层服务质量的试验平台

该演示平台提出了一个可解决堵塞问题的新范式。因此，每个战略节点（即具有邻近查找、注册、资源控制、事件处理、安全等主要管理功能的节点）应运行可提供专用管理能力服务质量的软件包，它被称为跨层服务质量（CLQ）。这个范式包含两类接口，即组织接口和协作接口，服务质量参数和/或数据采用跨层方式。在节点之间进行的测量处于确定的范围（域内范围、跨网域范围）内，它通过协作接口直接访问硬件。我们使用两种方法[25, 31]提供 CLQ。

- **自下而上法**：它可采集可用传输速率、单向延迟、比特误差率等流量参数。注意，这些参数可描述特定的物理链路，是一种评估跳跃式通信信道的客观方式。如果技术允许，可直接利用硬件驱动程序达到这些效果，或使用不同的专用工具在节点之间进行被动式或主动式测量。采集的流量参数通过协作接口在服务质量模块之间进行交换。

- **自上而下法**：这个方法通过网络内管理平台和硬件驱动程序向硬件施加特定的传输速率，接收的流量参数来自不同的通用路径，通过组织接口和协作接口直接发送给硬件。

我们在 OMNeT++ 上模拟了 IEEE SOFTCOM 2009 介绍的该试验平台的初始版本[30]，但在这里将介绍实时实施。因此，跨层服务质量（CLQ）有两个部分：以 C 语言编写的测量部分，以包的形式在基于 Java 的开放服务网关协议（OSGi）顶层运行的部分。我们需要利用后者使通过组织接口或协作接口进行通信的其他自管理实体达到这些效果，基于网络编码的通用路径模块用 C 语言编写，与所有策略节点的 CLQ 结合。为了进行验证，我们使用 UDP 传输将编码节点相互连接，CLQ 和网络编码可在不久的将来应用于 MAC 子层顶部。图 12.14 所示的试验平台包含具有 CLQ 和网络编码能力的六个路由器（R1~R6），每个路由器在 Linux 机器环境下运行，用个人电脑实际代表数据流生成器（S1、S2）和目的地（D1、D2）。

以 C 语言编写的 Fedora 内核专用软件在每个节点上运行，监控基层资源（即传输速率、相邻节点之间的单向延迟），以辅助堵塞控制机制，从而提供一个全局视角，并统计链接状态。我们根据实例化、动态应用、动态流编码三项原则，使用基于网络编码的通用路径方法达到了较好的堵塞控制效果。注意，内部结构包括图 12.14 所示的中介点（MP）连接的子通用路径。

第一个原则是指带有多个功能节点的基于网络编码的通用路径实例化[4]，它取决于长期的网络内管理统计，当存在网络编码解决方案而且堵塞水平足够高时，这些统计可用于确定网络拓扑结构。可根据确定的网络拓扑结构提供具有网络编码能力的通用路径实例，只有当服务质量敏感的路由不可能时，才可启动网络编码操作。我们的试验平台对这个原则进行了简化，固定了网络拓扑结构。

第二个原则涉及动态网络编码应用，也就是说，网络内管理可持续监控链路流量特征，如果对堵塞水平和链路传输特征所做的中短期统计使基于网络编码的通用路径成为一种可行解决方案，则触发相关情况。

最后一个原则讨论动态流量编码流程。对网络编码操作[19]所做的理论研究认为，编码操作可连续进行。由于实际流量具有突发性，每个节点不会始终存在需要编码的数据包，不能进行连续编码。提议的解决方案包括：只有当数据包可用于编码时，才能启动网络编码操作，执行编码操作，否则传输未编码的数据包，因为解码算法可以辨识这些数据包。只有当拓扑链路参数满足施加的传输速率条件和延迟条件而且检测到堵塞的时间很长，这样才能启动网络编码操作。节点 R5 中进行基于动态 XOR 的流量编码，节点 R3 和 R4 进行解码。

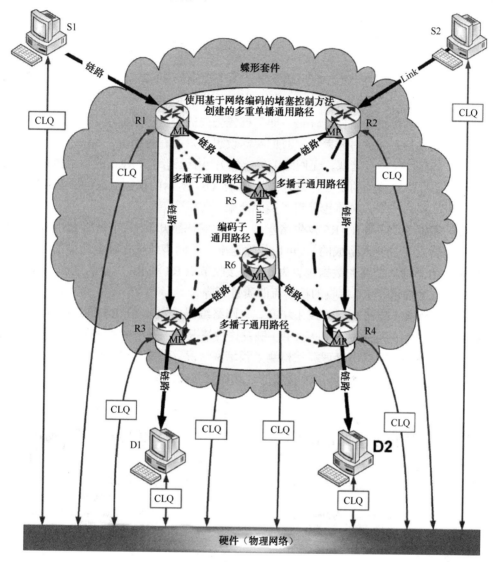

图 12.14　用于通用路径的基于 CLQ 的试验平台

12.6.3　成果

第一个成果是验证了基于网络编码的新型堵塞控制方案跨层服务质量实时实现的可行性，当基础设施供应商无法进行超量配置或重选路由以解决堵塞问题时（如农村无线网络），需要使用该解决方案。第二个成果是，该原型可通过与 QoS 路由等复杂技术进行比较的方式来评估性能。

12.6.4 试验结果

与 R1 和 R2 相连的 VLC 客户端发送了两个视频流 R1-R5-R6-R4[见图 12.15（a）]和 R2-R5-R6-R3，共享了试验时可能发生堵塞的链路 R5-R6。我们根据每个视频流单独测量的以下参数进行了性能评估，即数据包丢失的数量，数据包丢失的时间分布，两个连续视频包之间的时间差异。我们实际设想了以下三种情况。

（1）案例 1（没有堵塞、无网络编码感知）：由于链路 R5-R6 的可用传输速率足够，所以在目的地体验的质量非常好。图 12.15（b）所示的视频流 R1-R5-R6-R4 验证了这一点，但另一个视频流也获得了类似结果。

（2）案例 2（链路 R5-R6 发生堵塞、无网络编码感知）：共享链路 R5-R6 发生堵塞（这是背景流量注入造成的），可用传输速率小于同步传输视频流所需的值（约为1Mbps）。由于堵塞链路的数据包丢失，导致接收节点 R3 和 R4 体验的电影质量较差。图 12.15（c）显示了 R4 接收的视频流的质量下降。

（3）案例 3（链路 R5-R6 发生堵塞、有网络编码感知）：在 R5 和 R6 之间的链路保持案例 2 所示的堵塞状态，当 CLQ 触发这种情况时，基于网络编码的通用路径被实例化。我们使用网络内管理算法检测了预堵塞情况，在发生严重堵塞之前启动了这个机制。图 12.15（d）显示，R4 接收的视频流形状接近原始形状。

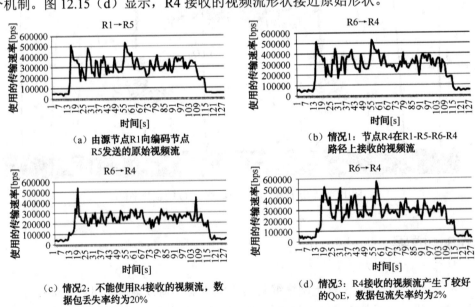

（a）由源节点 R1 向编码节点 R5 发送的原始视频流

（b）情况 1：节点 R4 在 R1-R5-R6-R4 路径上接收的视频流

（c）情况 2：不能使用 R4 接收的视频流，数据包丢失率约为 20%

（d）情况 3：R4 接收的视频流产生了较好的 QoE，数据包流失率约为 2%

图 12.15　试验结果

测量结果验证了基于网络编码机制的效率，这个效率用网络编码的数据包丢失百分比表示，从案例 2 的 20%左右（使视频流服务很差）下降到案例 3 的 2%左右，有网络编码感知（尽管实际上网络已发生堵塞，但体验质量良好）。

12.6.5　结论和未来的研究工作

这个原型适合于当网络发生堵塞时无法进行超量配置和/或重选路由的基础设施供应商，这种情况并非不现实。例如，这种情况可能会在农村无线网络中发生，服务质量变得很差，服务供应商不再履行服务等级协议。作为一种面向未来的研究工作，我们设想通过将其应用于 MAC 子层顶部的方式来提高基于网络编码的通用路径性能，缩短处理时间，这样数据包丢失率预期将降到小于 1%的水平。此外，还能提高视频流清晰度。关于可扩展性，当在网络中检测到链路堵塞时，可启动六节点蝶形拓扑结构，在此可使用本书所述的协作网络范式。我们认为基于蝶形单元的网络（如复杂网络）是可行的，在这种网络中，如果没有更加复杂的解决方案（如 QoS 路由），则可使用基于网络编码的网络堵塞控制方法。

12.7　结论

在应用前几章所述的理论概念时，原型活动涵盖多个方面而不是只注重一个方面。这些活动的一个主要目标是集合包括实现层次的互补概念。形成的原型设置已在诸如会议和项目发布会等不同场合进行了成功演示。大部分实现将继续进行，可作为未来的开发平台（见相应的子章节）。

参考文献

1. P. Barham, B. Dragovic, K. Fraser, S. Hand, T. Harris, A. Ho, R. Neugebauer, I. Pratt, A. Warfield, Xen and the art of virtualization, in *19th ACM Symposium on Operating Sys- tems Principles*（ACM, New York, 2003），http://doi.acm.org/10.1145/945445.945462

2. P. Bertin, R.L. Aguiar, M. Folke, P. Schefczik, X. Zhang, Paths to mobility support in the Future Internet, in Proc. IST Mobile Comm. Summit（2009）

3. T. Biermann, Z.A. Polgar, H. Karl, Cooperation and Coding Framework, in Proc. IEEE Future-Net（2009）

4. T. Biermann et al., Description of Generic Path Mechanisms, Deliverable D-5.2.0,

4WARD Project（2009）

5. T. Biermann, C. Dannewitz, H. Karl, FIT: Future Internet Toolbox, in Proc. 6th International Conference on Testbeds and Research Infrastructures for the Development of Networks & Communities（TridentCom）（2010）

6. T. Biermann, C. Dannewitz, H. Karl, FIT: Future Internet Toolbox—Extended report, Techni- cal Report TR-RI-10-311, University of Paderborn（2010）

7. T. Clausen, P. Jacquet, Optimized Link State Routing Protocol（OLSR）, RFC 3626（2003）

8. M. D'Ambrosio, P. Fasano, M. Marchisio, V. Vercellone, M. Ullio, Providing data dissemina-tion services in the Future Internet, in Proc. World Telecommunications Congress（WTC'08）, New Orleans, LA, USA, 2008. At IEEE Globecom 2008

9. C. Dannewitz, T. Biermann, Prototyping a network of information, in Demonstrations of the IEEE Conference on Local Computer Networks（LCN）, Zurich, Switzerland, 2009

10. Eclipse Graphical Editing Framework（GEF）, http://eclipse.org/gef/

11. N. Egi, A. Greenhalgh, M. Handley, M. Hoerdt, F. Huici, L. Mathy, Towards high performance virtual routers on commodity hardware, in Proceedings of ACM CoNEXT 2008, Madrid, Spain, 2008

12. G-Lab Homepage, http://www.german-lab.de/

13. Google: Guice（2007）, http://code.google.com/p/google-guice/. Open source project

14. Google: Google Protocol Buffers—Protobuf（2008）, http://code.google.com/p/protobuf/. Open source project

15. F. Guillemin et al., Architecture of a Generic Path, Deliverable D-5.1, 4WARD Project（2009）

16. Heterogeneous Experimental Network（HEN）, http://hen.cs.ucl.ac.uk

17. INET/INETMANET Framework for OMNeT++ Homepage, http://inet.omnetpp.org/

18. Java New Operating System Design Effort, http://www.jnode.org/

19. R. Koetter, M. Medard, Beyond routing: An algebraic approach to network coding, in INFO- COM: Proc. of the 21st Annual Joint Conference of IEEE Computer and Communications Societies（2002）, pp. 122–130

20. E. Kohler, R. Morris, B. Chen, J. Jahnotti, M.F. Kasshoek, The click modular router, ACM Trans. Comput. Syst. 18（3）, 263–297（2000）

21. D. Martin, H. Backhaus, L. Völker, H. Wippel, P. Baumung, B. Behringer, M. Zitterbart, Designing and running concurrent future networks（Demo）, in 34th IEEE

Conference on Local Computer Networks（LCN 2009）, Zurich, Switzerland, 2009

22. D. Martin et al., Node Architecture Prototype Homepage, http://nena.intend-net.org/

23. N. McKeown, T. Anderson, H. Balakrishnan, G. Parulkar, L. Peterson, J. Rexford, S. Shenker, J. Turner, Openflow: Enabling innovation in campus networks, SIGCOMM Comput. Com-mun. Rev. 38（2）, 69–74（2008）, http://doi.acm.org/10.1145/1355734.1355746

24. Mobility Framework for OMNeT++ Homepage, http://mobility-fw.sourceforge.net/

25. G. Nunzi, D. Dudkowski et al., Example of INM Framework Instantiation, Deliverable D-4.2, 4WARD Project（2009）

26. OSGi—The Dynamic Module System for Java, http://www.osgi.org/

27. Packet Capture（PCAP）, http://www.tcpdump.org, http://www.winpcap.org

28. P. Papadimitriou, O. Maennel, A. Greenhalgh, A. Feldmann, L. Mathy, Implementing network virtualization for a Future Internet, in 20th ITC Specialist Seminar on Network Virtualization— Concept and Performance Aspects, Hoi An, Vietnam, 2009

29. C. Perkins, E. Belding-Royer, S. Das, Ad Hoc On-demand Distance Vector（AODV） Routing, RFC 3561（2003）

30. Z. Polgar, Z. Kiss, A. Rus, G. Boanea, M. Barabas, V. Dobrota, Preliminary implementation of point-to-multi-point multicast transmission based on cross-layer QoS and network coding, in SoftCOM: Proceedings of the 17th International Conference on Software, Telecommunica-tions and Computer Networks, Split-Hvar-Korcula, Croatia, 2009, pp. 131–135

31. A. Rus, V. Dobrota, Overview of the cross-layer paradigm evolving towards future internet, Acta Tech. Napocensis 50（2）, 9–14（2009）

32. G. Schaffrath, C. Werle, P. Papadimitriou, A. Feldmann, R. Bless, A. Greenhalgh, A.Wundsam, M. Kind, O. Maennel, L. Mathy, Network virtualization architecture: Proposal and initial prototype, in ACM SIGCOMM VISA, Barcelona, Spain, 2009

33. Rice University, Freepastry（2010）, http://www.freepastry.org/FreePastry/

34. A. Varga, Using the OMNeT++ discrete event simulation system in education, IEEE Trans. Educ. 42（4）, 11（1999）

35. L. VOlker, D. Martin, C. Werle, M. Zitterbart, I. El Khayat, Selecting concurrent network architectures at runtime, in Proceedings of the IEEE International Conference on Communi- cations（ICC 2009）（IEEE Computer Society, Dresden, 2009）

第 13 章
结论

Henrik Abramowicz、Klaus Wünstel[1]

摘要：本章介绍了每章的主要结论，并做了评论，最后提供了关于迁移路径的观点。项目结果的部署从四个角度来探讨：借助于技术来拓展当前网络，也就是说，不可能利用自我管理结果来增强管理能力；通过提供覆盖/底层网络和控制手段来增强网络功能，例如，可以将信息网络覆在当前互联网之上； 网络虚拟化不仅是一种共享网络资源的手段，还可用作从专业定制网络到新网络架构的迁移路径；部署以4WARD 架构框架为基础的全新网络，但这种网络的商业适用性有限，因此只能用作很专业的网络，如传感器网络。

13.1 社会经济

现有互联网的成功故事表明，技术进步并非主要是响应社会经济要求和监管要求，而是推动经济模式和监管规则的调整。因此，我们需要认真监测并评估新技术开发的结果，因为这些结果可能会引发新的服务和应用程序，从而影响我们的社会和经济。由于技术驱动力和非技术驱动力之间存在相互影响，因此所有这些相互影响需要按迭代步骤来分析。根据非技术驱动力与技术问题之间的相互依赖性得出合适的结论是部署未来网络创新的关键。主要的结论已概述如下。

向以信息为中心的网络迁移是一个关键问题。用户主要感兴趣的是享用服务和访问信息，而不会意识到服务实现的位置或信息位置。信息访问得越快、越容易、越安

---

1 H. Abramowicz（通信），瑞典斯德哥尔摩爱立信研究中心。

K. Wünstel，德国斯图加特阿尔卡特-朗讯-贝尔实验室。

全,"未来网络"越有可能通过所有社会层、年龄组和教育层次对互联网服务的快速普及产生破坏性的社会影响。

需要设计新的、先进的连接服务,供人类或"事物"使用。物联网将是"未来网络"基础设施的一个重要组成部分。成千上万种不同网络设备的出现将导致各种连接要求和大量的应用程序涌现。

物联网一旦有机会广泛普及,将为我们翻开新的生活画面。在这些画面中,"事物"将负责执行现今由人类掌管的任务。例如,当家用电器发生故障时,它们自己会与相关的客户中心联系。待修的汽车与修理厂联系,求得帮助;当佩戴健康设备(如起搏器)的人员健康状况突然恶化时,健康设备会自动与医疗救护中心联系。

新型网络的创建和部署将虚拟化。网络的复杂性、多样性和异质性不断增加是网络运行和维护中出现的主要问题。具有自我管理能力的未来网络将大大降低网络运营成本(OPEX)和资本支出(CAPEX)。网络供应商将能够在两种方案之间做出选择:一是在专用的新型实体网络资源上投资;二是成为虚拟的网络供应商,而使用其他供应商的实体资源。同样,所需要的本地客户服务和本地实体网络支持将被不断增加的可立足于任何地方的非定域软件公司部分地取代。由远程非定域公司带来的社会影响是减少了往城市迁移的公司数量,从而防止了所有相关的社会问题。

安全和隐私将得到改善。在"未来网络"中,安全、隐私和保密应是设计新的信息共享概念时的关键目标。网络安全和信息对商业交易和个人隐私保护来说至关重要。要确保通信和相关数据通信的保密性,就应当禁止除通信当事人以外的其他人在未经相关用户同意的情况下收听、窃听、存储信息或进行其他种类的侦听或监视。

信息隐私权及相关责任的管理需要明晰。从法律的视角来看,一方面,确保数据的隐私权和安全性是一大挑战;另一方面,使"未来网络"成为商务与管理应用程序、娱乐、信息交换的开放平台也是一大挑战。

安全网络应用程序所面临的巨大挑战是在实体网络和虚拟网络中都必须处理大量对象(比现在的装置或连接元件的数量多好几个数量级)。

13.2 技术成果

4WARD 的系统模型和"架构支柱"是 4WARD 的关键成果,可理解为"未来网络"架构的更精确定义的"基石"。这种架构很可能还包括其他构建块,为的是给作为"未来网络"之组成部分的任何一类网络提供完整而合适的架构。下面我们总结了从技术角度得到的一些显著的结论。

13.2.1 网络设计

在"未来网络"背景下，不同的网络架构有望并存，并共享通用的基础设施。这些网络架构可按具体的用户要求或应用要求专门定制，而且能考虑到现有网络资源的特性。因此，新网络架构的设计更简单，架构设计者（叫作"网络建筑师"）的工作效率预计会大幅提高。总的来说，这可能会对新的社会经济创新产生很大的影响。开发网络架构可能不再是动作缓慢的标准化机构的一种漫长而令人痛苦的开发行为。另外，建筑原理、设计模式和构建块的提供可能会导致部署新的商业案例。网络虚拟化（VNet）提供了一个既可使该部署变得轻松容易，又能从经济角度降低进网门槛的多功能平台。

为给新网络架构建模，我们定义了一些概念、术语和基本构想。这个架构框架从两个角度诠释了网络架构：

（1）宏观架构主要集中于以较高的抽象度构建网络，同时引入"层"概念，灵活地给网络服务分层，使不同层次的人都能使用网络服务信息。

（2）微观架构更多地集中于网络节点所需要的功能、网络节点的选择及小网络的构成。小网络已在节点架构中实体化，而节点架构可实现在当今网络中不可行的应用程序与网络协议之间的动态耦合。

功能块用上述两种架构之间的共同点表示。我们应在基于组件的架构构想和原理的基础上，提供可再用的框架，使新网络架构的设计和开发时间缩至最短。

要采用的方法已体现在"设计过程"中。设计过程主要有 3 个阶段：

（1）详细需求分析；

（2）抽象服务设计；

（3）组件设计阶段。

本提案并非为了替代正由不同单位使用的当前设计过程，而是提出了一种将通信系统设计和软件开发原理联系起来的方案。这种设计过程以设计库为补充。设计库中提供了指南、设计模式等，以支持网络建筑师。

除探讨技术设计过程外，我们还试着对它进行拓展，使其覆盖从业务需求到可构建网络的设计过程。为了实现此拓展，我们描述了商业用例"Ad-Hoc 社区"（AdHC）及在该案例中出现的角色、可能的参与者和用户。

利用由此得到的输入信息，我们定义了一套业务级要求，并进一步定义了一套技术要求。技术要求反过来又构成了设计过程的输入信息。在设计过程中，我们通过利用一系列细化步骤（包括层和小网络的设计）及一组（软件）组件，得到了可构建的网络架构。

这个从被称为"层"的宏观全网络组件出发然后在微观层面上把这些组件分解为

小网络和软件组件的分步过程很直接明了,作为高度设计自动化的支持工具来实现是可以想象到的。但我们还需要进一步研究,确定使业务级要求与技术要求联系起来的正式支持工具,以提供一套集合了从业务创建到部署的所有开发阶段的完全"无缝"的分步过程。

虚拟网络开辟了一条通往新网络架构的迁移途径。新网络架构可按照前面介绍的"设计过程"来创建,还为基础设施供应商(InP)的资源管理带来了新的灵活性。我们提出的 VNet 框架考虑了在商业环境中使用虚拟网络。与其他方法相比,这种架构考虑了四个相关的业务角色:

- 基础设施供应商;
- VNet 供应商;
- VNet 运营商;
- VNet 终端用户。

这个框架包含不同的必要信号接口和管理接口——在所提出的 VNet 生命周期中需要这些接口。虽然现在已有很多虚拟化技术和机制在广泛应用,但要实现功能齐全的 VNet 架构框架,我们还需要做一些工作。尤其是,不同基础设施供应商之间的协调互动(如在建立虚拟链路时)要求各信号接口标准化。所提出的 VNet 架构的各部分是以单独的可行性试验形式实现并评估的。

13.2.2 命名和寻址

关于命名和寻址,我们已经确定了五种至关重要的数据结构。

(1)绑定表。其中描述了哪些实体把自己与其他实体(通常在其他隔间里)的名称绑定在一起。

(2)路由转发表。每个实体,或每个隔间,或每个节点隔间,有一份路由转发表。

(3)名称解析表。其中描述了一个隔间里的两个相邻实体如何利用其他哪些隔间里的哪些实体实现相互通信。

(4)服务图概念,其中包含一个节点隔间里各实体之间的所有可能的使用关系。

(5)名称解析过程的配置表,其中描述了哪些隔间可通过其他哪个隔间实现名称解析,以及为此需要哪些参数(服务图和名称解析配置密切相关)。

基于这种抽象处理,我们一般性地探讨了名称解析过程。很多通信原语可由此得以阐明。例如,我们认识到,邻居发现与名称解析实质上是一回事。我们相信,能让名称解析在协议栈内各得其所的严格的通信设计处理可得到一个与我们目前的通信系统相比更常用、可扩展性更强、更灵活的通信系统。这个通信系统可自动发现通信机会,还能相当容易地解决像会话移动性这样的问题。实际上,它还能处理众多的命名空间和协议簇,而不必针对大相径庭的通信需求使单个命名空间标准化。

13.2.3　安全性

安全性原则是基本要求，但安全性本身又分解成可用性、业务模式和管理的可选实现方案及它们之间的权衡方案，还有对需求内容的基本理解。因为所研究的未来网络会导致模式变化，尤其是与端对端原则和基础设施作用有关的模式变化，因此我们需要谨慎一点。所有者和政府仍会像从前那样渴望控制资源和用量。

4WARD的以信息为中心的观点表明，当基本构架已向"发布——订阅"系统转变时，我们当前对互联网安全的担忧就其本身而言可能并不适用。另一方面，信息查找将面临新的安全性挑战，在这种情况下用户的隐私权可能不会受到高度尊重。

13.2.4　互联

互联是当前互联网取得成功的奠基石之一。

尽管受到限制，但在过去30年里互联还是促进了可持续发展。"未来网络"所隐含的模式转移对互联的处理方式有重大影响。虚拟化将加剧在无障碍互联过程中面临的一个关键问题，即以实施供应商之间达成的在商业上可行的"互联与服务等级协议"为目的的可追溯性。从这层意义上说，多域服务质量的提供是电信业的新领域之一。

为了应对所有这些挑战，4WARD已确定了一套原则，以帮助克服目前在互联网上观察到的众多发展问题。它还从纯粹的架构角度和虚拟化网络环境的互联应用角度，提供了用于域间互联的首批概念性构建块。但"未来网络"的设计理念中出现的最显著变化是域间问题正被视为"未来网络"设计的一个不可分割的组成部分，而不是后来凭经验添加的附加部分。

13.2.5　网络管理

随着网络的规模越来越大，越来越多样化，网络内管理（INM）技术的重要性很可能会大大提高。这背后的驱动因素有两个：一是需要减少人工干预，从而降低业务费用；二是需要可扩展的解决方案，以管理更大更复杂的网络。本身具有可扩展性和自主性的INM方案将来可应用于各类网络化系统中。

4WARD内部工作在网络内管理上取得的主要成就和成果是创建了为管理操作提供支持的INM框架及一套分布式管理算法。INM框架是管理职能的促成因素。通过定义三个要素，即管理能力、自管理实体和管理域，我们就可以在INM框架内给复杂的管理职能建模。项目原型的实现形式说明了使目标得以执行、监测并在管理能力协调中引发自适应行为的那些关键特性。

为估算网络状态并将其作为自适应机制的必要输入信息，我们已将精力集中于网络态势感知所涉及的一小批管理任务。具体地说，我们已概述了全网络标准的实时监测、团队人数估算、数据搜索和异常检测。

我们还概述了自适应的多个方面，包括确保在控制变换的情况下及基于突现行为的拥塞控制下网络的稳定性。我们已经看到，适用于大量管理任务的稳健的分布式算法是可以设计出来的，而且不会给网络设备带来过高的经常费用。

13.2.6　连接性

通用路径（GP）模型的目的是开辟在当前互联网中加快技术融合的路径，并通过在网络工程中引入面向对象的设计概念，促进功能演进。

通用路径模型旨在达到下列目标。

- 功能的描述性。用于描述并设计数据通信和网络服务。
- 独立于基层技术。
- 提取不同的通信模式与服务模式。
- 可用性。通过一组原语，支持对用于实施服务及服务功能的机制和技术进行一般的选择性多态访问。

从更高级的角度来说，通用路径指网络中数据流经的广义数据服务路径。数据在流经这些路径时，必须经过处理和传输操作。

对于未来网络的全新设计而言，"通用路径"法的一个重要支柱是适用于复杂通信情境和新兴服务的移动性概念。我们已经引入了几种移动性方法——从动态移动性锚定、无锚稳定性、命名和寻址方案到多路径传送、增强型内容发布网络方案。所有这些方法看起来都很有前景，能满足与灵活性和可扩展性有关的主要要求。通过将所提出的概念相结合，我们获得了下列优势：首先，组合移动性方法适用于各种移动性——不管是会话移动性、终端移动性还是网络移动性；其次，这种方法能在各种情形下使用——不管是很小的"热点"环境还是很大的"宏单元"环境，也不管用户是慢速移动还是快速移动。

与当今的隧道方案不同的是，组合移动性概念为本地路由、灵活锚定和多宿主"开了绿灯"，从而减少了传输延迟时间，降低了带宽利用率，改善了用户体验。

13.2.7　信息对象

我们已经把以信息为中心的模式作为我们工作的基础。

基于此，我们开发了一个不仅包含虚拟数据对象，还包含真实对象与服务的信息模型。为了能够设计出与现在的互联网架构相比可扩展性更强、安全性更好的以信息为中心的新网络架构，我们需要一种关键的网络组件，即新的命名方案。通过设计我们的命名-安全框架，我们已能够搭建起一个为信息对象本身提供安全性，而非为包含信息对象的信息盒及使信息盒互联的链路提供安全性的架构。

以信息为中心的通信抽象概念拥有很多优势。例如，可将内容高效地分配给一大批接收人。

内容缓存成为网络架构的组成部分，因此无须窃听接收人的请求或特殊配置就能够予以提供。负载平衡与 DNS 传阅信件等附件无关。

通信可靠性与性能均提高，因为可从最近的可用信息源那里检索信息。

在充斥着通信中断、瞬时访问机会和多种访问选择的多样化无线环境中，通信性能与可靠性可通过以信息为中心的模式来增强。与使用端对端字节流相比，以信息为中心的通信抽象概念在传送数据对象上更加灵活。因此，网络能更好地了解应用程序的意图，从而有可能更智能化地处理数据。这种网络还能轻而易举地利用多种路由、可用路径的冗余性及中间存储器来传输数据，以克服连接中断。其极端情况是端对端路径不存在。要利用可靠的端对端字节流，网络就必须违背抽象假设，或者应用程序必须自己实施这些功能，包括在合适网络位置的应用程序网关功能。

由于使用了信息网络（NetInf）节点中的分布式存储，以及非分发应用程序，如个人邮件，因此通信性能与可靠性增强。这种通信方法的另一个好处是可支持两台笔记本电脑之间通过 WiFi 连接进行邮件直接发送，而不涉及基础设施建设。

这种以信息为中心的方法提供了防止"拒绝服务"（DoS）攻击的新机遇。利用以信息为中心的方法，没有人能未经同意就强行让网络流经用户的路径。这可通过使控制项从发送器转移到接收器来实现。发送器能提供信息，但接收器必须请求传输信息。防止 DoS 攻击是设计 NefInf 以代替当前端对端通信 TCP/IP 的动机。

13.2.8　原型

4WARD 项目开发了很多技术原型，以证明这些概念在众多不同领域中的可行性并进行概念验证。除了这些目标外，我们还希望创建一个对其他人开放的软件库，以测试并进一步开发我们的概念。下面我们总结了一些开发结果，并提出了与网络设计、虚拟网络、自管理、通用路径和信息网络的原型有关的进一步工作建议。应注意的是，这些原型中采用的一些软件将作为开源软件予以发布。

"节点架构守护程序"（包括简单的示例架构）的原型在 2009 年的"计算机局域网会议"上进行了展示。该展示是由参会者表决出的最佳原型展示。我们利用一种简单的视频应用程序，揭示了我们如何缓解网络状况恶化导致服务质量下降的影响。为应付变化后的情形，我们可以在应用程序或通信协议中采取措施。我们没有修改应用程序或引入复杂的自适应协议特性，而是演示了我们是如何利用"小网络编辑器"通过进一步协议机制重新设计并增强在网络状况恶化前使用的简单小网络的。

然后，我们将增强的小网络部署在节点架构上。在选择过程中，我们决定采用新的小网络，因为其数据传输更稳健。我们利用可使视频数据流无缝传送到虚拟网络中的小型虚拟试验床，增强了原型配置。这个虚拟试验床曾在全项目范围内的几次活动中展示。它阐明了不同利益相关者扮演的角色，能够说明在虚拟网络中资源预留和隔离的可行性。

这种原型配置所实现的关键特征包括：

- 利用一种图形化设计工具，快速生成分协议（小网络）；
- 重复使用现有的协议构建块；
- 基于在端节点处的应用程序要求和网络属性，自动选择合适的小网络；
- 隔离虚拟网络；
- 划分在虚拟网络情境中的角色。

为拓宽基础，得到更加多样化的结果，我们未来的计划是将端系统附着在多个虚拟网络上，并在专门的移动情境中测试守护程序。守护程序的一些方面将在 G-Lab 实验室（http://www.german-lab.de/）里进一步开发——这是一个分布在多个位置的德国试验床平台。节点架构原型的软件是在获得 GNU 通用公共许可证（GPLv2）的条件下发布的，可通过 https://i72projekte.tm.uka.de/trac/nodearch/在线获得。

我们实现的另一种原型"**VNet 管理环境**"使得按照本书中描述的网络虚拟架构在凌驾于多个基础设施供应商的情形下提供并管理定制的 VNet 成为可能（见4.9 节）。这种原型还让我们深刻了解了关键的架构设计决策，如信息披露与信息隐藏之间的对抗。

尽管资源的发现与分配越来越复杂，但我们利用这种原型证明 VNet 可在几秒内就提供好。我们在实验研究中并没有发现在我们的基础设施中存在任何与可扩展性有关的问题，即使在出现基础设施供应商时也不存在这个问题。

利用我们的原型实现，我们还说明了原型需要哪些技术成分，以及这些技术成分可如何高效地组合，以提供并管理 VNet。我们原型的主要构建块，如节点虚拟化技术及用于虚拟链路设置的数据包封装/解封装，现在已是现成的。我们的研究结果表明，利用这种技术，运营商市场的准入门槛已经降低。而且，通过采用新的商业模式，商业产品很容易就能制造出来。这表明，在不远的将来，向全网络虚拟化转变是可行的。

备用原型的实时适应实验通过层架构的整体系统法，演示了网络域的自组织和自部署，还证实了在与网络性能相关的技术方面及与运营商目标有关的非技术方面，需要用先进管理工具来解决网络运行的复杂性问题。用于监测和拥塞控制目的的 INM 框架和算法提供了分布式域级拥塞检测能力和选配的自修复能力，同时还允许域所有者在经营目标层面上管理自己的域。最后，我们在原型中突出演示了通过 SLA 谈判在域层面上实现的可操作性。SLA 交换网络是通过域层面上不同网络架构的层封装来启用的。

NetInf 和通用路径（GP）原型证实了在第 9 章和第 10 章中介绍过的架构概念的好处。尤其要提的是，NetInf 原型显示了 NetInf 的具体优势，如资源利用率提高、固有的负载平衡、高效的数据发布及更强的已深度融入网络架构中的安全特性。另外，通用路径原型显示，严格的 ISO/OSI 分层处理带来了很大的灵活性，很容易实现当前很难实现的网络特性，如会话移动性及合作与编码技术的动态运用——这些都需要大量的跨层信息。这两种原型的集成已大大促进了对这两种概念如何相互作用及如何互惠互利的理解。第 12 章中描述的两个例子，自展程序和会话移动性，阐明了通用路径的通用名称解析方案的潜力及可提供 NetInf 专用传输途径的定制通用路径所具有的潜力。将来，这方面的例子可能包括为透明式网内缓存提供支持的通用路径。

我们已经将信息网络和通用路径的原型代码库作为开源项目发布了，供更多的读者使用。

为达到跨层服务质量而在通用路径中采用了 INM 的原型适用于不能在拥塞的网络中（可能发生在农村无线网络中）进行超量配置及/或重新路由的基础设施供应商。在这样的网络中，服务质量可能变得不合格，服务供应商不再能履行 SLA（服务等级协议）。对于未来的工作，我们认为有可能通过在 MAC 子层之上实现基于网络编码（NC）的通用路径，来提高通用路径的性能。这样，丢失的数据包数量有望减少至不足 1%。另外，视频流分辨率可能会增加。关于可扩展性，当在网络内探测到拥塞链路时，六节点蝴蝶拓扑结构可能被激活，而本书中描述的协作网络模式也可能被启用。

在实现前面几章中描述的理论概念时，原型设计活动不是集中于单个方面，而是覆盖了多个不同的方面。这些活动的一个主要目标是在实现层面将互补性概念组合起来。所得到的原型配置已在不同的时机（如会议和项目发布会）成功地展示。大多数的此类实现活动将会继续开展下去，作为未来开发活动的平台。

13.3 从研究到现实——未来网络的迁移路径

4WARD 已采用了一种全新研究法，意思是，我们在不受与当前网络有关的约束条件下进行了研究。我们想获得更佳的方法，而不用从一开始就被兼容问题所阻碍。另一方面，这也向我们提出了一个问题：如何使用研究结果并将其应用于/迁移到当前的网络中以使当前网络发展进化。一般来说，部署具有新架构的全新网络在经济上并非真正可行。

4WARD 结果有不同的部署可能性。我们基本上拥有下列选择方案。

- 利用技术来扩展当前网络。例如，可以通过添加并非专用于任何服务的监测算法，利用自管理结果来增强管理能力。GAP 就是可提供监测算法的一个例子。

- 通过提供覆盖/底层网络和控制手段来添加网络功能。覆盖型网络的一个例子是信息网络（Netinf）可覆盖在当前互联网之上或添加与当前互联网正交的功能。后一种情况的例子是第 4 章中规定的设计过程。此设计过程还可能用于定制网络。另外一个例子是在现有的无线结构中利用网络编码。这是底层网络的一个例子。

- 网络虚拟化不仅是共享网络资源的一种手段，而且还能用作新网络架构（如对于专门的定制网络）的一种迁移路径。一种很明显的迁移途径是把网络虚拟化应用于更加狭窄的部门，如某些企业部门。

- 部署基于 4WARD 架构框架的一个单独的全新网络，为当前网络提供网关。但这个网络的商业适用性有限，只能用于很专业化的网络，如传感器网络。另一个例子是全面部署可通过现有基础设施实现并可能使用真实通信量的研究网络。美国也有类似的 GENI 计划。协议和机制可在不干扰"真实"网络的情况下接受测试。

从 4WARD 的结果中，我们可以看到，从网络的观点来看，整个设计过程和工具（如设计库）因为是正交的，所以可应用。

网络虚拟化很可能是迁移工具，因为我们目前倾向于利用云计算等虚拟化手段让用户从归功于大规模使用率和弹性的线性更强的成本曲线中受益。

网络虚拟化的经济性在于优化了所需要的资源，因此降低了总体拥有成本（TCO）。不同种类的虚拟化还具有其他优势，如服务器虚拟化中可实现许可证共享或功率减小。关键是，每个虚拟网络可按照不同的设计标准创建，并作为服务专用网络与同一基础设施上的其他各种虚拟网络一起运行。

我们必须认真考虑实现迁移所需的成本。通常，运营商都会在同一基础设施上部署越来越多的网络。在理想的情况下，客户会从一个平台切换到另一个平台，而运营商可能会关停"旧"平台。事实上，情况比这要复杂得多。对客户来说，服务中断是一个很头痛的问题。只有在很短的时间范围内，这个问题才可能避免，但在此期间，迁移变化次数相当有限。在大型网络中，需要有大量的时间和规划才能实现迁移。另一方面，运营商不赞成与客户终止合同后达成新合同。因此，迁移至一个已经虚拟化到位的平台是一件很有益的事情：由于无形中保证了服务，因此不需要更改合同。但从运营商的视角来看这存在一个重要弊端，那就是除了安装新平台（利用集成的虚拟化能力）及将大部分客户连同其目前使用的服务一起迁移到新平台、同时只有小部分客户借机主动迁移从而切换至最新服务外，似乎没有更简单的迁移到虚拟化的方法了。

从自管理或 INM 的角度来看，这个框架可在不同层面上定位管理能力。

- 内在——与被管理的实体（即当今网络中的 TCP 流控制机制）紧密耦合。管理是协议的一部分。
- 集成——与被管理的实体［即 LTE 中的 ANR（自动邻区关系）功能］耦合，由此探测并配置单元之间的关系。此功能是单元管理的一部分。
- 分隔——与被管理的实体（如不专用于任何服务但可供某服务使用的监测算法）解耦。GAP 算法就是这方面的一个例子，因为它能监测任何所需的参数。
- 外部——完全外部的管理，尤其是非 INM 管理，如现在的 OSS 功能就是在网络外部。域间管理可能仍需要停留在这一层面上。

集成法和分隔法均有可能将结果应用于当前网络，由此演变为更强的自管理功能。

围绕 API 而定义的共性路径可与当前的网络协议轻松兼容。我们甚至能看到"通用路径"概念带来的好处还包括有可能增强"开流"法。

另外，还可以在 MAC 之上应用网络编码，以增加拥塞链路上的带宽。

信息网络法可在 IPv4 或 IPv6 上启用，不过从通用路径上运行可能受益更多。

本书中描述的很多方法都将由新项目推进并向标准化部门提议及/或放置在开放资源中，供其他人通过项目中的相应地址采纳这些方法。

附件

项目描述与报告

4WARD 项目始于 2008 年 1 月，终止于 2010 年 6 月。这个项目是由"欧盟第七框架计划"部分资助的，其总预算大约为 240 亿欧元，其中欧盟委员会资助了将近 1500 万欧元。

这个项目包含下列合作伙伴。

- 德国阿尔卡特-朗讯公司
- 德国电信公司（Deutsche Telekom）
- 加拿大爱立信公司（Ericsson）
- 芬兰爱立信公司
- 德国爱立信公司
- 瑞典爱立信公司
- 法国电信公司
- 德国弗劳恩霍夫应用研究促进协会
- 西班牙 Robotiker-Tecnalia 基金会
- 法国电信工程学院联盟
- 葡萄牙阿威罗电信研究院
- 葡萄牙里斯本理工大学
- 德国卡尔斯鲁厄理工学院
- 瑞典皇家理工学院
- 英国兰卡斯特大学
- 欧洲 NEC（德国）
- 芬兰诺基亚西门子通信公司
- 德国诺基亚西门子通信公司
- 葡萄牙电信创新公司（Portugal Telecom Inovação）
- 美国罗格斯大学
- 罗马尼亚西门子公司
- 瑞典计算机科学研究所
- 德国柏林科技大学
- 以色列理工学院
- 意大利电信集团
- 西班牙电信研发公司（Telefónica Investigación y Desarrollo）
- 波兰电信公司

- 罗马尼亚克卢日纳波卡大学
- 瑞士巴塞尔大学
- 德国不来梅大学
- 德国帕德伯恩大学
- 英国萨里大学
- 芬兰技术研究中心
- 爱尔兰沃特福德理工学院

本项目由如下六个工作包组成。

- WP1——业务创新、监管和发布（BIRD）
- WP2——新架构的原理和概念（NewAPC）
- WP3——网络虚拟化（VNet）
- WP4——网内管理（INM）
- WP5——共性路径的转发和多路复用（ForMux）
- WP6——信息网络（NetInf）

大部分的项目报告（可交付成果）都是公开的，如下所列。

- D-0.1 发布与开发计划
- D-0.4 ATF 报告
- D-0.5 最终报告
- D-1.1 关于非技术驱动因素的初次全项目评估
- D-1.2　4WARD 业务用例的评估
- D-1.4 关于非技术驱动因素的最终评估
- D-2.1 技术要求
- D-2.2 架构框架草案
- D-2.3.0 架构框架：新版本与最终评估结果
- D-2.3.1 最终架构框架
- D-3.1.1 虚拟化方法：概念（最终）
- D-3.2.0 虚拟化方法：评估与集成
- D-3.2.1 虚拟化方法：评估与集成——更新
- D-4.1 情境与用例的定义
- D-4.2 网内管理概念
- D-4.3 网内管理设计
- D-4.4 网内管理系统演示
- D-4.5 网内管理方法的评估
- D-5.1 共性路径架构
- D-5.2 共性路径机制

- D-5.2.0 关于共性路径机制的描述
- D-5.3 共性路径架构和机制的评估
- D-6.1 对 NetInf 架构的初次描述
- D-6.2 对 NetInf 架构的第二次描述
- D-6.3 NetInf 评估

与本项目有关的所有相关信息均可在 http://www. 4WARD-project.eu 上找到。

术语表

第 2 章

4WARD 原则：	将由 4WARD 达到的主要目标。
架构框架：	用于定义"未来网络"可能性架构的框架。
设计过程：	确定在新架构定义时所需要的所有步骤。
系统模型：	定义了未来网络所有必要构建块（见 4WARD 的定义）的模型。

第 3 章

业务模型：	某技术及/或应用程序的业务环境定义，其中分步描述了业务应用领域。
客户：	使用了经营商所供服务的参与者。
环境：	使业务模型得以生成的变量。
互连：	在不同供应商之间达成的连接协议。
迁移：	为升级而必须采取的步骤，如为把当前网络升级至未来网络概念而必须采取的步骤。
非技术要求：	为开发未来网络而必须遵守的指导方针。
实体网络供应商：	代表虚拟网络供应商，从自己的实体资源中提取部分（或整个）的虚拟网络，并将它们绑定在一起，供最终用户和服务供应商今后使用。
隐私权：	某人有能力隐瞒自己的个人信息，或不允许有些人未经其许可便公开这些信息。
情境：	为评估所开发的新应用程序和技术及相关的业务环境而定义的假设情形。
服务供应商：	部署虚拟网络的服务或应用程序。
服务：	向客户提供的应用程序及技术。
应用案例：	适用于指定服务或应用程序的完整业务模式及假设情形。
价值链：	在指定的业务中必须履行的活动链。
虚拟网络运营商：	运营、维护、控制并管理虚拟网络。
虚拟网络供应商：	请求从各基础设施供应商那里获得虚拟资源。
虚拟网络用户：	通过虚拟网络访问应用程序的最终客户。

第 4 章

基于组件的架构：	把设计的系统分解成带有规定接口的功能块或逻辑块。接口用于这些组件之间的通信。由于组件比对象的抽象水平更高，因此它们不能共享状态。组件通过交换携带着数据的信息实现相

	互通信。
合同：	合同是互操作性的单位。它代表着附在接口上的元数据和规格，而接口用于使其客户和供应商（实施者）相互绑定。
设计模式：	设计模式用于提供可改善系统元素或其相互关系的方案。它描述的是一种经常重复出现的互动角色结构，用于在特定环境中解决一般性设计问题。
设计库：	设计库是在整个过程中的"基十层、小网络和组件的架构"的焦点。这个知识库存储着概念和全部知识之间的链接。设计库并不是孤立的，而是在设计过程执行期间根据反馈进行不断更新——在经设计人员设计、创建时能学习并适应于新的模式、功能和架构。
设计：	由开发人员执行的、可得到系统架构的活动。这个术语也用作这些活动所得结果的名称。
功能块：	用于实现某功能协议并可构建其他功能的一系列指令。通常只有本地功能，即通过与其他节点上组件内的功能块通信而形成的分布式功能。功能块又叫作"构建块"。功能块的一个简单例子是属于功能错误控制类型的"循环冗余校验"计算。
水平层：	水平层提供了在网络内进行通信和信息管理所需要的资源和能力。
接口：	接口是一系列特征。每个特征均描述了在调用功能时可能提供或要求的一种抽象功能。这些特征通常包括：名称，返回类型，参数及其类型的有序列表，（可选）一组可能抛出的异常，（可选）前置条件和后置条件（契约式设计）。
小网络选择器：	小网络选择器是一种为指定任务选择最佳小网络的自动选择方法。
小网络：	小网络是节点架构的组件，其中包含一批本地功能块，用于在具体的网络架构中实现一组协议。
网络接口：	网络接口提供了一个可进入小网络的任何底层网络基础设施的接口。
节点架构：	节点架构提供了一种节点内部结构，并说明如何选择、实例化并运行在并行的任意网络架构中的不同小网络。
协议：	协议描述了组件之间信息传递机制的语法、语义和功能行为。
层网关点：	层网关点提供了对相同或相似类型的其他层（即拥有与规格有关的共同原点）的访问途径，但这些层在不同的网络中独立实现各自的功能。层网关点是在必要时可实现层交互操作的那些

点。层网关点又进一步分解为一个或多个接口。

层服务点：
通过层服务点，可以使用层的能力和功能。层服务点又进一步分解为一个或多个接口。

层：
层是在通信系统中设计、实现及部署分布式功能的网络架构构件。

基层链路：
基层链路是以有线或无线方式使两个基层节点相互连接的实体链路。为提供基层链路，我们必须区分受某基础设施供应商独家控制的基层链路和基础设施供应商之间的基层链路。在第一种情况下，用于中断链路的两个基层节点均由同一基础设施供应商拥有；在第二种情况下，用于中断链路的基层节点属于不同的基础设施供应商。

基层节点：
"基层节点"一词指由基础设施供应商拥有而且只由他们控制并管理的实体硬件。基础设施供应商可决定将可虚拟化基层节点的虚拟化服务提供给其他方，如 VNet 供应商和运营商，并为他们指定硬件份额。不可虚拟化的基层节点不能用于此用途，因为这些节点不能实现虚拟化所需要的功能。不过，这些节点可能会成为虚拟链路的一部分，因此可能要求支持虚拟网络，以保证虚拟链路的服务质量。

基层：
基层由所有基层节点和基层链路构成。设计库是存储架构原理和设计模式的知识库，具体的设计决策和设计结果也存在里面。层功能先是封装起来，然后以服务形式通过层服务点提供给其他层。当某个层实现相同或类似的、但处于不同域中的分布式功能（因此假设应独立实现）时，可通过层网关点进行互操作。

垂直层：
垂直层负责收听并命令其他层；收听以"了解"网络，以便"管理"网络。

虚拟链路：
虚拟链路可以是预留的实体链路部分，或者由多个实体链路组成，如将两个虚拟节点之间的虚拟链路分配到多个基层链路上，或者使虚拟链路跨越多个基层链路。根据链接技术的不同，如 IEEE 802.11 或 MPLS，目前已有了相应的虚拟化支持机制，可用于实施虚拟链路之间的分隔和隔离。

虚拟网络片：
虚拟网络片由属于虚拟网络的虚拟节点和虚拟链路的预留资源组成，即由虚拟节点片和未使用的、但预留的虚拟链路组成。

虚拟网络拓扑结构：
当把最终用户考虑在内时，我们可以进一步区分虚拟网络。为明确定义虚拟网络而不考虑不在基础设施供应商管理范围内的最终用户装置，我们可以采用"虚拟网络拓扑结构"这一术语。

虚拟网络：	虚拟网络是虚拟网络片的一个运行实例。虚拟网络暗指配置态的主动虚拟节点及可能在用的虚拟链路。
虚拟节点片：	虚拟节点片是一组在基层节点上预留的资源。与虚拟节点相比，虚拟节点片尚未执行任何程序，因此只是向逼真的虚拟网络迈进的一个现有中间类型。
虚拟节点：	虚拟节点是在安装和启动操作系统及安装所需的应用程序后，由虚拟节点片构建而成。

第 5 章

地址绑定：	两个实体之间达成的协议，通过其中一个实体可访问另一个实体，而且其中一个实体的名称就是另一个实体的地址。要让绑定有可能实现，两个实体必须共享（至少）一个隔间，通常是节点隔间。
地址：	实体 1 的地址是实体 2 的名称，其中实体 1 和实体 2 已达成了相互绑定协议。因此，通过此地址及实体 2 的隔间可访问实体 1。
绑定表：	节点隔间可选择实现名称/地址绑定，这样节点隔间便都汇集在一张像节点那么大的表上，叫作"绑定表"。或者，可以实现只把这些绑定表存储在相互排斥的实体里。
绑定：	共享（至少）一个隔间（通常是节点隔间）的两个实体之间的关系。绑定意味着这两个实体不仅有可能通信，而且其中一个实体已同意代表另一个实体接受通信量，然后传输给另一个实体。
隔间：	隔间就是受范围限制但功能齐全的通信系统。一个隔间能提供通信服务，但通常要利用其他隔间的通信服务。隔间的定义是：一组实体，命名空间，隔间内所有实体之间相互可访问。隔间内的实体必须了解该隔间的命名空间和整套协议。
转发表：	压缩版路由表。对于已知的目的地，压缩版路由表只包含在指定隔间里的下一跳邻居及可访问到该邻居的路由（即指向名称解析表的指针）。
转发：	咨询路由表（或其压缩形式"转发表"），以确定在指定隔间里可供传递数据包（或回路）的下一跳邻居。
通用路径：	通用路径是一种通过实体网络或虚拟网络传输数据或在实体网络或虚拟网络内部转换数据的路径总称。这个术语可以指整体架构、特定的一类数据传输/转换路径或此类路径的一个具体例子。通用路径存在于一个隔间里的不同实体之间；通用路径的情况绝不会发生在不同的隔间之间。所支持的整组通用路径类

型是隔间的多种定义属性中的一种。

名称解析配置表： 一张表，其中包含的信息是关于如何通过指定的辅助隔间解析某隔间中的名称。在复杂的名称解析配置中，可利用第三隔间来存储名称/地址绑定表。该表的内容可预先配置，或可在运行时间内填写，利用隔间内的路由寻找名称解析和递归名称解析。

名称解析表： 一张表，表中包含了在每个实体所在隔间里该实体的所有邻居（只要能找到）及关于如何访问这些邻居的信息：通过哪个辅助隔间，以及通过哪个辅助性本地实体和远程实体（指出它们的名称）。另外，该表还会提供成本信息。

名称解析： 对于指定的名称，找出可访问到该名称对应实体的一组地址（及这些地址的隔间）。隔间可用于定义与单播、任意播、多播或其他操作有关的名称解析。

名称： 命名空间的一个组成部分。当某实体获得名称时，该名称可用于识别该实体，但通常不要求唯一性。实体可以有 0 个、1 个或更多个由指定命名空间提供的名称，这些名称也可能属于多个命名空间。

命名空间： 一组名称及关于名称的运算。命名空间必须至少能为任意两个名称定义运算"等式"（必须携带等价关系）。命名空间可自由地定义下一步运算（如"子名称"和"总名称"）。

邻居发现： 对于指定的实体 E 和指定的隔间 C，找出 E 的 C 邻居及与一些其他隔间 C'有关的 E 的 C 邻居。邻居发现过程高度取决于 C 和 C'，并与 C 中通配符名称的解析密切相关，因此通过名称解析配置表来配置。

邻居： "邻居"关系是隔间 C_1 内两个实体 E_1 和 E_2 之间的关系。这种关系只在 E_1 和 E_2 可利用初始手段 C_1 与其他实体直接通信时或在这两个实体可借助于辅助隔间 C_2 与其他实体通信时才能确定。在第一种情况，我们把 E_1 和 E_2 称为 C_1 的邻居（但为方便起见，通常不强调这一点）。在第二种情况，要让 E_1 和 E_2 成为邻居，必须存在含有实体 E'_1 和 E'_2 的其他隔间 C_2，这样 E'_1 和 E'_2、E_1 和 E'_1、E_2 和 E'_2 才能相互通信（要么通过 C_2，要么通过一些节点隔间）。在这种情况下，E_1 和 E_2 被称为与 C_2 有关的 C_1 邻居。E_1 的邻居关系取决于 C_1 和 C_2。

节点隔间： 一个具体的隔间，由计算系统的边界（实体边界或虚拟边界）决定。命名空间就是一组过程/线程标识符。通信协议是操作系统（OS）的进程间通信设施。在单个实体计算系统上运行的多台虚拟机构成了几个节点隔间，因为这些不同虚拟机的实体之间无 OS 进程间通信。

路由表：	路由表包含了指定实体隔间内的目的地名称和邻居名称，以及经过指定邻居到达目的地预计所需要的成本。如果某邻居名称可通过不同的辅助隔间进行访问，则该名称允许出现多次；因此，至该邻居（及随后的路由）的预计成本可能会不同。
路由：	在邻居关系信息的基础上计算隔间中一些或所有实体的路由表的（通常为分布式）过程。
服务图：	每个节点隔间都有一张服务图。如果 E_1 提供了对 E_2 有用的服务，则服务图以实体为节点，而且两实体 E_1 和 E_2 之间有边缘。服务图是在节点隔间里通过邻居发现过程构建的。服务图上的路由是一种通过识别所需服务从而以递归方式构建通信关系的手段。

第 6 章

蓝牙：	关于短距离交换数据的开放式无线协议。我们已了解了与实现有关的安全问题。
管理程序：	又叫作"虚拟机监视程序"。这是一款允许多个操作系统同时独立运行、对敏感区（内存、应用接口）提供保护的软件或硬件。
RFID：	射频识别。由询问机（又称"阅读器"）和跟踪器（又称"标签"）组成的一批技术：装有电池、能自动传输信号的主动 RFID 跟踪器，无电池、需要用外部电源激活信号传输的被动 RFID 跟踪器，需要用外部电源激活的电池辅助被动式跟踪器。很常用，不必担心出现严重的安全隐私问题。
SIM/USIM：	用户身份模块。这是一种通常嵌入智能卡中的逻辑实体，用于识别移动电话装置和计算机上的用户。SIM 卡在 GSM 装置中要求必须安装，在 UMTS 中被称为"USIM"或"万能集成电路卡"，运行的是 USIM 应用程序。USIM 与运营商互动时生成的次级密钥可用作其他互联网用途（如计算机和 OpenID）的安全锚。
Skype：	一种允许用户通过互联网进行语音呼叫并采用了私有协议（加密不能解除，用户看不见）——即国际上最大的声音载体——的软件应用程序。Skype 为没有身份证明的用户提供了不受控的注册系统。
WLAN：	无线局域网，通常指 IEEE 802.11 标准（WiFi）版本。用于局域网，以代替有线 LAN。但也可用于无基站的自组网。在无线电层面上的保密性要么不到位，要么基于受到破坏的有线等效私

密性（WEP），要么基于更新的 WPA 和 WPA2。

无线个域网（Zigbee）：	一套基于 IEEE 802.15.4 标准、用于替代 WLAN 和蓝牙的新的高级通信协议。

第7章

自控系统：	拥有单一管理权力、利用一套统一政策进行管理的 IP 网络。
域网络：	基于共性知识的分区，可独立于网络的其他部分而运行。
交互工作：	数据交换能力。
对等互联：	两个域相互连接。
体验质量：	终端用户主观感受到的某应用程序或服务的总体可接受性，包括全部的端对端系统效应（客户、终端、网络、服务基础设施等）（来自 ITU—T G.1080）。
服务质量：	决定着用户满意度的服务性能总体效应（来自 ITU—T E.800）。
服务等级协议（SLA）：	两方或多方在谈判活动结束后达成的正式协议，范围涉及评估各方的服务特性、责任和优先权。SLA 可能包括关于履约、关税和计费、服务交付和补偿的声明。每份履约报告都可能只包括在相应 SLA 中商定的服务质量参数（来自 ITU—T E.860）。

第8章

异常检测：	分析偏离了常见性能的测量值。
资本支出（CAPEX）：	在获得或升级网络设备等实体资产时所需的成本。
协同设计：	将管理职能连同服务功能一起设计的模式。
协同故障局部化：	隔离某些网络组件的异常行为。
FCAPS：	故障、配置、核算、性能和安全性。一种网络管理模型和框架。
GAP：	通用聚合协议。指对总体指标进行持续监测的分布式算法。
总体管理点：	按照高级目标和 INM 模式对网络进行管理时所经过的高级入口点。
INM 框架：	用于支持 INM 算法和管理职能的成套架构元素和概念。
INM：	网内管理。在网络内执行管理任务。
管理能力：	通过管理算法构成基本管理职能及更复杂管理职能的构建块。
管理域：	与一组自管理实体（结构实体或功能实体）有关的特定视角，只允许访问有限的管理功能。
NATO！：	"避免内爆" —— 在没有从各节点收到明确通知的情况下用于精确估算受相同事件影响的节点规模从而避免反馈内爆的一种统计方案和算法。
网络态势感知：	监测并了解网络性能。
运营支出：	持续产生的网络运行成本。

自适应控制回路：	在一种可实现 INM 算法自适应功能的管理能力内部采用的一种算法或其中的一部分。
自适应：	网络自身为适应变化条件而采取的网络管理措施。
服务访问点：	获得 4WARD 网络管理框架内的管理服务须经过的高级入口点。

第 9 章

隔间：	能满足一些要求的成组实体（每个实体都有一个由专用于隔间的命名空间提供的名称，每个隔间里的所有实体都能通信，每个 CT 里的所有实体都可能通信）。
端点：	执行数据传送协议机并进行各种流量转换的线程或过程。
实体：	资源管理应用程序的总称。
流：	共享某些属性的数据包序列。
通用路径：	通用路径是位于相同节点内或远程节点内的通信实体之间数据传送的抽象表达。
插件接口（Hook）：	插件接口是节点隔间内的一种共性路径。
路径：	信息从起点到达目的地所采用的路线。
路由：	在分布式系统中建立路径的行为。

第 10 章

标识符-定位符：	代表着信息对象标识符和有效载荷（通常是位级对象副本）所在地址（定位符）之间的逻辑关联性。
信息绑定：	代表着从信息对象连接到位级对象的连接动作。
以信息为中心的模式：	在通信史上，这种模式代表着在线路交接和包交换后的当前发展阶段。这种模式克服了 URI 寻址的语义超载，其目的是形成基于信息量（而非信息地址）的互联网空间。
信息对象：	代表着对个别内容块（以位级对象形式存储）、位级对象定位符及出版商提供的其他说明信息（例如保密信息）进行描述的一批元数据。
元数据：	代表着与某信息对象有关的单一描述块。
名称解析系统：	代表着与基于对象名称（而非对象地址）的解析系统有关的抽象概念。
命名方案：	代表着在生成基于方案或预定义政策的某些对象名称时采用的一种程序。
信息网络：	代表着在 4WARD 中"以信息为中心的模式"的实现。
自认证：	代表着信息对象有能力根据元数据内容证明其来源和有效性，而无须求助于独立的认证机构。

第 11 章

业务模式：
描述了某企业如何创造、提供和捕获经济价值、社会价值或其他形式的价值。在本章中，业务模式用于从 4WARD 创新中提取价值，它将许多技术专家及其技术输入与许多业务专家连接起来，以形成经济输出。

业务用例：
业务用例从外部增值观点描述了业务过程（可能包括合作伙伴和供应商），以便给该业务的利益相关者提供价值。业务用例可用于理解或更改业务过程。

激励措施：
激励措施是作为具体行动步骤的使能因素或动机或更倾向于某种选择（相对于其他可选方案）的原因解释的任何因素。它是鼓励利益相关者以某种方式表现的一种期望。

信息对象：
可在网络上传递的任何一类数据。

接口：
两个或多个软硬件实体之间的互动点或通信点。

参与者：
能够在业务模式中起特定作用的实体。

角色：
用于交换有形或无形商品或货币的每个机会——可加以识别以开发业务模式。每个角色可能有好几名参与者胜任。

利益相关者：
任何因可能影响企业的行动、目标和方针或可能被企业的行动、目标和方针影响而与企业直接或间接相关的人员、团体或实体。利益相关者通常包括各类客户、雇员、所有者（股东）和供应商。

双赢模式：
这是一种基于数学博弈论的商业模式，其中的所有参与者均能以某种方式获利。

第 12 章

基于组件的架构：
基于 OSGi 的组件化协议栈架构。

共性路径：
新网络传输架构的 4WARD 法。

管理层、知识层：
层概念的监管层面。

以信息为中心的网络：
以信息为中心的网络主要处理的是信息对象或信息片段，而不管信息对象或信息片段实际位于何处。

基础设施供应商：
实体基础设施的运营商和供应商。

网内管理：
未来网络中自管理的 4WARD 法。

小网络：
协议或协议栈的"容器"，可动态地加载到节点架构中。

网络建筑师：
设计网络架构并做出重大设计决策的一个人或一组人。

网络编码：
网络内数据流的动态编码（重新编码），目的是让实际传输的数据更好地适应当前的网络约束条件。

信息网络：
以内容为中心的网络模式的 4WARD 法。

网络虚拟化：	不同网络之间共享实体网络基础设施，同时这些网络相互孤立。
节点架构：	网络节点（端系统和中间系统）的可扩展架构。允许访问在并行的不同网络架构中的多个网络，同时提供基于要求的单个应用接口；协议和协议栈以所谓"小网络"的形式加载。
层：	网络功能和接口的一般抽象概念。
虚拟网络：	靠虚拟化资源运行的网络。
VNet 管理：	描述在配置及部署虚拟网络时必需的任务和工具。
VNet 运营商：	与 VNet 供应商订有合约的虚拟网络运营商。
VNet 供应商：	把从多名基础设施供应商那里获得的虚拟网络资源提供给 VNet 运营商的这样一类利益相关者。

译者后记

习近平总书记提出，我国要建设"战略清晰、技术先进、产业领先、攻防兼备的网络强国"，这是我国网络信息产业发展的明确方向。中国电子科学研究院作为我国电子信息产业的思考者、建设者、设计者和推动者，长期以来矢志于构建我国自主、可控、安全的网络信息体系，将网络强国作为自己的神圣使命，既立足当前国家安全需要、又着眼未来国家战略安全部署，努力探索网络空间安全的新技术、新趋势。

发端于 20 世纪 70 年代的互联网技术已经非常成功，并已经成为现代经济基础设施的关键组成部分，特别是随着移动通信和宽带互联网的演进发展，它已经成为全球经济变革的重要推动力量。但是，随着云计算、物联网等新型应用和新型计算模式的出现，以计算机互联和资源共享为目的的设计的 TCP/IP 互联网在效率、安全性和可视可控方面已经无法满足需求，对互联网创新的研究已经成为世界各国占领信息技术制高点、增强国际竞争力的战略性需求。目前有关"未来网络"的讨论可谓炙手可热，发达国家纷纷把下一代互联网研究列入未来信息技术领域的重点发展方向，我国政府和科研学术机构也对此高度重视，并将新一代互联网研究列入了"国家中长期科技发展规划"。针对互联网发展中的问题，国内外专家都认为，单靠一般的技术发明和工程实践，很难找到理想的解决方案，因此亟需在基础理论方面有所突破。

针对未来互联网的发展，当前业界主要提出了两条技术变革路线，一是演进型，即在原有 IP 网络基础上进行修订，如 IPv6 解决方案；二是革命型（Clean Slate），即重起炉灶，不受现有互联网技术约束，研究探讨新的网络体系架构，并称其为未来网络（future internet）。在此基础上，业界还存在新一代互联网（New Generation Network，NWGN）、后 IP 网络（Post-IP）、Internet3.0 等概念，这些都试图从根本上解决当前互联网面临的各种问题和挑战。欧盟第七框架计划（FP7）支持下开展的 4WARD 项目就是第二类解决方案的典型代表。

我们翻译出版欧盟《未来网络架构与设计：4WARD 项目》，向国内同行译介，目的在于从他们走过的路中能够得到一些启示，为新一轮信息产业革命贡献一份力量。本书是欧盟 4WARD 项目成果总结，编写者均是 4WARD 项目的亲历者，书中提出的许多技术、概念都已经经历了原型验证，移动性、多宿主性和安全性等都是针对当前互联网面临的挑战提出的解决方案。另外，4WARD 项目在虚拟化方面进行了非常有益的探索，特别是网络管理和虚拟化的紧密耦合、以节点为中心的时代向以信息为中心的时代转变所带来的模式变化等。我们不能说 4WARD 项目提出的方案是最好的，但确实是别开生面的。

　　本书翻译出版前后经历了 2 年多时间，期间得到了许多专家、同事的指导和帮助，特别是中国电子科学研究院管理研究中心李睿深主任对本书的翻译出版给予了大力支持，电子工业出版社李洁高级编辑对本书的选题、立项、审校、出版等提供了非常宝贵的指导和建议，在此对他们表示由衷的感谢。

　　由于译者的水平有限，在翻译过程中还有许多错漏之处，还希望广大专家读者能够直言不讳地对我们提出批评。

译者

2017 年 1 月